国家科学技术学术著作出版基金资助出版

超宽带MIMO穿墙雷达成像探测技术

Imaging and Detecting for Ultra-wideband MIMO Through-the-wall Radar

金 添 宋勇平 邱 磊 胡 俊 周智敏 ■ 著

国防工业出版社

·北京·

图书在版编目（CIP）数据

超宽带 MIMO 穿墙雷达成像探测技术 / 金添等著. 北京：国防工业出版社，2025. 7. -- ISBN 978-7-118-13725-5

Ⅰ. TN953

中国国家版本馆 CIP 数据核字第 20256A1L78 号

※

国防工业出版社出版发行

（北京市海淀区紫竹院南路 23 号　邮政编码 100048）

雅迪云印（天津）科技有限公司印刷

新华书店经售

*

开本 710×1000　1/16　**印张** 16½　**字数** 247 千字

2025 年 7 月第 1 版第 1 次印刷　**印数** 1—2000 册　**定价** 185.00 元

国防书店：（010）88540777　书店传真：（010）88540776

发行业务：（010）88540717　发行传真：（010）88540762

序

作为一类特种雷达，超宽带 MIMO 穿墙雷达能够穿透障碍物、探测隐蔽目标，广泛应用于灾害救援、反恐维稳、城市作战等任务，其独特的穿透探测能力也为智慧城市、智能感知等领域的发展提供了新的可能，因此越来越受到广大研究人员的关注。

对于现代雷达而言，大带宽信号与 MIMO 阵列本身并无太特殊的地方，事实上这两项技术已被大量雷达系统采用。但穿墙雷达探测中存在一个极为特殊之处，即雷达发射信号首先穿过墙体才能抵达目标，目标反射信号需要再次穿过墙体后才能被雷达接收。墙体带来的信号衰减、多径等效应显著增加了目标探测难度，如何利用信号处理技术从杂波、干扰中分离出感兴趣的目标信号，是超宽带 MIMO 穿墙雷达实现成像探测的关键。

穿墙雷达探测技术已经有大量研究，但目前还缺少一本系统性论述超宽带 MIMO 穿墙雷达成像探测信号处理各环节的专著。在本书出版以前，国内穿墙成像领域主要的系统性参考书目为美国学者 Moeness G. Amin 的 *Through - the - wall radar imaging* 一书的译作（《穿墙雷达成像》，2014 年出版），该书侧重于介绍穿墙雷达系统构成以及雷达波形、阵列设计、波束形成等关键技术的理论模型，较少讨论复杂环境下穿墙雷达信号处理方法在实际应用中所面临的挑战。

相比之下，《超宽带 MIMO 穿墙雷达成像探测技术》一书详细介绍了超宽带 MIMO 穿墙雷达信号处理的完整过程，并使用了大量实测数据对相关理论模型与信号处理方法进行了验证。全书结构紧凑，逻辑清晰，各章节既有严密的数学推导，也有详实的概念解释，能够帮助读者掌握从穿墙雷达回波数据的基本形式到提取出目标信息的完整信号处理方法。

国防科技大学研究团队从“十二五”时期就将超宽带信号与 MIMO 技术

综合应用于穿透探测的研究，从最初穿透地表探测埋设地雷，到目前穿透墙体感知墙后人员，多年的技术积累为撰写本书奠定了厚实的基础。本书关于穿墙杂波抑制、墙后运动/微动人体目标检测与特征提取方法等的多项成果已发表在 IEEE、IET 等国际知名期刊上，具有国际先进水平，为进一步提高雷达对墙后人体目标的探测威力与探测精度提供了有效途径。本书作者都是超宽带 MIMO 雷达系统和信息处理方面的专家和技术骨干，本书内容为他们在该领域研究成果的系统总结，不仅对超宽带 MIMO 穿墙雷达技术发展具有指导作用，而且对雷达信号处理相关领域发展也有借鉴意义。本书系统性、创新性强、学术水平高、应用价值大，对推动超宽带 MIMO 雷达探测技术的发展具有重要意义。

希望本书的出版，能够帮助读者更好地把握穿墙探测技术的研究现状、面临的挑战以及未来的发展方向。也希望本书的作者团队以及对该领域感兴趣的研究人员，能够继续丰富超宽带 MIMO 雷达技术，推动相关技术落地实践，并促进超宽带 MIMO 穿墙雷达作为特种传感器在智能感知等新兴领域的应用。

前 言

穿墙探测的过程可以简单描述为：雷达发射机发射特定体制的电磁波信号，电磁波信号经由天线辐射进入探测空间，穿透过至少一层墙体传播到目标处并被反射，反射电磁波再次穿透墙体后，返回接收天线处并被接收机采集。接收机采集到的回波是电信号，即一串随时间变化的电压测量值，目标信息便包含在这一串电压信号的采样之中。

对于超宽带多输入多输出（multiple－input multiple－output，MIMO）穿墙雷达而言，“特定体制的电磁波信号”通常指的是10GHz以下相对带宽超过25%（或绝对带宽超过500MHz）的低频超宽带信号，此类信号具有较强的穿透能力，在经过砖墙、沙石、林木等障碍物后依然具备一定的信号强度从而实现对隐蔽目标的探测；MIMO则指由多个发射天线与接收天线组成具有特定流形的天线阵列，雷达系统因此具有一定空间分集能力，能够对目标回波进行空间采样，结合超宽带信号的高距离分辨能力，实现对目标的二维/三维定位。

回波中除了目标信号之外，还包含着同频段的第三方无线电干扰信号，源自墙体、地板、家具等环境地物反射的杂波信号以及噪声信号，目标完全淹没于其中，无法直接检测到。如何从回波中剥离环境干扰，获得相对纯净的目标信号，并利用雷达成像技术解算出墙后目标的信息，例如距离、方位、速度甚至微动特征，便是本书想要重点讨论的内容。

对于超宽带MIMO穿墙雷达而言，其信号处理过程往往包含回波预处理、墙后目标成像、背景杂波抑制、目标特征提取等环节，不同环节面临着不同的技术问题。经过数十年的发展，这些问题已经逐渐有了各自对应的解决方法，不过目前这些方法还零散地存在于不同研究者的众多论述之中。由于缺少系统整合，当新的研究人员欲踏入该领域时，往往苦于众多繁杂的资料而无从下手。

伴随着深度学习等人工智能技术在人体目标动作识别、姿态重构等穿墙探测相关领域的推广应用，越来越多的研究开始聚焦于后续的数据处理阶段，即利用信号处理环节输出的成像切片、微多普勒谱等数据进行目标信息提取，而忽略了信号处理的细节。诚然，这是前端信号处理技术性能逐渐稳定的表现，但需要注意的是，数据处理阶段目标信息的质量往往直接取决于其前端信号处理阶段的输出，信号处理过程中某个算法参数的细微变化极有可能引起输出数据质量的剧烈起伏。因此即使是只关注数据处理阶段的研究人员，我们也强烈建议一定要掌握一些超宽带 MIMO 穿墙雷达信号处理相关的知识。

作者所在团队，最早于“十二五”期间开始接触穿透探测技术，围绕超宽带 MIMO 雷达系统设计、超宽带 MIMO 雷达信号处理，以及基于超宽带 MIMO 雷达成像技术的人体目标检测、行为识别、姿态重构等方面做了大量的研究，相关成果也逐步得到了国内外相关领域研究团队的认可。编写本书的主要目的在于，一方面，我们希望藉由本书对团队数年来的工作进行一个阶段性的总结；另一方面，我们希望能够为穿墙探测领域的研究人员，特别是新接触到这一领域的研究人员，提供一本相对系统的参考资料，帮助读者学习并掌握超宽带 MIMO 穿墙雷达从回波预处理到目标特征提取这一完整的信号处理过程。

本书将从超宽带 MIMO 穿墙雷达成像过程中涉及的各项技术入手，逐一分析不同阶段信号处理方法的基本原理和实现过程，希望本书的内容能够帮助读者快速掌握目前穿墙成像相关信号处理技术的原理和发展方向。

本书内容安排如下：

第 1 章为绪论，介绍了超宽带 MIMO 穿墙雷达成像探测的基本概念，并对穿墙成像雷达信号处理所涉及回波预处理、墙后目标成像、背景杂波抑制、目标特征提取四个环节的发概况进行了说明，最后讨论了穿墙成像雷达信号处理面临的难点与挑战；

第 2 章主要对回波预处理环节中的射频干扰抑制问题进行了论述，从超宽带穿墙雷达的回波模型入手，围绕射频干扰与墙后目标信号的在不同数据空间中的分布差异，给出了穿墙探测中射频干扰信号的估计与抑制方法；

第 3 章则围绕超宽带 MIMO 穿墙雷达成像问题展开了论述，首先分析了超宽带 MIMO 穿墙雷达的成像模型、成像方法、成像性能，然后针对墙体引起的散焦问题重点讨论了墙体参数估计与补偿的方法，最后给出了 MIMO 成像中的栅旁瓣抑制方法；

第 4 章主要讨论了墙后人体动目标指示所涉及的墙体杂波抑制和鬼影（运动目标阴影杂波）抑制问题，首先对比了不同墙体杂波抑制方法的性能，给出了自适应目标指示的方法，然后详细分析了鬼影的分布特性，并对比了不同鬼影抑制方法在差异与性能；

第 5 章主要分析了大运动目标在大带宽大时宽信号中的散焦效应，针对目标运动导致常规 MIMO 雷达成像方法性能下降的问题，提出了基于拉登傅里叶变换的 MIMO 穿墙雷达多脉冲联合成像方法，实测数据的处理结果验证了有效性；

第 6 章主要针对墙后人体微动目标探测所面临的非平稳杂波抑制、多目标关联、精确定位以及微动信号提取等问题，提出了一系列的方法以实现墙后人体微目标的定位与特征提取。

本书能够出版，首先需要感谢国家科学技术学术著作出版基金对本书的资助。同时，感谢空军预警学院刘维建、吕明久和国防工业出版社王九贤编辑的大力支持，他们在出版基金的申报以及书稿的编撰优化过程中给予了我们许多至关重要的指导和帮助。本书的撰写还有赖于国防科技大学电子科学学院戴永鹏、许卓、桑泽，国防科技大学气象海洋学院朱家华，长沙理工大学宋永坤等同志在素材整理、书稿校对等方面的辛苦付出。

虽然我们已经尽力完善书稿，但限于作者的能力和精力，书中不可避免地存在疏漏与错误，如果您在阅读的过程中发现了相关问题，还请不吝赐教，至为感谢！

目　录

第 1 章　绪　　论

第 2 章　超宽带穿墙雷达射频干扰抑制

Contents

Chapter 1 Introduction

Chapter 2 RF interference suppression of ultra – wideband through – the – wall radar

Chapter 3 Ultra – wideband MIMO through – the – wall radar imaging

Chapter 4 Ultra – wideband MIMO through – the – wall radar moving target indication

第1章 绪论

1.1 基本概念

20世纪90年代，研究人员便开始尝试在灾害救援等任务中使用雷达技术。借助于低频电磁波的穿透效应以及运动造成的多普勒效应，雷达可以发现砂石、林木、墙体等常见非金属障碍物后的目标，从而帮助开展救援行动。最初人们并未将穿墙雷达当作一类独立的雷达系统进行研究，因此虽然出现了一批应用于穿墙探测的雷达，例如差分雷达（differential radar，DR）[1]、动作检测雷达（motion detection radar，MDR）[1]、微功率冲击雷达（micropower impulse radar，MIR）[2]、幸存者搜索雷达（survivor search radar，SSR）[3]等，但相关研究还只是被当作传统雷达应用的衍生品，同时也并未形成统一的命名。

21世纪初，伴随着相关研究的深入，研究人员意识到此类雷达应用具有相当的独特性，无论是雷达系统、杂波环境，还是目标特征，都与传统雷达存在差异。而随着穿透（penetration）、通过（through）、墙体（wall）、雷达（radar）等词汇在相关研究中出现的频率越来越高，越来越集中[4-6]，穿墙雷达（through-the-wall radar，TWR）最终成为一个统一而特定的称谓，这也意味着穿墙雷达最终成为一种独立的雷达系统并为人认可。

作为一种主要应用于城市环境下的反恐作战、灾害救援等行动的雷达系统，穿墙雷达的工作距离一般低于100m[7]，其工作频率主要集中在500MHz~10GHz之间，也有低至200MHz以及高达12GHz的穿墙探测系统[8]，其中采用低频窄带信号的穿墙雷达也被称为生命探测仪，主要利用人体生命特征产生的多普勒效应进行目标检测[9]；而为了获得目标的位置信息，甚至实现人体目标姿态成像，更多的穿墙雷达选择了超宽带（ultra-wideband，UWB）信号以及多输入多输出（multiple – input multiple – output，MIMO）架构，这类技术往往被称为穿墙雷达成像（through – the – wall radar imaging，TWRI）[10]，更为简洁的称谓是穿墙成像（through – the – wall imaging，TWI）[11]，对应的雷达系统则称为穿墙成像雷达（through – the – wall image radar，TWIR）[12]。

传统意义上，雷达成像往往指的是合成孔径雷达（synthetic aperture radar，SAR）成像，即利用平台的运动，对目标形成远超天线尺寸的观测孔径，从而大幅度提高对目标的成像分辨性能。在穿墙探测领域，SAR 技术被主要用来探测建筑物内部结构，这一概念可以追溯到 2000 年美国斯坦福国际研究院 David G. Falconer 提出的楼层平面图雷达（floor plan radar，FPR），他设想采用机载 SAR 对目标建筑物进行绕飞，再通过传统的雷达成像技术获得建筑物的内部结构信息[13]，如图 1 – 1 所示。他注意到，即使在 SAR 成像过程中进行了有效的运动误差补偿，建筑物的外墙聚焦效果良好，但建筑物内部散射体的成像结果依然存在散焦现象，这是由于电磁波在穿透外墙的传播过程中，信号传播模型发生了改变，与经典的视距传播模型失配。

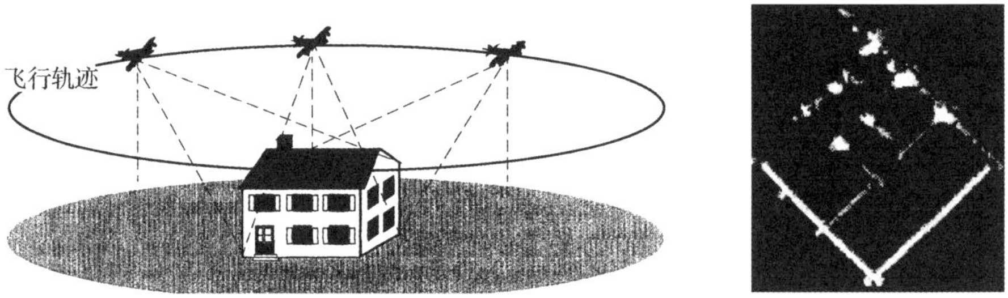

(a) FPR工作示意图　　(b) 单层建筑物结构成像结果

图 1.1　楼层平面雷达

地面车载雷达同样可以采用 SAR 技术获得建筑物结构成像结果。美国陆军研究实验室（Army Research Laboratory，ARL）就报告了名为 SIRE（synchronous impulse reconstruction，SIRE）的车载超宽带雷达系统对建筑物结构的成像结果[14]，相较于机载平台，地面车载平台在俯仰向的观测视角明显不同，如图 1.2 所示。

作者所在团队也利用车载超宽带 MIMO 穿墙雷达获得过相对纯净的建筑结构稀疏成像结果[15]，如图 1.3 所示。

(a) SIRE雷达系统

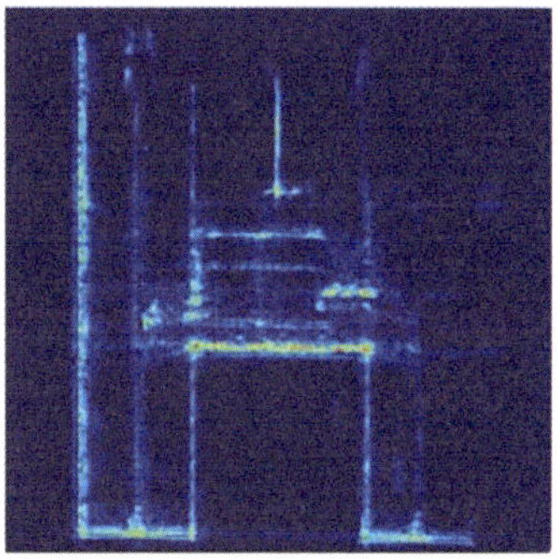

(b) SIRE获得的建筑物结构成像结果

图 1.2 SIRE 雷达及其建筑物结构成像结果

(a) 车载MIMO穿墙雷达系统

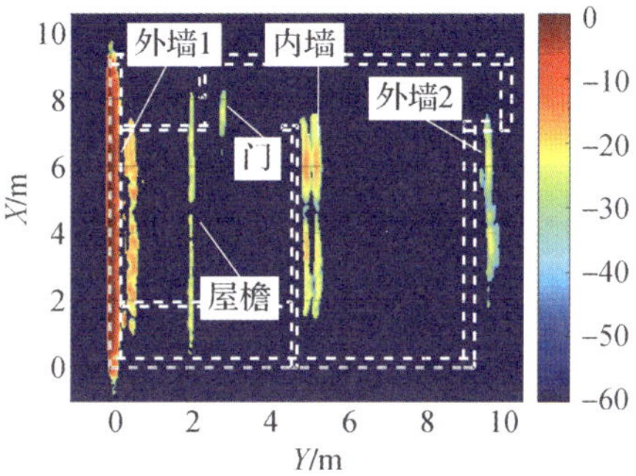

(b) 建筑结构稀疏成像结果

图 1.3 国防科技大学车载 MIMO 穿墙雷达建筑物结构成像

近年来，多旋翼无人机技术快速发展，将雷达搭载于其上，实现更加灵活机动地穿透探测，是穿墙探测技术的重要发展方向之一。利用无人机载超宽带 MIMO 穿墙雷达可以进行高层建筑物穿透成像探测，笔者所在团队提出的穿透探测机理下的超宽带穿墙雷达同步定位与建图（ultra – wideband – simultaneous localization and mapping，UWB – SLAM）技术，是解决密集楼宇环境下卫星导航误差陡增甚至失效的潜在手段之一，如图 1.4 所示。

在对建筑物等静止场景成像时，借助平台的运动可以形成较大观测孔径，从而大幅度提高成像的方位分辨率。然而当观察墙后运动目标时，SAR 成像技术所依赖的平台与目标之间的相对运动关系被破坏，特别是对于人体目标而言，即使在很短的时间内也可能发生较大的姿态改变。这种强烈的非合作性，导致 SAR 技术很难获得稳定有效的墙后人体目标成像结果。

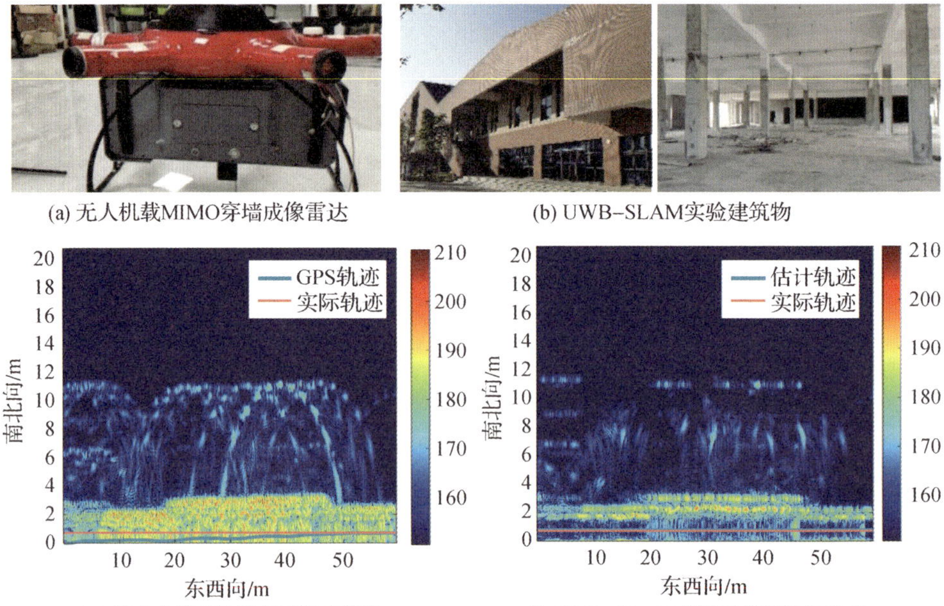

(a) 无人机载MIMO穿墙成像雷达　(b) UWB-SLAM实验建筑物

(c) 经典成像方法及GPS记录轨迹　(d) UWB-SLAM成像及轨迹估计结果

图 1.4　基于无人机载平台的 UWB－SLAM 结果

因此，更一般的方案是采用 MIMO 架构，利用 MIMO 虚拟孔径技术形成对目标的二维/三维分辨能力。与需要平台运动的 SAR 相比，MIMO 雷达自身并不运动，而是利用快拍的形式获得目标的成像结果。

早期的二维超宽带 MIMO 穿墙雷达系统通过三圆定位技术实现目标的非相干定位，例如由多个运动－测距传感器（motion and ranging sensor，MARS）系统的组网探测[16]。非相干定位精度较低，不利于改善目标信噪比，基于 MIMO 雷达成像技术的相干定位逐渐成为主流方案。

对墙后运动目标进行二维成像依赖于 MIMO 天线阵列。典型的系统是 2003 年 AKELA 公司 Allan R. Hunt 所展示的一款 MIMO 穿墙雷达[17－18]，如图 1.5 所示。为了获得较高的方位向分辨率，该系统设计了较长的阵列孔径，但受系统复杂度、探测反应时间等因素影响，该系统仅有 4 个天线单元。4 个天线单元通过顺序切换收发组合，获得 12 个等效回波通道，能够实现墙后目标的相干成像。由于阵元布局不满足空间采样定理，目标周围会出现大量栅瓣（虚假目标）。栅瓣是超宽带 MIMO 穿墙雷达系统设计与成像处理过程中经常面临的问题。

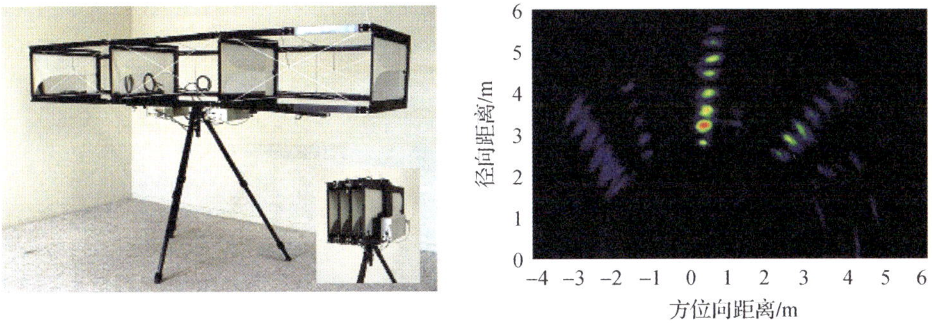

(a) 雷达系统　　(b) 典型成像结果

图 1.5　AKELA 公司的 MIMO 穿墙雷达系统

时至今日，基于同样技术原理的 MIMO 穿墙雷达型号众多，如英国 Cambridge Consultants 公司的 Prism 200、以色列 CAMERO 公司的 XAVER 400、美国 Time Domain 公司的 Radar Vision 2000，国内华诺星空的 CE 200、成电华信科技的 RadarExplorer Ⅱ、湖光科技的 TDR 6000 等，如图 1.6 所示。出于便携性考虑，这些 MIMO 穿墙成像雷达系统孔径与功率有限，最大工作距离在 10 ~ 30m 之间，距离向分辨率在 0.3m、0.5m 不等，方位向分辨率在 1°左右。

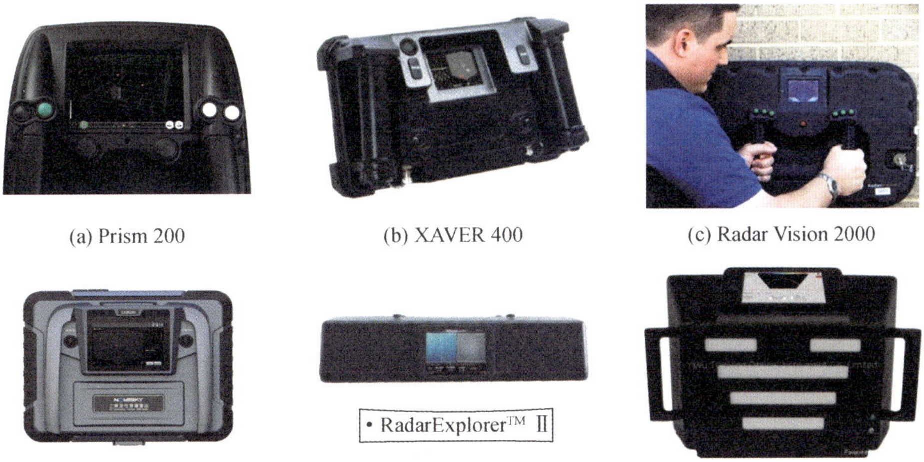

(a) Prism 200　　(b) XAVER 400　　(c) Radar Vision 2000

(d) CE 200　　(e) RadarExplorer Ⅱ　　(f) TDR 6000

图 1.6　典型的二维 MIMO 穿墙成像雷达系统

将一维的 MIMO 线性阵列拓展到二维面阵，会使雷达系统额外获得俯仰向的分辨能力，从而实现对目标的三维成像。典型的三维 MIMO 穿墙成像雷达系统是以色列 CameroTech 公司的 Xaver 800、Xaver 1000，国内华诺星空的 CEM 400、CEM 420，以及笔者所在团队研制的三维穿墙成像雷达原型机等，如图 1.7 所示。

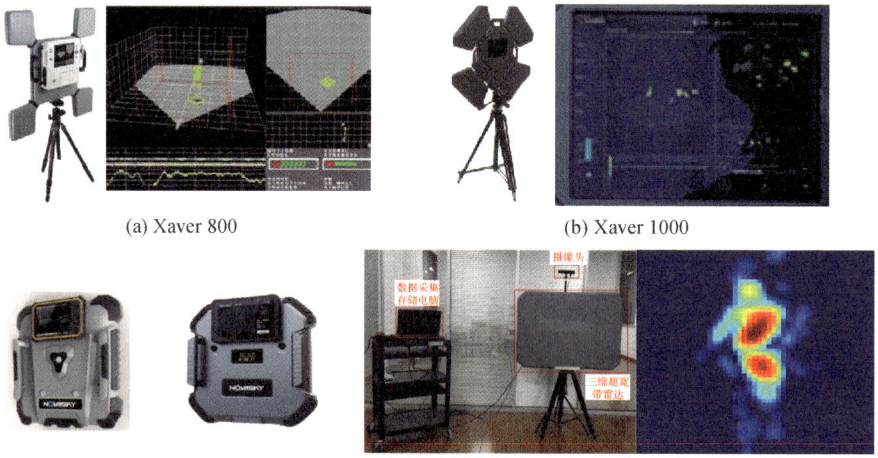

(a) Xaver 800　(b) Xaver 1000

(c) CEM 400　(d) CEM 420　(e) 三维穿墙成像雷达原型机

图 1.7　典型的三维 MIMO 穿墙成像雷达系统

对比建筑物结构成像结果与图 1.5、图 1.7 中的动目标成像结果可以发现，在 MIMO 架构的帮助下，穿墙雷达不依赖运动也能够形成方位/俯仰向上的分辨能力，但成像结果与我们通常见到的 SAR 图像存在较大差异。超宽带 MIMO 穿墙雷达成像属于近场成像，获得的是目标身上强散射点的距离与方位/俯仰角度估计结果在成像坐标系下的投影。即使采用了 MIMO 技术，超宽带穿墙雷达在方位/俯仰向的分辨率也是极其有限的，单纯借助 MIMO 雷达成像技术，很难直接获得能够反映目标姿态、体型的成像结果，还需要借助深度学习技术进行延伸处理。如图 1.8 所示，借助深度网络强大的非线性拟合能力，将成像结果作为输入，对人体目标身上的主要关节点进行位置回归，从而得到更精细的人体目标姿态信息，是目前相关领域研究热点之一[19]。

从已有研究结果来看，多数的超宽带 MIMO 穿墙成像雷达出于便携需要，阵列孔径都较为有限，较低的方位/俯仰向分辨率限制了它在复杂、多人环境下的工作能力，如何结合新的信号处理方法，提高超宽带 MIMO 穿墙成像雷达的工作性能，增加信息输出能力，为后端姿态估计、动作识别等处理提供更有效的样本，依然是需要继续深入研究的问题。

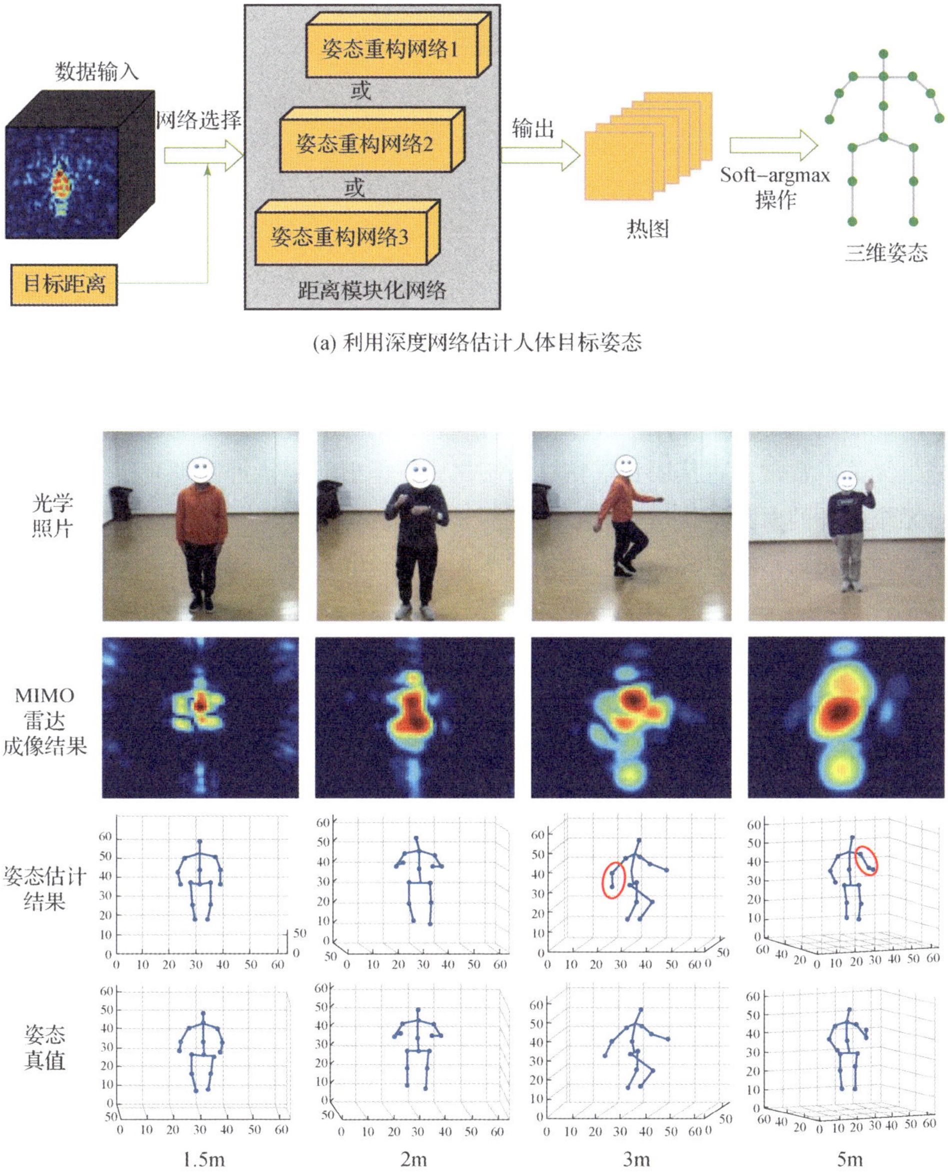

(a) 利用深度网络估计人体目标姿态

(b) 雷达成像与姿态估计结果对比

图 1.8 从超宽带 MIMO 穿墙雷达成像结果到人体姿态估计

1.2 主要的信号处理技术

超宽带 MIMO 雷达穿墙成像探测信息处理流程，一般可分为回波预处理、墙后目标成像、背景杂波抑制、目标特征提取等环节，我们将逐一探讨相关信号处理技术的基本情况。

1.2.1 回波预处理

回波预处理环节往往包含有数字解调、脉冲压缩、射频干扰（radio frequency interference，RFI）抑制等内容，前两者的实现方法及相关的参数设置与探测场景无关，常常被直接固化在雷达系统之中。但射频干扰抑制则有所不同，来自系统内部的射频干扰信号可以预先测量得到，但探测场景中第三方射频干扰信号的分布却是难以预知的，往往需要在线估计和抑制，因此也成为目前的研究热点。

雷达系统所处的电磁环境直接影响着雷达系统的工作能力，如果场景中存在着大量射频干扰信号，并且与雷达系统的工作频段重合，则雷达系统的最大工作距离、接收机灵敏度等参数将直接恶化。最严重的情况下，射频干扰可能导致接收机饱和，此时雷达系统将可能完全失去工作能力。因此，雷达系统必须及时获知场景中射频干扰信号的分布（随时间、空间或其他参数的变化）情况，以制定相应的射频干扰抑制措施。

2014 年，美国喷气推进实验室（Jet Propulsion Laboratory，JPL）Sidharth Misra 与 Paolo De Matthaeis 从频谱资源管理的角度系统总结了射频干扰问题，指出在线大带宽射频干扰信号检测是未来需要面临的一大挑战[20]。

在穿墙雷达的研究中，还较少有人关注射频干扰估计与抑制的问题。究其原因，可能是穿墙雷达研究初期，无线通信网络的覆盖范围远不如今日，而且与穿墙雷达存在频谱冲突的全球移动通信系统（global system for mobile communications，GSM）网络所占用的频段也很小，射频干扰信号对于超宽带信号的影响几乎可以直接忽略。但随着 3G、4G、5G、WiFi 等无线通信技术的大规模普及，适合穿墙雷达工作的频段内第三方辐射源的密度与强度都在不断增加，射频干扰对穿墙探测的影响已经不可忽视。

射频干扰的估计与抑制是低频 SAR 研究中的经典问题，低频 SAR 所主要采用的 L、P 波段的频谱资源早已被划分给广播电视、超短波地空通信、对讲机、手机通信等无线电业务[21-24]，因此比穿墙探测领域有更强烈的射频干扰抑制需求。大部分射频干扰抑制算法要求预先知道射频干扰的分布，即提前确定受干扰的频点和干扰强度等信息。为了获取上述参数，最常见的做法是在正式工作之前，关闭发射机，采用被动接收的方式录取电磁环境信息[25-26]，而后结合频谱分析与恒虚警（constant false alarming rate，CFAR）技术鉴别干扰的峰值，从而获得相对准确的射频干扰估计结果[27]。除此之外，还有一些统计类方法被用于射频干扰分布信息的估计[28]。被动接收估计射频干扰的方法适用于稳定的射频干扰环境，获取的射频干扰分布信息时效性较差。

现有文献主要依据射频干扰信号估计过程中是否依赖于特定的参数模型，而将射频干扰抑制方法划分为参数法和非参数法[29-30]，但以此划分射频干扰抑制算法的意义并不明显，因为无论是参数法还是非参数法，其数学模型中都或多或少包含了参数模型估计，而且以此划分射频干扰抑制算法也并不能明确体现各种算法的性能差异。

本书则将射频干扰抑制算法分为陷波与重构两大类。陷波类方法是指通过在频域形成陷波器凹口从而使该位置处信号的增益降低，从而实现射频干扰抑制，该类算法往往只考虑降低射频干扰信号的能量比重，而忽略同时被抑制的目标分量。几乎所有传统射频干扰抑制方法，例如自适应滤波、频域陷波、特征子空间投影等，都属于陷波类方法。重构类方法则指在抑制射频干扰信号时还要考虑对目标信号的恢复。

1998 年，Fabrizio 提出了适用于高频地波雷达的空域射频干扰抑制方法，其基本原理为采用波束合成的方式在射频干扰来波方向（direction of arrival，DOA）形成陷波凹口[31]；同年，JPL 的 Charles 尝试在宽带信号中利用最小均方（least mean square，LMS）自适应滤波器在未知射频干扰分布的情况下进行射频干扰抑制[32]，自适应滤波器成为了最经典的射频干扰抑制方案之一，国内外相关研究持续至今仍未停止，覆盖的内容包括额外旁瓣抑制、二维自适应滤波、归一化最小二乘（normalized least mean square，NLMS）自适应滤波等[26,33-37]，广泛应用于美国国家航空航天局（National Aeronautics and Space

Administration，NASA）、JPL 等机构的多个 SAR 系统。自适应滤波方法虽然有多种不同的实现方式，但其本质都是在回波的频域上形成陷波凹口。另一类基于频域窗函数的射频干扰抑制方法则更加鲜明地体现了这一点，通过直接在频域生成对应形状的陷波器窗函数，将时域滤波以频域相乘的形式实现，从而有效提高计算效率，例如英国国防科技公司 T. Lamont – Smith 提出的频域维纳滤波、国防科技大学金添提出的波数域维纳滤波、董臻提出的谱均衡、常文革提出的基于陷波结构的匹配滤波器等[38–43]。频域陷波主要针对的是稳定窄带干扰，如果射频干扰信号带宽过大，频域陷波器的凹口过宽，目标就会严重受损，陷波造成的危害可能会超过射频干扰本身；对于高频雷达中的时变射频干扰，2012 年武汉大学周浩提出利用短时傅里叶（short time Fourier transform，STFT）变换技术进行瞬时陷波[44]，2015 年重庆大学李东将这一方法应用于 SAR 领域，提出对于瞬时窄带的宽带射频干扰干扰，可以采用时频谱掩膜的方式进行有效抑制[45]，瞬时谱计算复杂度较高，相对实用的 STFT 等方法还存在时频模糊的问题。2007 年西安电子科技大学周峰提出，如果射频干扰信号强度远超目标回波，则可以采用特征子空间投影（eigen subspace projection，ESP）的方式[46]在陌生环境下实现射频干扰抑制。由于 ESP 的性能受限于回波的采样长度，2013 年刘志玲提出迭代自适应（iterative adaptive approach，IAA）与正交子空间投影（orthogonal subspace projection，OSP）结合的射频干扰抑制方法[47]，可以在小样本情况下实现射频干扰的自适应估计与抑制，代价是极大增加了系统的计算负担。同样采用 ESP 原理的还有 2014 年西安电子科技大学陶明亮提出的基于独立主成分分析的射频干扰抑制方法，此外还存在一些结合瞬时谱与 ESP 以进一步抑制宽带射频干扰的研究[48–49]。

陷波类方法主要利用目标与射频干扰信号在某个数据空间的差异，设计对应的陷波器，在该数据空间中射频干扰信号所在的位置处形成陷波凹口，从而减少射频干扰信号在回波中的比重。然而无论是哪一个数据空间的陷波，都不能保证目标信号分量与射频干扰信号分量完全正交，因陷波处理而损失的能量中，往往同时包含目标能量与射频干扰能量，因此陷波往往伴随着目标能量的较大损失。

重构类算法最早可以追溯到 1997 年 Timothy Miller 提出的目标切除技术[50]，在去除射频干扰信号之前先去除已估计出的目标信息，因此可以降低射频干扰信号估计与抑制过程中包含的目标成分。目标切除技术适用于射频干扰分布已知的电磁环境，同时要求场景中存在比干扰信号更强的孤立目标。

2006 年，E J Candes、陶哲轩等人提出了有限等距性质（restricted isometry property，RIP），压缩感知（compressed sensing，CS）技术兴起[51-52]。压缩感知技术本身是指直接在采样端实现数据压缩，使用远低于奈奎斯特（Nyquist）采样定理规定的采样率和样本数目实现对信号的恢复。射频干扰抑制领域的研究人员注意到这是消除陷波类方法负面效应的绝佳思路。陷波破坏了目标信息，当残留的目标信息满足 RIP 时，利用已有的稀疏恢复算法依然可以在很高的概率下实现目标无损重构。RIP 本身的计算十分困难，不过从经验来看，对于已经满足奈奎斯特采样定理的雷达系统来说，即使由于陷波损失了部分信息，残留的样本数目也往往超过稀疏重构所需的最低样本数，此时利用压缩感知原理进行稀疏恢复，能够获得比传统信号合成算法更好的信号重构效果。目前的稀疏恢复类射频干扰抑制算法几乎不讨论压缩感知中测量矩阵的设计问题，而直接采用全部残留的回波数据进行重构操作。

一部分采用稀疏恢复原理的射频干扰抑制方法并不属于重构类方法，因为这些方法仅仅是利用压缩感知原理实现对射频干扰信号的更精确估计，射频干扰的抑制过程中依然没有顾及对目标的影响[23,53-54]。早期的重构类算法主要是在传统的陷波处理之后，额外引入目标重构环节来降低陷波的负面影响。例如 2012 年国防科技大学张军提出的二阶正交匹配追踪（orthogonal matching pursuit，OMP）算法，在利用 OMP 算法完成射频干扰信号的估计与抑制后，再次利用 OMP 算法对残差进行目标信号重建[23]。同一时期，ARL 的研究人员也提出了类似的方案[55]。

2011 年美国爱荷华大学 Chenlu Qiu 针对强相关噪声环境下的脑功能磁共振成像（functional magnetic resonance imaging，fMRI）问题提出了递归投影压缩感知（recursive projected compressed sensing，ReProCS）及其改进方法，证明当噪声具有一定相关性（或随时间缓变，或噪声矩阵具有低秩特性）时，即使噪声非常强，采用 ReProCS 算法依然可以获得高质量的 fMRI 结果[56]。

受 ReProCS 的原理启发，2012—2016 年，ARL 的研究人员 Lam H. Nguyen 等人相继发表多篇文章阐述稀疏重构框架下的射频干扰抑制问题。射频干扰抑制不再被单纯认为是去除射频干扰的问题，而是被进一步转化为射频干扰信号与目标信号的二元信号分离问题[57-62]，代表算法有基于模型的稀疏重构（model-based sparse recovery，MSR）与同步低秩稀疏重构（simultaneous low-rank and sparse recovery，SLSR）等。这两种算法都是将目标信号与射频干扰信号投影到不同的数据空间，再通过相互抑制来降低二者之间的耦合。

相比于传统陷波算法，MSR 与 SLSR 方法的计算量过于庞大，算法的性能还依赖于某些人工超参数。黄岩则进一步提出快速行稀疏（fast row sparse，FRS）、无参数分解（parameter free decomposition，PFD）以及矩阵因子分解（matrix factorization decomposition，MFD）等方法[63-65]，依然采用了低秩稀疏的特性。相比于 MSR 与 SLSR，黄岩的方法改进了射频干扰与目标信号的分离效率以及稳定性[66]。

总体而言，陷波类方法结构简单，计算量低，适用于简单点频干扰的抑制；重构类方法往往包含了迭代结构，计算量大，适用于复杂宽带射频干扰抑制。

1.2.2 穿墙成像

回波预处理完成后，得到的只是相对纯净的一维回波，距离域上目标通常以局部峰值的形式出现在回波包络中，因此提取局部峰值的位置，就可能得到目标的一维距离信息。想要进一步获得目标的二维、甚至三维位置信息，则需要借助雷达成像技术，将多个接收通道的一维回波映射到二维/三维空间。

后向投影（back projection，BP）成像方法，作为 TWI 中使用最广泛的成像算法，成功地解决了任意 MIMO 阵列与超宽带信号体制下的穿墙雷达成像问题，其本质是多通道回波在空域上的离散傅里叶变换（discrete Fourier transform，DFT）与逆变换（inverse discrete Fourier transform，IDFT）。从空间采样的角度来看，想要高的目标空间分辨率，就需要增加阵列的孔径；想要大的不模糊空间范围，就需要致密的阵元排布。然而阵列孔径、阵元数目受到系统复杂度、成本、使用场景等多种因素限制，更多时候我们不得不在有限的孔径范围内布设有限数目的天线阵元，即使用稀疏阵列，最终设计出的 MIMO 阵列往往存在欠采样、非均匀采样等一系列问题，反映到成像结果中，则表现为目标存在较强的栅旁瓣。

另一方面，从回波传播时延的角度来看，墙体对信号产生的折射效应会导致信号不再遵从于传统雷达探测中的自由空间传播模型，按照自由空间传播模型计算出的回波延迟会小于目标实际的回波延迟，由此导致传统 BP 成像结果中目标存在位置偏差和散焦。为修正墙后目标位置与提高成像质量，需要对墙体折射效应引起的额外传播延迟进行进补偿，以修正其造成的相位误差。

综上所述，墙后目标成像的研究主要涉及两个方向：栅旁瓣抑制和墙体补偿。

1.2.2.1 栅旁瓣抑制

在栅旁瓣抑制问题的研究中，Schwartz 对超宽带稀疏阵列进行了详细的研究[67]，指出由于超宽带信号比窄带信号多了一个额外的时间维度，因此超宽带稀疏阵列侧向辐射能量水平更低。但是其侧向辐射能量水平与阵元数量成反比，因此有限阵元数量的超宽带稀疏阵列方位向栅旁瓣是不能忽视的。

阵列的优化配置通常包括阵元的布设以及收发模式的选取，合理的阵列配置有助于改善阵列的空间采样率。MIMO 阵列能够产生更多的虚拟阵元，获得的等效阵列具有更密的阵元分布，有助于阵列空间采样的改善[68]。但是这种改善是有限的，栅瓣效应依旧存在。

在后向投影成像中，将成像几何时延聚焦后的回波数据称为孔径域数据[69]。在不同孔径域数据上，主瓣和栅旁瓣的一些特性如幅度、相位以及相关性的分布是不同的。基于此，研究人员提出了多种孔径域的栅旁瓣抑制算法，如相干因子（coherent factor，CF）[70-71]、广义相干因子（generalized coherent factor，GCF）[72]、相位相干因子（phase coherent factor，PCF）[73]、孔径互相关[74]等，取得了很好的效果。这些方法利用孔径域数据构建加权系数，主瓣处系数接近于 1，而栅旁瓣处的系数则小于 1。最后，将加权系数和后向投影成像的结果相乘，即完成对栅旁瓣的抑制。

相干因子定义为孔径域数据相干功率之和与非相干功率之和的比值[70-71]。在主瓣处，相干和与非相干和的幅度相似，因此相干因子值接近于 1；而栅旁瓣的相干度较低，相干和功率要小于非相干和功率，因此相干因子值小于 1。相位相干因子的基本思想是在孔径域数据上主瓣相位的分布是比较一致的，而栅旁瓣相位的分布是比较杂乱的。作者用区间为$[-\pi,\pi]$的均匀分布，来描述孔径域数据的相位分布，并利用相位分布的方差或者标准差来描述相位的离散程度。徐梦玲对相干因子的表达式进行了变换，发现相干因子也可被认为是一种关于孔径域复数据离散程度的度量[75]。显然，相干因子综合利用了幅度和相位分布信息。文献［74］利用了相邻孔径域数据互相关来抑制栅旁瓣。类似地，主瓣处的互相关值接近于1，而栅旁瓣处的则小于1。

上述方法也出现了很多改进版本，以解决特定问题或是改善性能。文献［72］的研究表明，在空间频率域看，相干因子只利用了目标在孔径域的直流成分。因此，在处理扩展目标时，相干因子将面临相干程度低的问题。广义相干因子算法是在空间频率域引入低通滤波以解决该问题。为克服低信噪比（signal to noise ratio，SNR）时相干因子引入虚假像的问题，Nilsen 从维纳后向滤波器角度解释相干因子[76]，并提出了尺度维纳后向滤波方法。文献［73］中的作者也提出了一种相干因子的特殊版本，即符号相干因子（signed CF，SCF），其栅旁瓣抑制性能更好且算法执行效率更高。

但应当注意到的是，稀疏超宽带 MIMO 穿墙雷达阵列中的通道数量是非常有限的，能够参与离散程度统计的孔径域数据数量也是很有限的，这些限制了孔径域处理方法的性能。幸运的是，栅旁瓣不仅在不同的孔径域数据中分布不同，而且在频域的分布也是不同的。借助于后向传播成像算法，国防科技大学陆必应在文献［77］中假定目标主瓣在所有单频点单通道（single frequency single channel，SFSC）图像数据上的相位分布是一致的，而栅旁瓣的则不一致。据此，将相干因子扩展到了频域，提出了扩展相位相干因子算法（extended PCF，EPCF），缓解了相干因子面临的统计数据不足的问题。

离散程度测量要求参与统计的数据能够区分多目标，否则多目标之间的相互作用将破坏目标处的一致性，产生的加权系数不仅会抑制栅旁瓣，同时也会抑制弱目标。但是，上述栅旁瓣抑制方法均并未考虑多目标存在时的情形，参与统计的数据或多或少都存在对多目标分辨的缺陷。在传统孔径域处理方法中，孔径域数据具有很大的带宽但是只有一个收发通道，因此具有很高的距离向分辨率，但是不能分辨同一距离上的目标。在扩展相位相干因子算法中，单频点单通道图像数据完全没有多目标分辨能力，因此较弱的目标必定会被抑制。此外，由于后向传播成像中，每个单频点单通道图像数据都需要一次时延操作，扩展相位相干因子算法将非常耗时。

除了相干因子类的方法外，为进一步在有限的带宽与孔径下提高墙后目标的成像性能，2011 年美国维拉诺瓦大学 M. Amin 等人将雷达成像替换为稀疏重构，结果证明，即使回波样本存在部分缺失，依然有可能获得高分辨率的目标像[78]，之后又多次进行了类似的测试[79-81]。2017 年开始，桂林电子科技大学、南京理工大学的研究人员也对此展开了研究[82-83]。值得注意的是，目前大量采用稀疏重构技术得到的穿墙成像结果中，有效目标不再表现为传统雷达成像结果中的亮斑，而是若干零星的孤立的像素点，背景区域的像素值则近乎为零。经典的检测技术，例如恒虚警检测，已经无法对重构结果进行判断，因此稀疏重构的结果往往比雷达成像的结果让人更加难以确认场景中是否存在真实目标。考虑到稀疏重构所需的计算资源，是否有必要在实际系统中采用稀疏重构的方法依然是件十分值得商榷的事。

总体而言，相干因子类方法具有快速简单的优势，能够以较小的计算代价获得较大的成像改观，但其对弱目标的抑制依然是实际应用中需要注意的问题；稀疏类方法能够适应极稀疏阵列，但其所需的庞大计算量依然是其在实际使用中面临的难题。

1.2.2.2 墙体补偿

墙体补偿的关键是计算出墙体引起的额外传播时延。2004 年，加拿大国防研发部（Defence Research and Development Canada，DRDC）的 Sylvain Gauthier 提出利用 BP 与波速补偿技术对原始回波进行静态映射[84]，由于没有考虑墙体折射效应对电磁波传播路径的影响，该方法对墙后目标位置的修正效果较为有限。2006 年，美国维拉诺瓦大学 Moeness G. Amin 给出了入射点位置的先验方程[85-87]，但该方程缺少解析解，只能通过大量运算得到数值解，入射点确定后即可得到墙体引起的额外时延。2007 年，电子科技大学崔国龙提出了最短路径搜索方法，因此墙体引起的额外传播路径[88]可以直接搜索得到。不过，无论是解先验方程还是搜索最短路径，所涉及的计算复杂度都不适合应用于实际系统的成像。2011 年，南京大学的王芳芳等人利用支持向量机（support vector machine，SVM）技术，对墙后目标位置进行了修正[89]，不过这种方法并不能改善目标的成像质量。2012 年，国防科技大学的金添等人则进一步给出了额外路径近似值的解析解[90-91]，极大简化了补偿成像的过程。2013 年，中国科学院的张鹏根据多层介质的格林函数推导出了基于空间频域相位移动的补偿成像方法[92]，避免了 BP 成像中的入射角计算问题，不过这种方法难以从 SAR 模式推广到 MIMO 模式。

由于墙体参数往往是未知的，墙体补偿还需要预先完成对墙体厚度与介电常数等对参数的估计。2005 年开始，美国维拉诺瓦大学 Moeness G. Amin 等人陆续提出了基于最大化图像锐度、基于高阶统计量、基于阵列布局调整的墙体参数估计与补偿模型[10,93-94]，上述方法皆是通过建立搜索模型来估计墙体参数。利用搜索模型来获得最优墙体参数的思路实际上也成为后来多种墙体参数估计方法的选择，例如 2008 年美国密歇根大学 Mojtaba Dehmollaian 等人提出的最小化平方误差法[95]、2010 年国防科技大学的李欣提出的基于回波模型相关因子最大化的墙体参数估计方法[96]、2013 年金添提出的图像域滤波法[90]、2019 年第四军医大学的梁福来等人提出的基于墙体直线特征的墙体参数估计方法等[97]。基于搜索模型的墙体参数估计方法一般需要多次迭代处理，运算量较大。

除了搜索模型之外，另一种思路是从回波中直接提取与墙体参数有关的信息。2008 年，斯洛伐克科希策技术大学的 Michal Aftanas 将“空气－墙－空气”三层传播路径模型简化为“空气－墙”的二层传播路径模型[98]，并根据最短路径原理，利用 Newton－Horner 迭代对墙体参数进行了估计。2011 年沙特阿拉伯法赫德国王石油矿产大学的 Nuruddeen M. Iya 在墙体厚度已知的情况下，提出利用墙体回波时延估计介电常数的方法[99]。2012 年，国防科技大学金添等人进一步提出了墙体参数的最小二乘估计方法[91]，有效改善了墙体参数估计的效率与稳定性，2014 年他们将这种方法推广到了阵列相对于墙体的位置与姿态未知的情况[100]。2015 年，中国科学技术大学陈曦提出的支持向量回归（support vector regression，SVR）的方法则联合墙体前后回波的幅度与时延信息进行墙体参数估计[101]。2017 年，美国维拉诺瓦大学 Christopher Thajudeen 结合基于时延估的墙体参数估计方法与反射波比率技术进一步推导出了第三种墙体参数——电导率[102]。2018 年，伊朗德黑兰大学 Sajjad Sadeghi 等人通过分析墙体的 S 参数测量结果估计出了单层均匀墙体参数[103]，2019 年他们进一步采用基于广义函数束（generalized pencil of function，GPOF）的极点提取方法实现了多层介质的墙体参数估计[104]。

随着时间的演进，墙体参数补偿成像的效果在不断改善，墙体参数估计的精度与稳健性也都在不断提高，但此类研究还远远没有达到尽头，这是因为现实中的墙体种类繁多且结构复杂，现有的单层均匀介质模型与多层均匀介质模型还不能够完全匹配大量的实际场景。

1.2.3 杂波抑制

室内有效的人体目标往往伴随着各种运动，例如本身的走动、肢体的晃动，甚至是呼吸心跳带来的胸腔起伏等，而室内场景则往往较为安静，诸如墙体、地板、桌椅等室内常见地物体，通常是不动的。这些现象导致动目标指示（moving target indication，MTI）技术成为室内目标探测中最常用的杂波抑制技术。

2002年，美国雷神公司Jeffrey Black报告了一款名为MARS的便携式穿墙雷达系统，MARS采用了传统的MTI级联运动目标检测（moving target detection，MTD）的信号处理方式，能够实现人体运动目标的测距与测速。多套MARS雷达可以实现分布式组网，利用三圆定位的方式获得目标的二维坐标[105]。

2006年，德国伊尔梅瑙工业大学Rudolf Zetik针对人体运动目标中的静止杂波抑制问题[106]，详细分析了多种背景对消器的性能，并进一步提出了指数背景对消器以及自适应指数背景对消器，这些背景对消器具有计算复杂度低、实现方式简单的优点。指数背景对消器本质上是多普勒域上的一个一阶无限长单位脉冲响应（infinite impulse response，IIR）高通滤波器，同样的指数因子在不同脉冲重频下对应的IIR滤波器性能参数是不同的，因此必须结合实际系统参数以及应用需求设定。类似的对消器方案还有中国科学院研究生院吴世友等人于2012年提出的相邻脉冲与平均脉冲均衡对消技术[107]。

背景对消技术简单实用，但对系统的稳定性要求很高，系统的轻微抖动可能会造成较大的杂波残留。2016年，美国佛蒙特大学张宇和田霞提出了基于低秩稀疏表征的背景杂波抑制技术[108]，能够有效降低系统自身抖动造成的影响，从而得到更干净的运动目标回波。2017年，国防科技大学邱磊和金添在背景对消之后增加了低秩稀疏分解处理，用以进一步提高静止人体目标的信杂噪比（signal to clutter and noise ratio，SCNR）[109]。2018年，澳大利亚伍伦贡大学V. H. Tang也在穿墙成像中应用了低秩稀疏表征技术，用以实现静止场景中的墙体与墙后目标分离[110]。低秩稀疏分解的计算复杂度远超传统的背景对消技术，基本只应用于离线分析，但依然不失为一种非常有价值的尝试。

基于 MTI 原理的静止杂波抑制技术已经非常成熟。MTI 技术能够有效抑制静止杂波，但对于运动杂波，特别是多普勒频率与人体目标接近的运动杂波，例如多径虚假目标与鬼影运动杂波，MTI 无能为力。

若已知建筑物的结构布局，是可以预测鬼影位置并予以去除的。但通常情况下，穿墙探测应用很难直接获取建筑物结构布局。虽然近些年基于雷达信号处理的建筑物结构布局重构技术取得了一定的发展，但是这些技术往往需要雷达积累很大的孔径[111-114]，对雷达系统和探测环境的限制较大。

Martone 在文献［115］和［116］中，提出了一种结合非相干变化检测（noncoherent change detection，NCD）、正阈值分割以及最小化旁瓣抑制操作的运动目标指示非相干变化检测算法，以识别运动目标并抑制鬼影、强残留杂波、旁瓣等引入的虚假像。仿真数据和 SIRE 雷达系统的实测数据验证了该算法的性能。但是该算法不能处理缓动目标，且实测数据中残留的遮蔽效应鬼影水平依旧很高。孙昕分析了鬼影和运动目标之间的几何关系[117]，并基于这种几何关系提出了一种鬼影抑制方法。该方法要求后墙位置精确已知，并且要求雷达能够稳定地检测出目标和鬼影。同时，孙昕也详细分析了鬼影的特性，并指出影响鬼影的因素有很多，主要有目标形状和位置、天线的收发模式、雷达观测角度、雷达数据帧率以及杂波抑制方法等。

总结来看，穿墙探测中静止杂波的抑制方法相对成熟，能够应对大多场景；但是对形如鬼影的运动杂波的抑制，特别是多目标密集场景下的运动杂波抑制依然值得继续深入研究。

1.2.4 目标特征提取

穿墙雷达主要用于墙后人体目标的探测。人体目标的运动包括四肢、躯干的运动，呼吸，心跳等运动。根据主体运动是否存在，可将人体运动分为两类：大运动（macro - motion）和小运动（micro - motion）[58]，大运动指跑步走动等人体位置发生变化的运动；小运动也称为微动，指人体位置保持不变的运动，如原地肢体和头部的运动，以及处于静止状态时的呼吸心跳等生命特征。运动特征往往被用来加以区分探测场景中的静止物体。对于穿墙雷达而言，人体目标的运动特征反映在连续探测时雷达接收回波的变化上。

大运动特征的提取，例如躯干位置、运动速度、运动方向等信息，可以通过对成像结果的检测、聚类和跟踪来实现，相关结论已经较为稳定。

微动特征的提取则相对复杂，人体的生命信号主要指呼吸和心跳等有规律的信号，呼吸和心跳带动胸廓和腹部的运动，从而在皮肤表面产生显著的位移。正常状态下，人体的心跳和呼吸频率维持在一个稳定的范围[118]。人体呼吸和心跳频率范围是0.2~0.5Hz和0.8~2.5Hz，对应的胸腔振动幅度分别为0.5~1.5cm和2~3mm。法国航空航天研究院（Office National d'Etudes et de Recherches Aérospatiales，ONERA）的研究人员[119-120]在微波暗室测量了人体目标的雷达散射截面积（radar cross section，RCS），相对于墙壁等静止目标，人体的RCS非常小[121]。

人体的微动可以等效为呼吸和心跳的周期性变化[122]，非穿透环境下心跳较为稳定，且可以通过一定手段分离心跳信号。在穿墙条件下，微弱的心跳信号淹没在环境杂波和噪声中，难以观测[122-125]。同时，由于墙体介质的影响，人体呼吸的微多普勒频率[126-129]特征发生畸变，难以解译和识别。

本节我们主要围绕人体微动特征的提取问题，讨论相关技术的发展现状。

1.2.4.1 基于通道检测的微动目标定位

刘兰波利用步进频体制雷达原型系统[123]，采集了多个人体目标的微动信息，对比分析了人体相对于雷达的观测角的影响和人体不同部位回波的差异。实测结果表明，人体在不同姿态下（正对、背对、左侧对、右侧对雷达天线），均可测得准确的呼吸频率，且同一人体不同姿态角下的呼吸频率相近。因此，由胸腔运动引起的呼吸运动可看作是各向同性的。当雷达天线照射人体上半身时，不管其是否正对胸腔，均可得到稳健的呼吸频率。对多个人体观测验证了人体呼吸的稳健性。

在由多帧回波构成的距离-慢时间维上，为了检测微动目标，首先要进行静止杂波抑制和线性趋势消除[130-131]两步。之后，根据处理方式的不同，微动目标检测方法可分为时域方法[118,122,132]、频域方法[130]和统计类方法[131,133]。时域方法在距离-慢时间维实现杂波抑制和目标检测，用一维（1 dimensioanl，1D）恒虚警检测得到结果[132]。频域方法在距离-多普勒域进行处理，通过二维（2 dimensioanl，2D）恒虚警检测，得到目标距离向位置和微动频率。时域方法和频域方法本质上都是通过滤波方式抑制非目标信号，它们的区别在于滤波器设计方式的不同。在平稳杂波条件下，这两种处理效果较好。

在实际穿墙探测环境中，有可能存在非平稳杂波，如突然出现的运动目标、风吹草动等，将此类杂波看作非平稳杂波，非平稳杂波严重干扰了检测性能。统计方法将高维空间映射为低维空间，是一类有效的非平稳杂波抑制方法[131,133]。统计方法以奇异值分解（singular value decomposition，SVD）为代表，但SVD的奇异值由信号和非平稳杂波共同决定，因此其对非平稳杂波抑制能力有限。非平稳杂波条件下的微动目标的检测依然是个待解决的问题。

在单通道检测的基础上，利用多个通道的检测结果，可实现目标的空间定位。当场景中存在多个目标时，不同通道之间的目标关联可能会导致定位时出现虚假目标，因此目标的正确关联是多目标定位中首先要解决的问题。文献［134］分析了虚假目标的存在条件，当收发天线和目标之间的距离满足三角不等式时，可能存在虚假目标。文献［135］指出当通道数大于目标数时，虚假目标可得到有效抑制，因此可通过增加收发通道个数，抑制虚假目标。然而该方法的可扩展性差，处理多个目标时，雷达系统和信号处理的复杂度急剧增加。在二维空间，考虑雷达天线的方向性，两个通道即可实现目标的定位，如何利用两个通道实现多目标的关联是个值得研究的问题。

对墙后目标定位，首先要考虑电磁波穿透墙体时的非视距（non-line-of-sight，NLOS）传输问题。非视距条件下目标的定位得到了广泛研究，包括最优配置分析[136-140]、定位的克拉美-罗下界（Cramér-Rao Lower Bound，CRLB）分析、非视距路径的判断[137,141-142]等。文献［137］提出了一种加权最小二乘定位方法，将距离信息加权与非视距鉴别结果相结合，以实现非视距环境下目标的精确定位。

1.2.4.2 基于成像的微动目标定位

当雷达具有成像功能时，可通过成像的方式实现微动目标的定位。基于成像的微动目标定位优势有：①多个通道的相干积累，增加了目标能量，提高了目标SCNR和有效探测距离；②通过空间成像，能够区分距离向上难以区分的多个目标。

对每帧回波成像后，微动目标的检测同样依赖于时间维的积累。同时，目标成像可看作是目标能量在空间维的积累，这样微动目标检测可以统一到空间－时间－频率联合处理框架中[143-148]，其中空域指收发天线单元在空间的分布；时域指不同数据帧；频域指雷达波形所携带的频率信息。收发单元的空间分布决定了目标成像的方位向和俯仰向分辨率。时域数据对应于成像中的慢时间维，总观测时长决定了最小可检测多普勒频率，而帧间隔决定了最大不模糊频率。频率数据对应于成像中的快时间维，带宽越大，距离分辨率越高，杂波和目标能够在距离向上分离抑制效果越好。

考虑到空间维信息，将距离－慢时间维和距离－多普勒维分别扩展到空间－慢时间－距离维和空间－多普勒－距离维。文献［146－147］采用超宽带 MIMO 雷达墙后多静止目标，提出了一种基于变化检测的人体目标增强成像方法，实现了对多个静止人体目标的定位。但检测时没有充分利用人体的生命信号特征，因此其探测性能有限。文献［148］采用超宽带 SAR 实现了墙后目标生命信号的检测。首先对每个通道接收到的数据进行处理，选取特定频段的信号，然后再结合空域信息进行成像，对不同频率的切片成像结果。基于成像的微动目标定位问题还有待进一步研究。

1.2.4.3 多径条件下微动目标定位

对建筑物内部区域探测，电磁波不但需要穿透外墙，而且还受室内复杂环境的严重影响。封闭空间和其内目标的相互作用使雷达接收信号中不仅包含目标回波和墙体回波，还包括目标和墙体耦合产生的多径回波。对于超宽带穿墙雷达，由于大波束角的影响，这种耦合现象尤为明显。同时，大带宽提高了成像的距离向分辨率，使得区分多径回波和真实目标回波成为可能。耦合回波将在雷达图像中形成虚假目标，即多径鬼影（虚像）（ghost/false image），它的存在严重影响了穿墙雷达系统的探测性能。

文献［149］分析了多径虚像的三种特性：方位向依赖、低分辨率和非理想聚焦。一般的多径虚像都不能理想聚焦，从而比真实目标的成像强度小很多。根据多径虚像的特性，有学者提出了多种多径抑制方法，主要有加权抑制法、基于极化信息的抑制方法[150]、基于方位变化特性的抑制方法[151-153]、基于盲解卷积技术的抑制方法[154]、基于时间反转的抑制方法[155]以及基于压缩感知的抑制方法[156-157]等。

虽然抑制多径可以提高雷达性能，但在很多情况下，多径信号包含了直达信号所不具有的信息。如果能将其利用，这些信息将提高雷达的性能，如降低室内目标定位系统复杂度[158]、提高墙后动目标检测性能[159]、提高目标图像的信杂比或分辨率[160-161]等。

如果已知多径环境的先验知识，那么可以通过几何建模来利用多径信号。文献［160］建立穿墙环境中信号传播的多径模型，利用最小二乘算法计算出多径聚焦的虚像位置，然后将原始图像上的多径虚像叠加到其对应的目标上，从而达到提高图像信杂比的目的。文献［162］采用多传感器，结合多径环境先验知识，利用多径散射信号的谱成分和空间、时间信息建立了一个线性成像理论模型，对环境中的动目标进行成像，并分析了传感器位置和波形的影响，最终达到增强图像空间分辨率的目的。文献［163］利用对多径环境的先验知识，在层析图像重建算法中提高角分辨率。

现有的多径抑制和应用方法大多基于 SAR 模式，实际穿墙雷达成像系统中，MIMO 阵列雷达得到了广泛应用。由于天线配置不同，SAR 模式多径分析的一些结论不能直接推广到 MIMO 模式。MIMO 模式下，如何建立多径虚像模型，以及利用多径虚像提高微动目标检测和定位性能，是一个待解决的问题。

1.2.4.4 人体微动特征提取

处于微动状态的人体易受机械振动目标如风扇、冰箱、空调压缩机等的干扰。在检测人体目标时，机械振动目标同样被检测出来。因此，还需对微动目标鉴别，以排除机械振动目标的干扰。文献［127－128，164－168］较为系统地研究了典型微动目标在加速、旋转、振动、翻滚状态下的微多普勒频率。机械振动是周期性的有规律的运动，因此其运动有稳定的微多普勒特征。这些特征可用于目标鉴别（如区分人体的不同行进状态、区分人和机械目标[169]）、参数估计、状态判断等。然而基于微多普勒特征的目标鉴别依赖于稳健的多普勒特征，适用于目标的 SCNR 较高的场景。对于墙后目标，墙体的穿透衰减等造成了目标微多普勒频率的畸变，同时低 SCNR 下微动特征受杂波噪声干扰严重，难以提取稳定的微多普勒频率。

更为严重的是，虽然呼吸信号有稳定的多普勒频率，但人体的呼吸受到身体随机运动的干扰。人体微动不但包括了呼吸等有规律的生命活动，还包括身体的随机运动等无规律的运动，而且随机运动一旦存在，其幅度就远大于呼吸等生命信号幅度。

不同于呼吸、心跳和走路时四肢有规律的运动，微动时身体的随机运动完全没有规律。低 SCNR 环境和人体随机运动使得人体目标和机械目标难以区分。要想区分这两类目标，首先要从微动信号中提取周期性的生命信号（如呼吸），然后利用稳定的周期信号区分这两类目标。但这些处理的前提是能够准确提取人体的微动轨迹。然后才能从微动轨迹中提取目标的微动特征，去除噪声和人体随机抖动的干扰。身体的随机抖动幅度大而且无规律，可看作周期性呼吸信号之上叠加的趋势项。

当考虑到身体无规律的随机运动时，人体目标回波是非平稳信号，其二阶统计特性随时间变化。传统的傅里叶变换是一种全局变换，不能同时对信号进行时域－频域特性分析，对非平稳信号的处理能力有限，非平稳信号的处理方法有短时傅里叶变换、二次型时频分布、小波分析、奇异谱分析和希尔伯特－黄变换（Hilbert－Huang transform，HHT）等。经验模态分解[170]和扩展经验模态分解[171－172]作为一种有效的非平稳信号分析手段，可用来提取人体的生命信号[173]。然而，该方法只能对一次人体运动轨迹进行分析。在低 SCNR 下，准确提取动人体微动信号，并从微动信号中分离生命特征，是鉴别人体目标的关键，还需要进一步研究。

1.3 难点与挑战

穿墙雷达借助低频信号的穿透特性，实现墙后目标探测。穿透只是一种相对的概念，发射信号至少需要经过一层墙体之后才能到达墙后目标处，经目标反射后，需要再一次经过墙体才能返回接收天线，墙体对发射的信号至少造成两次衰减[174－175]。如果最终获得的信号低于接收机灵敏度要求，则意味着穿透失败。

从探测环境来讲，墙体对探测信号造成衰减，导致墙后目标的回波普遍存在着低信噪比、低信杂比的问题。同时，超宽带信号的采用虽然有助于提高系统分辨率，但也加大了受到射频干扰的风险。由于射频干扰信号被墙体衰减的次数往往小于目标回波，因此墙后目标还常常面临着低信干比（signal to interference ratio，SIR）的问题。封闭房间的探测场景中，还存在着多径引起的虚假目标，以及遮蔽效应引起的鬼影杂波等问题[117,176-177]。另外，墙体还会改变信号的传播路径，降低墙后目标在传统雷达成像处理结果中的聚焦性能[84]。

雷达成像技术是探测墙后人体目标一个非常重要的手段。雷达成像质量的评价指标主要有分辨率、动态范围、栅旁瓣水平等。当超宽带 MIMO 穿墙雷达的工作频段和孔径尺寸确定后，成像的距离向和方位向分辨率随之确定。由于系统集成，超宽带 MIMO 穿墙雷达的阵列孔径非常有限；由于成本、数据处理能力以及便携性问题，超宽带 MIMO 穿墙雷达系统的可用阵元数量也很少。因此，系统往往工作在稀疏阵列模式下。有限的孔径长度以及有限的信号带宽，必然会在成像中引入方位向和距离向旁瓣；同时超宽带稀疏阵列的空间采样率往往不足，成像会引入方位向栅瓣。较高的栅旁瓣水平，不仅会引入虚假像，同样也会降低成像的动态范围。

此外，由于人体的低反射率、墙壁对电磁波的强双程衰减以及探测时引入的强环境杂波，雷达接收到的人体回波往往极其微弱，SCNR 极低。要完成人体目标的成像和检测，首先要很好地抑制探测环境中存在的强杂波，改善回波 SCNR。在典型的穿墙探测应用中，雷达在工作时往往保持静止，因此多数穿墙探测的研究中主要考虑的是静止杂波的抑制。

在静止杂波抑制的过程中，封闭建筑结构中人体目标在后墙上产生的电磁遮蔽效应[178-179]往往是不可忽视的问题。雷达发射的信号穿透墙壁前在室内传播的过程中，属于扩展目标的人体会遮挡住一部分信号的传播，导致部分后墙表面无法被信号照射，留下阴影。当目标在原地处于小运动状态（心跳呼吸、原地踏步等）时，人体目标在后墙留下的阴影几乎不会发生变化，因此杂波抑制处理很容易去除阴影部分，保留下小运动人体目标。然而，当人体目标处于大运动状态，例如跨越多个距离单元运动时，人体目标导致的阴影区域也会随之发生变化。变化的阴影区域将会和运动人体目标一并出现在其杂波抑制结果中，进而可能会在后续的目标检测中引入虚警[116]。和运动人体目标一同出现在杂波抑制结果中的变化阴影区域也称为鬼影。鬼影可能会被系统检测为有效目标而造成虚警，特别是在物品密集的房间内，这一现象更为显著，因此是不能忽略的。

杂波抑制只是解决了场景对目标的干扰问题，真正想要观察到目标，往往还需要对目标信号进行进一步增强。从统计信号处理的观点来看[180]，除了能够获得目标位置信息外，现有的 TWI 技术本身也是在对目标信号进行增强。例如对于一个理想的静止点目标，经 BP 成像处理之后，最终可以获得两方面的相干积累增益，一方面是超宽带信号在距离向上进行一维脉冲压缩带来的频域增益，另一方面是回波通道间的相参处理带来的空间增益。当然，相干积累增益还受到墙体参数、目标运动、系统通道均衡性差异等多种因素的影响。在这其中，目标运动往往是最大的不可控因素。

直观看来，即使是处于大运动状态（走动、奔跑）的人体目标，其本身也当属于低速目标，但由于超宽带信号的距离分辨单元往往在厘米级，因此导致即使是缓慢的步行也可能在穿墙探测中产生明显的跨距离单元现象。而受观测视角影响，目标在不同通道回波中的多普勒效应也存在差异，由此导致超宽带 MIMO 穿墙成像雷达中的人体运动目标类似于传统宽带脉冲多普勒雷达中的高速机动微弱目标。二者均表现出低信噪比、低 SCR 以及跨距离单元、跨多普勒单元等行为。

大运动状态下的人体目标，躯干、肢体处于舒展状态，具有较大的雷达散射截面积，经过静止杂波抑制和雷达成像等处理后常常具有较高的检测概率。但对于处于微动状态的人体目标，情况就变得不再乐观。受室内有限空间的限制，人体目标如室内被劫持的人质、被困发生火灾房间里的人、地震后被埋在废墟内的人等，大多数处于微动状态，此时仅有呼吸心跳和身体的微动，其位置不发生变化，一般的变化检测等静止杂波抑制方法难以从场景回波中分离出目标信号，因此更加难以实现目标检测和定位。

历经数十年的发展，穿墙成像技术已经取得了较大发展，国内外均涌现出一系列的穿墙成像雷达产品，提供了涵盖一维、二维、三维等在内多种形式的墙后目标信息，但从部分单位的实际应用反馈情况来看，穿墙成像雷达相关技术的研究还远远未能在实际战场侦察与灾害救援环境中稳定发挥效能。如何改进穿墙雷达系统与处理算法，使穿墙雷达能够主动适应复杂多变的实际探测环境，依然是需要进行深入研究的问题。

第 2 章

超宽带穿墙雷达射频干扰抑制

工业和信息化部颁布的《中华人民共和国无线电频率划分规定》中，并没有分配专门的频谱资源供穿墙雷达使用。事实上，不只是穿墙雷达，其他雷达探测业务也没有专门分配的频段。穿墙雷达主要采用的低频超宽带信号所覆盖的频段，早已被其他第三方无线电业务占用，当第三方无线电业务发射的信号混入穿墙雷达回波中时，会引起回波噪底抬高、接收机灵敏度下降等问题，从而干扰雷达对墙后目标的探测，这种干扰现象即为射频干扰，相应的干扰信号即为射频干扰信号。最严重的情况下，强烈的射频干扰可能导致接收机饱和，此时雷达系统将可能完全失去工作能力。

直接规避射频干扰所在的频段无疑是解决射频干扰问题的一种有效手段，例如在发射信号或是接收滤波器的幅频响应曲线上有针对性地设计频域凹口，从而避免接收处理该位置的射频干扰信号，不过这种方案只适用于固定的电磁环境。现实的电磁环境往往具有时变特性，即环境中的射频干扰信号的频率分布往往随时间变化，并且具有较强的随机性，因此并不总能保证环境中的射频干扰信号落入预先设计的频域凹口。此时仍需要考虑射频干扰信号混入回波采样的情况，并在信号处理的过程中进行估计与抑制。

穿墙雷达中还较少有人关注射频干扰估计与抑制的问题，究其原因，可能是穿墙雷达研究初期，无线通信网络的覆盖范围远不如今日，而且与穿墙雷达存在频谱冲突的 GSM 网络所占用的频段也很小，彼时射频干扰对于超宽带信号的影响几乎可以直接忽略。但随着 3G、4G、5G、WiFi 等无线通信技术的大规模普及，适合穿墙雷达工作的频段内第三方辐射源的密度与强度都在不断增加，射频干扰对穿墙探测的影响逐渐变得不可忽视。

本章将讨论超宽带穿墙雷达中的射频干扰估计与抑制问题，首先从超宽带穿墙雷达回波的简化模型出发，分析射频干扰对目标探测的影响；接着从射频干扰信号与目标回波在不同数据空间的分布差异入手，给出射频干扰信号分布的在线估计方法；之后重点分析两种典型的基于稀疏重构理论的射频干扰抑制方法，并在此之上给出一种更高效的射频干扰抑制方法。

2.1 超宽带穿墙雷达回波模型

2.1.1 目标信号模型

超宽带穿墙雷达中主要采用的信号体制包括超宽带窄脉冲、步进频连续波（step frequency continues wave，SFCW）、线性调频连续波（linear frequency modulation continues wave，LFMCW）等。相比超宽带窄脉冲体制，连续波体制容易实现具有高平均发射功率的发射信号。

为帮助读者对墙后人体运动目标的回波信号建立初步的直观印象，我们首先给出一次真实的人体目标探测实验结果（如图2.1所示），实验中采用一个单通道的LFMCW体制的穿墙雷达，墙后只有一个人沿着雷达径向近似匀速地远离雷达，回波已做背景对消处理以抑制墙体等静止杂波，图2.1（c）中的白色虚线代表了目标主散射点的多普勒频率的分布情况。本节后续内容将结合图2.1与雷达信号处理中的理想点目标回波模型分析目标信号在不同数据平面上的分布情况。

经过混频、数字解调等预处理之后，SFCW与LFMCW信号体制的回波可近似认为是在频域直接采样的结果，场景内的目标可以假设为若干散射点的叠加，此时一个相干处理周期（coherent processing interval，CPI）内，目标回波信号可写作

$$S_{\text{tar}}(m,n) = \sum_i \alpha_i(n)\exp(-\mathrm{j}2\pi f_m t_i(n)) \tag{2.1}$$

式中：$m=0,1,\cdots,M-1$，m为离散频点索引，M为工作频点数；f_m为对应的工作频率，$f_m=f_1+m\Delta f$，f_1为系统扫频起始频率，Δf为扫频步进量（频域采样间隔）；$n=0,1,\cdots,N-1$，n为单个CPI内的脉冲序号（亦即慢时间坐标），N为单个CPI里包含的脉冲数目；α_i为目标i的散射系数；$t_i(n)$为目标i在脉冲n中的收发双程时延。$S_{\text{tar}}(m,n)$代表了目标在频率－慢时间平面上的分布，

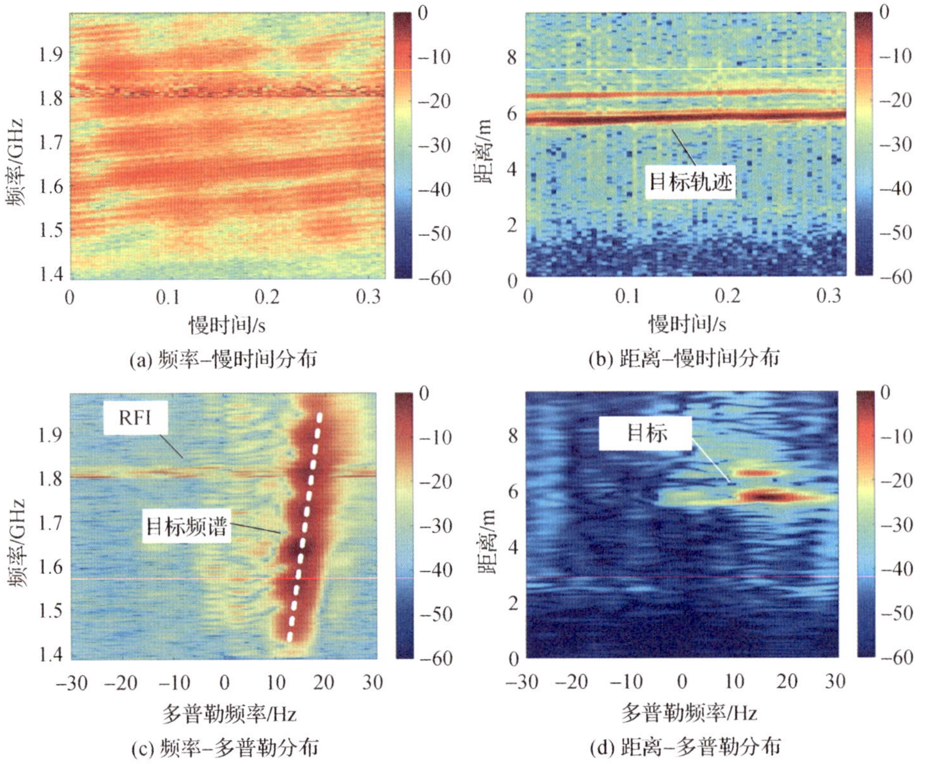

(a) 频率–慢时间分布　(b) 距离–慢时间分布

(c) 频率–多普勒分布　(d) 距离–多普勒分布

图 2.1　单个人体运动目标回波在不同数据平面上的分布

由式（2.1）可知，理论上，$S_{\text{tar}}(m,n)$中每一个频率点f_m、每一个脉冲n中都包含了目标信息，即目标的能量均匀地分散在频率－慢时间平面上。当然，由于真实的目标并非理想点目标，目标自身还存在着特定的幅频响应，如图 2.1（a）所示，真实目标往往会覆盖大量的频率－慢时间网格单元，并且具有多个起伏的峰值。

穿墙雷达关注的室内人体运动目标，相对于常规雷达系统所探测的飞机、舰船等机械运动目标而言，具有速度低与运动随机性大的特点，难以直接建立某种运动模型，只在较短的 CPI 内，可用匀速直线运动模型来拟合，此时目标回波的双程时延被简化为

$$t_i(n)=\frac{r_i(0)+v_{r,i}nT}{c} \tag{2.2}$$

式中：$r_i(0)$为该目标该 CPI 初始脉冲中的双程距离，取决于目标到收发天线

的等效距离和（探测信号经过墙体时，由于传播介质的改变会带来额外的传播延迟，这一过程可以通过增加额外的传播距离来等效[90]）；$v_{r,i}$为对应的双程径向速度，$v_{r,i}$的大小和方向与目标和收发天线构成的三角形夹角相关[181]；T为脉冲重复周期（pulse repeating interval，PRI），c为光速。需要注意的是，由于这里的$t_i(n)$为目标的收发双程时延，因此式（2.2）指目标运动矢量投影到雷达视线方向之后满足匀速直线运动模型。将式（2.2）代入式（2.1）中有

$$S_{\text{tar}}(m,n) = \sum_i \alpha_i(n)\exp\left(\frac{-\text{j}2\pi f_m r_i(0)}{c}\right)\exp(-\text{j}2\pi f_{d,i}(m)nT) \tag{2.3}$$

式中：$f_{d,i}(m)$为目标i的多普勒频率，且有

$$f_{d,i}(m) = v_{r,i}/\lambda_m = v_{r,i}f_m/c \tag{2.4}$$

式中：λ_m为f_m对应的波长。

$r_i(0)$与$v_{r,i}$的精确模型较为复杂，二者对穿墙雷达信号的主要影响体现在对目标真实位置与运动参数的估计误差上，但对于单通道回波内部的信号处理方法，例如时域信号综合、MTI，以及本章将讨论的射频干扰检测与抑制等处理方法本身，并不会产生实质性影响，因此这里不对其做进一步论述。

对每一个脉冲，沿着m（频率）对$S_{\text{tar}}(m,n)$进行逆离散傅里叶变换将得到目标在距离－慢时间平面上的分布：

$$s_{\text{tar}}(l,n) = \frac{1}{L}\sum_{m=0}^{M-1} S_{\text{tar}}(m,n)\exp(\text{j}2\pi ml/L) \tag{2.5}$$

式中：$l=0,1,\cdots,L-1$，l为距离单元索引，L为距离单元数目，当需要变换的距离域是连续均匀采样时，可以采用快速逆傅里叶变换（inverse fast Fourier transform，IFFT）或线性调频Z变换（chirp Z transform，CZT）来快速实现。对于$s_{\text{tar}}(l,n)$中的单个脉冲来说，形如式（2.3）的目标表现为类sinc函数的局部尖峰；联合多个脉冲来看，$s_{\text{tar}}(l,n)$表现的是目标在距离－慢时间平面上的分布，即目标在雷达回波中的运动轨迹，见图2.1（b）。

对每一个频率单元，沿着慢时间n对$S_{\text{tar}}(m,n)$进行离散傅里叶变换则可得到目标在频率－多普勒平面上的分布：

$$S_{\text{tar}}(m,d) = \sum_{n=0}^{N-1} S_{\text{tar}}(m,n)\exp(-\text{j}2\pi nd/L_{\text{dpl}}) \tag{2.6}$$

式中：$d=0,1,\cdots,L_{\mathrm{dpl}}-1$，$d$ 为数字多普勒频率；L_{dpl}为多普勒变换长度；N 为单个 CPI 里包含的脉冲数目。由式（2.4）中运动速度与波长的关系可知，同一速度在不同工作频率上对应的多普勒频率是不同的，传统窄带雷达回波模型中常忽略这一差异，但对于超宽带穿墙雷达来说，不同工作频率上的多普勒频率差异却会相对明显，人体目标信号在频率－多普勒平面上常常表现出高（高频区域）宽（多普勒频率绝对值大）、低（低频区域）窄（多普勒频率绝对值小）的特性，如图 2.1（c）所示，本书的第 5 章将对这一特性进行更进一步地详细讨论。

对于每一个距离单元，沿着慢时间 n 对 $s_{\mathrm{tar}}(l,n)$进行 FFT 处理将得到目标在距离－多普勒平面上的分布，这一操作即为 MTD 处理，且有

$$s_{\mathrm{tar}}(l,d)=\sum_{n=0}^{N-1}s_{\mathrm{tar}}(l,n)\exp(-\mathrm{j}2\pi nd/L_{\mathrm{dpl}}) \tag{2.7}$$

经 MTD 处理后，理想点目标将在距离－多普勒平面上坐标$(r_i(0),f_{d,i}(m))$处表现为一个局部尖峰，如图 2.1（d）所示。

从稀疏的角度来看，在图 2.1 所展示的 4 个子图中，目标在距离－多普勒平面上无疑是最稀疏的（占据的网格单元最少），即目标能量在距离－多普勒平面上最集中，从相干积累的角度来看，目标此时的信噪最大，因此在单通道的穿墙雷达信号处理中，常将回波变换到距离－多普勒平面以改善信噪比，从而提高目标的检测性能。不过，当目标速度足够大时，目标将在单个 CPI 内产生严重的跨距离单元行为，此时传统的 MTD 性能将急剧下降，这一问题将在本书第 5 章中详细讨论。

2.1.2 射频干扰信号模型

现有研究中，射频干扰回波模型主要以时域模型为主，干扰信号被区分为窄带干扰（narrow band interference，NBI）与宽带干扰（wide band interference，WBI）。NBI 被定义为带宽占比低于 1% 的射频干扰信号，并常用少量离散正弦信号的叠加进行建模；WBI 则被进一步区分为被建模为线性调频宽带干扰（chirp modulated wide band interference，CMWBI）与正弦调频宽带干扰（sinusoidal modulated wide band interference，SMWBI）[48]。不过相关研究人员亦指出，实际情况中的宽带干扰可能与这两种数学模型完全不匹配[48-49]，

CMWBI 和 SMWBI 作为两种基本形式，更多的是用来表征 WBI 所具有的时变与频率捷变特性，常见的射频干扰抑制方法也并没有特别强调利用 CMWBI 与 SMWBI 模型的数学性质进行特殊化处理。NBI 与 WBI 的区别往往只在于受干扰频点的数目，因此后文中将不再强调射频干扰的种类。

对于采用 SFCW 与 LFMCW 信号体制的穿墙雷达系统来说，系统回波经混频处理之后的采样往往可以视作直接频域采样的结果，此时射频干扰信号模型可以简化为

$$I(m,n) = \sum_{g} \alpha_g(n)\exp(\mathrm{j}\varphi_g(n))P(f_m - f_g) \tag{2.8}$$

式中：α_g 为第 g 个干扰信号的幅度；f_g 和 φ_g 为对应的干扰频率与初相；$P(\cdot)$ 为一频域窗函数，描述了射频干扰在频域出现的位置与在时域持续的时间，考虑到射频干扰信号存在慢时间与空间上的随机变化，射频干扰信号的幅度 $\alpha_g(n)$ 和初相 $\varphi_g(n)$ 是与 n 相关的随机变量。

如果忽略射频干扰在单个脉冲内部的时变特性，则可以将射频干扰信号假设为单个脉冲内部的稳定信号，此时 $P(\cdot)$ 对应于冲激函数，式（2.8）可进一步简化为

$$I(m,n) = \sum_{g} \alpha_g(n)\exp(\mathrm{j}\varphi_g(n))\delta(f_m - f_g) \tag{2.9}$$

式中：$\delta(\cdot)$ 为冲激函数。这一简化可能会降低射频干扰信号模型在时域中的准确性，但会显著降低射频干扰分析的难度，除了特别说明，本书考虑的射频干扰信号模型均指式（2.9）。

需要额外说明的是，SFCW 与 LFMCW 的信号体制一定程度上降低了射频干扰的影响，这是由于这两种信号体制采样前的信号带宽决定于系统的不模糊距离，而穿墙雷达属于近场雷达，不模糊距离较小，因此可以采用窄带接收机，从而降低接收端与射频干扰在频域耦合的机会；扫频模式下，特定频率的持续时间较短，进一步降低了与射频干扰在时域耦合的机会。但降低与射频干扰耦合机会，并不代表接收端不会混入射频干扰，也不代表混入的射频干扰信号可忽略。

2.1.3 射频干扰信号对墙后目标的影响

经 MTI 处理后，穿墙雷达接收到的回波可以简记为

$$S(m,n)=S_{\text{tar}}(m,n)+I(m,n)+W(m,n) \tag{2.10}$$

式中：$W(m,n)$为噪声，一般认为噪声服从高斯正态分布。

采用 IDFT 合成距离域信号，其本质是将一个频域采样点映射为持续完整 PRI 的正弦波。假设射频干扰为一个单频干扰信号，且干扰频率恰好位于数字频率 m_0 上，则由该射频干扰信号合成的距离域信号为

$$s_I(l,n)=\frac{\alpha_0(n)}{L}\exp(\mathrm{j}\varphi_0(n))\exp(\mathrm{j}2\pi m_0 l/L) \tag{2.11}$$

进一步假设目标为散射系数为 1 的理想点目标，且恰好位于一数字距离单元上 l_i 时，对目标信号的 IDFT 处理将形成 sinc 函数，且峰值出现在 l_i 处，即

$$s_{\text{tar}}(l,n)=\frac{M}{L}\exp(\mathrm{j}\varphi_{\text{tar}}(n))\operatorname{sinc}\left(\frac{l-l_i}{L}\right) \tag{2.12}$$

式中：$\varphi_{\text{tar}}(n)$为目标相位。

考虑复噪声服从复高斯分布 $N_{\text{complex}}(0,\sigma^2)$，$\sigma^2$ 为噪声方差。对于同时包含射频干扰信号与目标信号的雷达回波来说，IDFT 合成后的距离域回波 $s(l,n)$亦为服从复高斯分布的随机变量，且有

$$s(l,n)\sim N_{\text{complex}}(s_I(l,n)+s_{\text{tar}}(l,n),\sigma^2/L^2) \tag{2.13}$$

目标主峰与由干扰与噪声组成的背景的功率之比，即信干噪比（signal to interfernce and noise，SINR）为

$$\text{SINR}=\frac{E[\,|s(l_i)|^2\,]}{E[\,|s(l)|^2\,|_{l\neq l_i}\,]}=\frac{M^2+\alpha_0^2+\sigma^2}{\alpha_0^2+\sigma^2} \tag{2.14}$$

SINR 反映了目标与背景的分离度，SINR 越大，意味着目标主峰高出背景电平越多，相应的目标被正确检测出的概率就越大，反之亦反。射频干扰直接抬高了背景电平，即使系统热噪声很低，目标能否从背景中显现也还取决于射频干扰强度 α_0。例如当 $\alpha_0=M$ 时，SINR≈1/2，此时，背景电平将非常接近目标主瓣，由此对目标检测产生的影响是非常严重的。

图 2.2 给出了不同强度下单频射频干扰对目标影响的仿真结果，仿真实验中信噪比为 10dB，干扰强度 α_0 参数分别取 $M/2$、M 和 0。从 100 次仿真实验结果的平均来看，射频干扰直接抬高了背景电平，显著降低了雷达系统的有效动态范围；而从某一次实验结果来看，射频干扰的危害除了抬高背景电平之外，更由于射频干扰相位的随机性，当射频干扰与目标相位相反时，会出现二

者相互抵消的现象，导致目标主瓣所在区域的局部峰值被凹陷代替，如图 2.2（b）中红色虚线所示。

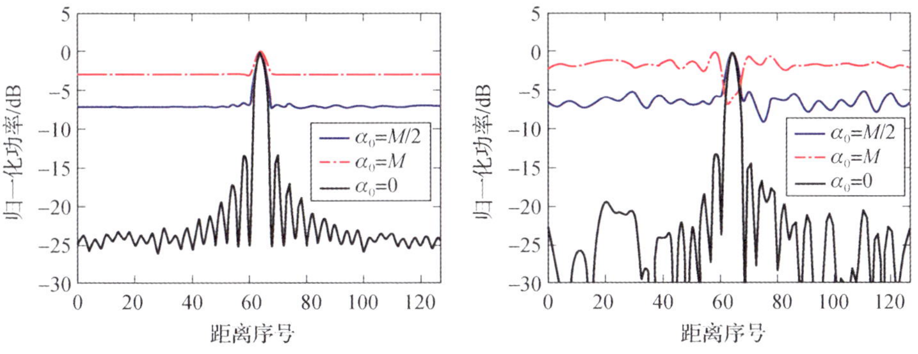

(a) 100次仿真实验的平均

(b) 某一次仿真实验结果

图 2.2 射频干扰对目标的影响

从大量实际的穿墙雷达回波数据来看，场景中往往同时存在强目标与弱目标。此时，射频干扰往往并不会对场景中强目标（走动的人体目标、靠近雷达所在墙体附近的人体目标等 RCS 较大的目标）的检测与参数估计构成太大威胁，但却会对弱目标（远距离目标、安静仅有呼吸等特征的微弱人体目标）造成剧烈影响。在某些场景中，射频干扰的强度与强目标回波接近，因此强目标对射频干扰的检测构成了威胁；射频干扰抬高了背景电平，因此射频干扰对弱目标的检测构成了威胁。这些因素混合在一起，进一步增加了穿墙探测中射频干扰估计与抑制的复杂度。

2.2 射频干扰功率估计与检测

常见的射频干扰抑制算法，例如频域陷波、谱均衡等，要求预先知道射频干扰的分布，即提前确定受干扰频点的位置和干扰强度等信息。为了获取上述参数，最简单的做法是在正式工作之前，关闭发射机，采用被动接收的方式录取工作环境中的电磁频谱信息[25-26]，而后结合频谱分析与恒虚警技术鉴别干扰的峰值，从而获得相对准确的射频干扰信号估计结果。

这种方式虽易于实现，但却只适用于稳定的电磁环境，无法实时监控电磁环境的变化。一种相对折中的方案是在雷达正常工作期间定时或不定时地进行被动接收，从而改善射频干扰信号估计的时效性，但代价是降低了对目标的观测次数；另一种方案是增加额外的被动接收通道，可以在不影响观测目标的情况下有效改善射频干扰信号估计的时效性，但这种方案增加了系统的硬件成本，同时检测结果还容易受通道之间的均衡性差异影响。使用被动接收方式的主要目的是避免场景内有效目标的回波影响射频干扰信号估计，因此如果能够从原始回波采样中尽可能地剥离场景自身的信息，就可以在雷达正常工作时完成射频干扰信号估计。

传统基于统计学原理的射频干扰检测方法能够有效提取出强射频干扰信号，这些方法通过分析多个脉冲回波能量的变化，提取出其中变化异常剧烈的频点来实现射频干扰信号的检测[28]。当射频干扰信号远强于场景回波时，统计检测的结果具有很高的可信度。但当场景中存在某些目标回波的强度与射频干扰信号接近甚至超过射频干扰信号时，统计结果会受到强目标的干扰，射频干扰信号检测结果的准确性因此被降低。

射频干扰信号检测的性能取决于能否获得相对纯净的射频干扰信号样本，不过回波中包含的目标分量破坏了样本的纯净性。雷达领域中还缺少对这一问题的深入研究，这是因为对于常见的雷达系统来说，例如机载 SAR 雷达系统，探测场景中目标的回波非常弱，射频干扰信号强度往往高出目标回波数个量级。对原始回波的统计结果中，目标对射频干扰信号的影响几乎等价于噪声对射频干扰信号的影响。但对于穿墙雷达来说，第三方辐射源，例如手机、路由器等往往就存在于室内人体目标身边，同时受限于国家对辐射强度的安全性规定，干扰信号的强度并不见得会比某些情况下的人体目标回波高出多少。例如，当目标走动时或是非常靠近穿墙雷达所在的墙体时，目标的回波强度反而可能超过射频干扰信号。这种情况下，直接对回波进行统计的结果难以准确评估射频干扰信号的分布。

第三方辐射源靠近目标（甚至某些情况下就位于目标身上）的特性，也造成空间波束合成类的射频干扰抑制方法常常无法使用。好在由于射频干扰信号的随机性，不同回波通道中的干扰信号相对独立，此时从单通道内部的数据入手也可以完成射频干扰信号的检测与抑制操作。各通道独立进行射频干扰抑制的另一个潜在好处是该处理过程不会与多通道成像等操作耦合，便于信号处理算法的模块化实现。

为了从原始回波中获得相对纯净的射频干扰信号样本，本节将借鉴声学领域中常用的最小统计原理来剥离目标对射频干扰信号统计结果的影响。我们首先分析射频干扰信号与目标信号的分布差异，然后给出基于最小统计的时变射频干扰信号估计与检测方法。

2.2.1 射频干扰与运动目标分布差异

射频干扰检测的主要目的是确定回波中存在干扰的频点，某些射频干扰抑制算法还要求预先提供射频干扰的强度分布信息，这些信息存在于回波的距离频域中，但距离频域中同时也包含着大量的目标信息，对于射频干扰检测来说，回波中的目标信息反而是一种干扰，提高射频干扰检测的准确性势必需要剥离回波中的目标信息，为了达到这个目的，则需要研究射频干扰与目标在不同数据平面的分布差异。

为了考察射频干扰在频率上的分布，需要考察回波数据在涉及频率信息的数据平面上的分布，即数据在频率－慢时间与频率－多普勒平面上的分布。从图2.1（a）、（c）中可以观察到，在频率－慢时间数据平面上，强目标的部分频点可能出现类似于射频干扰的局部峰值，显然不利于二者的分离；而在频率－多普勒平面上，二者的分布就表现出一些有趣的特点，将图2.1（c）进行抽象简化，可以得到图2.3的射频干扰与目标信号分布对比。根据2.1节的内容可知，雷达系统与射频干扰辐射源之间是往往是非相干的，同一频率射频干扰信号的相位在不同脉冲之间表现出随机性，因此射频干扰的多普勒分析结果近似为噪声，近乎均匀地分布在任何一个多普勒频率单元之中，同时由于较短时间（单个CPI）内射频干扰往往相对集中在少数频点之中，因此射频干扰在频率－多普勒平面表现为若干沿多普勒频率分布的亮条；而目标则恰恰相反，目标回波在慢时间存在较强的相关性，即使对于运动人体目标，肢体运动的存在使得目标具有多种多普勒频率成分，但这些分量会围绕主散射体分布，并不会像射频干扰那样几乎均匀地分布在所有的多普勒频率单元之中，目标的运动会在全距离频率上产生多普勒效应，并且多普勒频率随距离频率变化，见式（2.4），因此目标信号往往表现为沿频率方向的斜亮条。

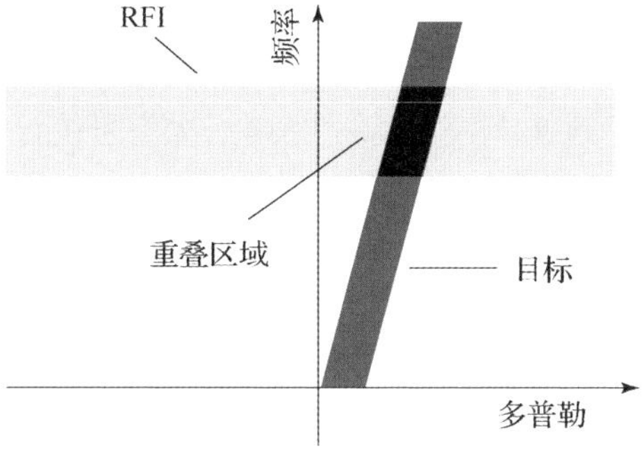

图 2.3 射频干扰信号与目标信号在频率－多普勒平面上的分布示意

换而言之，频率－多普勒平面上，射频干扰与目标沿着不同方向表现出聚集性。二者聚集的方向并不平行，因此在频率－多普勒平面上，二者会存在重叠区域，如图 2.3 所示。经典射频干扰抑制方法，虽然种类众多，但其生效的基本原理均是在射频干扰所在的频率区间形成增益凹口，从而降低该区间数据在回波中的比例，或者直接摒弃该区间的数据，因此重叠区域的目标信息也会一并受到压制。当射频干扰污染的区域较小时，陷波引起的目标损失并不严重；当射频干扰污染的频点较多时，陷波之后通过 IDFT 合成时域回波时，除了频域增益凹口带来的额外旁瓣效应外，由于缺少重叠区域的回波，目标能够获得最大相干积累增益也会降低。

虽然已经知道射频干扰与目标信号在频率－多普勒平面上具有不同的聚集性，但射频干扰与目标在频率－多普勒平面上具体的聚集位置与分布形状却是未知的，因此不可能像 SAR 领域那样直接通过载机的运动数据来准确估计地面静止场景的多普勒变化情况[40-41]。

2.2.2 基于最小统计的时变射频干扰功率估计方法

沿着图 2.3 中的每一水平线（多普勒频率方向），回波功率样本的几个常见统计量表现出一些有趣的特点。对于包含射频干扰的频点来说，功率样本的期望值、最大值、最小值统计量分别为

$$E(|S(m_{\mathrm{rfi}},d)|^2)=\frac{E(|S_{\mathrm{tar}}(m_{\mathrm{rfi}},d)|^2)+E(|I(m_{\mathrm{rfi}},d)|^2)+\sigma^2}{L_{\mathrm{dpl}}^2} \tag{2.15}$$

$$\max(|S(m_{\mathrm{rfi}},d)|^2)\approx\frac{E(|S_{\mathrm{tar}}(m_{\mathrm{rfi}},d)|^2)+E(|I(m_{\mathrm{rfi}},d)|^2)+\sigma^2}{L_{\mathrm{dpl}}^2} \tag{2.16}$$

$$\min(\,|S(m_{\mathrm{rfi}},d)|^2) \approx \frac{E(\,|I(m_{\mathrm{rfi}},d)|^2) + \sigma^2}{L_{\mathrm{dpl}}^2} \tag{2.17}$$

式中：m_{rfi}为包含射频干扰的数字频点。而对于不包含射频干扰的频点，上述统计量分别为

$$E(\,|S(m_{\mathrm{no-rfi}},d)|^2) = \frac{E(\,|S_{\mathrm{tar}}(m_{\mathrm{no-rfi}},d)|^2) + \sigma^2}{L_{\mathrm{dpl}}^2} \tag{2.18}$$

$$\max(\,|S(m_{\mathrm{no-rfi}},d)|^2) \approx \frac{E(\,|S_{\mathrm{tar}}(m_{\mathrm{no-rfi}},d)|^2) + \sigma^2}{L_{\mathrm{dpl}}^2} \tag{2.19}$$

$$\min(\,|S(m_{\mathrm{no-rfi}},d)|^2) \approx \frac{\sigma^2}{L_{\mathrm{dpl}}^2} \tag{2.20}$$

式中：$m_{\mathrm{no-rfi}}$为包含射频干扰的数字频点。在这些统计量中，只有最小值这一统计量表现出了与目标分量无关的特性，即不论某一频点中是否存在射频干扰，最小统计的结果都不会受目标影响。这一结论符合 2.2.1 节中射频干扰与目标在频率－多普勒平面上的分布特性，即无论射频干扰与目标信号在频率－多普勒平面上如何分布，只要目标未占满全部的多普勒频率，最小统计总能获得相对纯净的射频干扰与噪声的功率样本。

最小统计被广泛应用于语音信号处理领域，用于实时估计语音信号中的噪声功率，其基本原理如式（2.20）所示，采样得到的语音信号被认为是有效语音与噪声的叠加，通过对信号进行短时傅里叶变换处理，获得采样信号的瞬时频率分布并从中提取出功率最小值作为相对纯净的噪声功率样本[182-184]。

语音信号处理中的最小统计利用了声音信号在频域上是有限带宽信号的特性，同样最小统计也可以用来分离穿墙雷达回波中的目标信号，这是由于目标信号在多普勒域亦为带宽有限的信号，而射频干扰与噪声则等价于多普勒带宽无限的信号（由于信号非相关性导致多普勒混叠，从而占据了全部的多普勒单元），如图 2.3 所示。

因此对于回波中的每一个频点，沿着慢时间对信号进行短时傅里叶变换操作，则有

$$S_m(i,h) = \sum_n S(m,n)H(i-n)\exp(-\mathrm{j}2\pi nh/L_{\mathrm{stft}}) \tag{2.21}$$

式中：$S_m(i,h)$为由频率 m 获得的时频分布，i 为该时频平面上的时间索引；h 为对应的频率索引；H 为窗函数；L_{stft}为短时傅里叶变换的频域变换长度。考

察 $S_m(i,h)$ 对应的物理量，$S_m(i,h)$ 或可被称为频率 m 的慢时间－多普勒分布。统计每一时刻 $S_m(i,h)$ 功率最小的样本作为射频干扰的功率样本，则有

$$\varepsilon(m,i)=\min(|S_m(i,h)|^2) \tag{2.22}$$

当 STFT 滑窗每次只滑动一个脉冲时，i 会与慢时间 n 一一对应，但此时的计算量是最大的，为了折中计算量与估计结果的慢时间准确度，滑动步进量往往取滑窗长度的 1/4 或 1/2。

2.2.3 基于 OS－CFAR 的射频干扰检测

由式（2.17）与式（2.20）可知，最小统计的结果 $\varepsilon(m,i)$ 中包含了两种类型的样本，一种为噪声期望功率样本，另一种为同时包含射频干扰期望功率与噪声功率样本，因此射频干扰检测与平方律检波下的目标检测相仿，常用的一维 CFAR 检测器就可以有效完成这一操作。

CFAR 检测器的典型结构如图 2.4 所示，采用滑窗机制来测试序列中的每一个样本。CFAR 检测器通过比对测试单元与背景区域的相异程度来判断当前测试单元是否包含射频干扰，当测试单元没有落在背景区域分布的大概率区间时，即可认为测试单元是异常样本。本节采用排序 CFAR（order statistic CFAR，OS－CFAR），OS－CFAR 不需要预先设置背景噪声的分布模型，具有易于实现，检测性能稳定的特点。

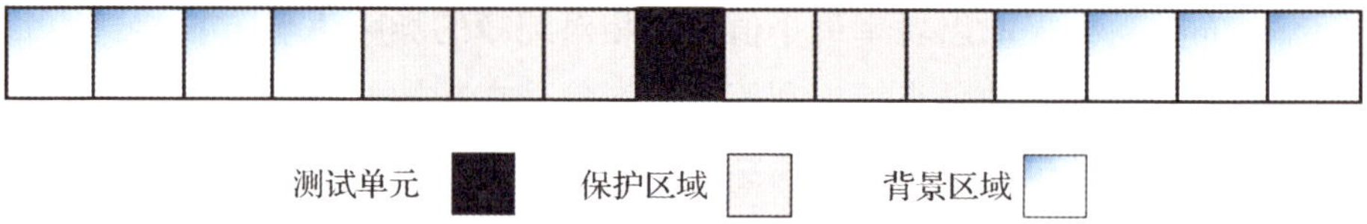

图 2.4 一维 CFAR 检测器结构示意

OS－CFAR 处理射频干扰功率样本的过程如下，对于某个时刻 i 的待测试频点 m_{test}，首先按照升序对其背景窗内的样本进行排序，则有

$$\varepsilon(m_{a,0},i)\leqslant\varepsilon(m_{a,1},i)\leqslant\cdots\leqslant\varepsilon(m_{a,k},i)\leqslant\cdots\leqslant\varepsilon(m_{a,M-1},i) \tag{2.23}$$

式中：$m_{a,k}$ 为背景窗内升序排列之后第 k 个频点，取排序后的第 p 个样本作为判决门限 $\beta(m_{\text{test}},i)$，则有

$$\beta(m_{\text{test}},i)=\varepsilon(m_{a,p},i) \tag{2.24}$$

超过判决门限的频点被认为包含射频干扰信号。

受时频分析模糊性的影响，即使 i 与 n 一一对应，$\varepsilon(m,i)$ 的慢时间分辨率也不可能达到单个脉冲的时间宽度，即当某个脉冲中存在射频干扰但其相邻脉冲不存在射频干扰时，$\varepsilon(m,i)$ 分析的结果会表明该脉冲的相邻脉冲也存在射频干扰。当然，大部分情况下，射频干扰信号的慢时间定位精并不需要精细到单个脉冲，只需要达到单个 CPI 的慢时间定位精度。

不过当射频干扰信号的慢时间定位精度可以精细到单个脉冲时，射频干扰的抑制工作就可以非常高效，这是由于目前大部分的射频干扰抑制算法都是逐脉冲进行的，对于不存在射频干扰的脉冲，跳过射频干扰抑制步骤可以充分提高系统运行效率。这里我们给出一种将射频干扰慢时间定位精度提高到单个脉冲的方法。

$\varepsilon(m,i)$ 对射频干扰的慢时间定位精度有所欠缺，但对于 $\varepsilon(m,i)$ 分析结果中那些不存在射频干扰的频点来说，一个完整的 CPI 内这些频点都不会存在射频干扰（或存在与噪声接近的射频干扰），取这些频点的回波幅度样本的最大值作为判决门限，对比回波其他幅度样本，则可以判断该 CPI 内的哪些脉冲可能受射频干扰污染。这是由于假设目标频域回波幅度的最大值服从均匀分布，即最大值等概率存在于所有工作频点上，而对于超宽带信号来说，受射频干扰污染的频点终究是少数，因此最大值落在无污染区间的概率大于落在受污染的区间，所以无污染频点上样本幅度的最大值可以作为目标信号幅度最大值的估计，如果某个回波样本的幅度超过该最大值，则该回波样本较大概率受到了射频干扰污染。即判断某个脉冲中的某个频点是否受射频干扰是与下述门限对比：

$$\beta_{\mathrm{rfi}}(n)=\max\left(\left|S(m,n)\right|_{\varepsilon(m,i)<\beta(m,i)}\right),\ \left|n-i\right|<0.5\tau_{\mathrm{rfi}} \tag{2.25}$$

式中：τ_{rfi} 为短时傅里叶变换对射频干扰信号的慢时间分辨率；$\varepsilon(m,i)<\beta(m,i)$ 代表提取最大值的数据来源是那些低于式（2.24）中的判决门限的样本（即不存在射频干扰的回波样本）。上述判断过程可进一步表示为

$$\eta(m,n)=\begin{cases}1\ , & \left|S(m,n)\right|>\beta_{\mathrm{rfi}}(n)\\ 0\ , & \text{其他}\end{cases} \tag{2.26}$$

需要注意的是，采用这种方法可以提高射频干扰信号的慢时间定位精度，但却无法改善射频干扰信号功率的估计性能。

2.3 射频干扰抑制

经典的射频干扰抑制算法主要采用了陷波的思想，首先选定一特定的数据空间，例如频域空间或特征值空间，利用目标信号与射频干扰信号在该数据空间的分布差异，在射频干扰信号主要集中的位置设计陷波凹口，从而减少射频干扰信号在回波中的比重。陷波类方法简单易行，然而无论是哪一个数据空间的陷波，都不能保证目标信号分量与射频干扰信号分量完全正交，因陷波处理而损失的能量中，往往同时包含目标能量与射频干扰能量，因此陷波造成的损失是不可避免的。

随着压缩感知技术的发展，研究人员意识到射频干扰抑制不能再被单纯地认为是去除射频干扰的问题，而应被当做二元信号分离问题[57-62]进行处理，即同时从回波中完成目标信号射频干扰信号的估计和分离，由此发展出的代表算法有 MSR 与 SLSR 等。MSR 与 SLSR 的差别在于，MSR 算法将射频干扰投影到发射信号延迟矩阵构成的数据空间，而 SLSR 则将射频干扰信号投影到特征空间。与 SLSR 相比，MSR 依赖于人工经验建立射频干扰与目标的信号空间，但采用 OMP 技术提高了 MSR 的计算效率；与 MSR 相比，SLSR 不需要提前知道射频干扰信号可能的分布类型，但计算过程涉及大量奇异值分解，效率较低。Lam H. Nguyen 等人经过大量的理论推导与实验论证，充分证明相比于传统的陷波类方法，MSR 与 SLSR 算法可以在非常复杂的射频干扰环境下稳健地获得高质量的 SAR 成像结果，甚至在射频干扰带宽占比高达 75% 的情况下，如果信噪比足够高，算法依然可以实现目标信号的高质量重构[62]。

SLSR 由于涉及矩阵的奇异值分解操作，计算量达到了惊人的 $o(n^3)$，相比之下，MSR 算法的计算量则相对温和，一些 SAR 数据的处理结果显示二者的性能接近[58]。MSR 算法又分为一维 MSR 与二维 MSR 两种，但后者除了将稀疏重构的字典从单脉冲的形式推广到多脉冲的形式[185]之外，在基本的优化模型与求解方法上并没有本质不同。由于 MSR 与 SLSR 方法的计算量过于庞大，算法的性能还依赖于某些人工超参数，黄岩等人进一步提出快速行稀疏、无参数分解以及矩阵因子分解等方法[63-66]，一定程度上改进了射频干扰信号与目标信号的分离效率以及稳定性，基本原理依然与 SLSR 相同。

MSR 与 SLSR 算法启发了很多后续相关算法的研究，本节将对 MSR 与 SLSR 算法的基本框架做简要介绍，并综合二者的特点提出了一种新的基于迭代稀疏重构（iteration sparse Recovery，ISR）的射频干扰抑制算法。

2.3.1 基于 MSR 的射频干扰抑制方法

考虑到射频干扰与目标信号皆有其对应的稀疏空间，例如对于宽带信号而言，射频干扰占据的带宽较小，因此射频干扰在频域具有稀疏性；同时脉冲压缩之后的强目标往往只占有很少的距离单元，从而导致目标在距离域具有稀疏特性。根据这一性质，ARL 的研究人员提出 MSR 算法[59]，将射频干扰抑制与目标信号的重构统一到同一个稀疏重构问题之中。MSR 中的回波模型被假设为

$$\boldsymbol{y} = [\boldsymbol{D}_{\text{tar}} \quad \boldsymbol{D}_{\text{rfi}}] \cdot \begin{bmatrix} \boldsymbol{x}_{\text{tar}} \\ \boldsymbol{x}_{\text{rfi}} \end{bmatrix} + \boldsymbol{W} \tag{2.27}$$

式中：$\boldsymbol{y}$ 为观测向量；$\boldsymbol{D}_{\text{tar}}$ 为目标字典，由发射信号的时移矩阵构成；$\boldsymbol{D}_{\text{rfi}}$ 为射频干扰字典，由部分傅里叶基函数构成；$\boldsymbol{x}_{\text{tar}}$ 为目标向量，通常表示目标在不同距离单元上的散射系数；$\boldsymbol{x}_{\text{rfi}}$ 为射频干扰向量，表示射频干扰在不同频点上的幅度与初相。由此可以得到目标与射频干扰的稀疏重构模型：

$$(\hat{\boldsymbol{x}}_{\text{tar}}, \hat{\boldsymbol{x}}_{\text{rfi}}) = \underset{\boldsymbol{x}_{\text{tar}},\boldsymbol{x}_{\text{rfi}}}{\operatorname{argmin}} \|\boldsymbol{x}_{\text{tar}}\|_1 + \|\boldsymbol{x}_{\text{rfi}}\|_1, \ \|\boldsymbol{y} - \boldsymbol{D}_{\text{tar}}\boldsymbol{x}_{\text{tar}} - \boldsymbol{D}_{\text{rfi}}\boldsymbol{x}_{\text{rfi}}\|_2 \leqslant \varepsilon \tag{2.28}$$

MSR 采用 OMP 算法求解上述 1-范数优化问题。记 $\boldsymbol{D} = [\boldsymbol{D}_{\text{tar}} \quad \boldsymbol{D}_{\text{rfi}}]$ 为组合字典，$\boldsymbol{x}_k = [\boldsymbol{x}_{\text{tar},k}^{\text{T}} \quad \boldsymbol{x}_{\text{rfi}}^{\text{T}}]^{\text{T}}$ 为组合目标向量，$k=0$ 为迭代索引，$r_0 = y$ 为初始残差，$\boldsymbol{D}_{T,0} = \varnothing$ 为初始支撑集，执行以下的迭代步骤：

（1）$k = k+1$。

（2）将残差向字典投影，得到本轮射频干扰信号的估计向量 $\boldsymbol{x}_k$，该过程可以通过最小二乘估计实现：

$$\boldsymbol{x}_k = (\boldsymbol{D}^{\text{H}}\boldsymbol{D})^{-1}\boldsymbol{D}^{\text{H}} r_{k-1} \tag{2.29}$$

（3）搜索 $|\boldsymbol{x}_k|$ 中最大元素所对应的索引：

$$\hat{i} = \underset{i}{\operatorname{argmax}} |\boldsymbol{x}_k(i)| \tag{2.30}$$

从字典中提取出对应位置的行向量作为候选原子，记为 $\boldsymbol{d}_{\hat{i}}^{\mathrm{T}}$。

(4) 更新支撑集 $\boldsymbol{D}_{T,k}$

$$\boldsymbol{D}_{T,k}=\text{Schmidt}([\boldsymbol{D}_{T,k-1} \quad \boldsymbol{d}_{\hat{i}}]) \tag{2.31}$$

式中：Schmidt(·)指施密特正交化处理。

(5) 更新残差

$$\boldsymbol{r}_k=\boldsymbol{y}-\boldsymbol{D}_{T,k}\boldsymbol{x} \tag{2.32}$$

(6) 判断残差是否收敛，如果还未收敛，则返回第一步；否则停止迭代并输出最后的射频干扰信号估计：

$$[\hat{\boldsymbol{x}}_{\text{tar}}^{\mathrm{T}} \quad \hat{\boldsymbol{x}}_{\text{rfi}}^{\mathrm{T}}]=\boldsymbol{x}_k^{\mathrm{T}} \tag{2.33}$$

最后考虑到目标的稀疏重构结果中可能会丢失弱目标，因此将射频干扰信号从原始信号中对消出去，来作为最终的射频干扰抑制结果：

$$\hat{\boldsymbol{x}}=\boldsymbol{y}-\boldsymbol{D}_{\text{rfi}}\hat{\boldsymbol{x}}_{\text{rfi}} \tag{2.34}$$

与传统陷波技术的不同之处在于，MSR 建立了射频干扰信号与目标信号的统一重构的模型，在射频干扰信号的估计过程中考虑了目标信号对其的影响，因此最后重构出的射频干扰信号中包含的目标成分会受到限制，最终使得式（2.34）所代表的对消结果中能较好保留目标信息。

不过，MSR 的目标重构来源于单个脉冲的测量结果，投影带来的相干积累增益较为有限，能够应对的射频干扰密度也较为有限。二维 MSR 算法[62]则提出将 D_{tar} 进一步扩展到多脉冲的形式，即根据 SAR 成像的原理，根据目标的距离－方位位置计算对应的发射信号时延（单脉冲模型下仅根据目标的距离来确定时延），从而建立更大规模的字典。通过增加相干积累时间，二维 MSR 能够应对射频干扰更加恶劣的情况，不过这也意味着单次投影过程中涉及的运算量也更为庞大，更难被实际系统采用。另外，MSR 的重构过程不存在回溯过程，如果一开始某些目标分量混入了射频干扰的重构结果，那么这些目标分量其实是无法恢复的。

2.3.2 基于 SLSR 的射频干扰抑制方法

MSR 并非唯一将射频干扰的抑制问题转化为二元信号分离问题的算法，与之类似的还有的 SLSR[57,60-61]、ReProCS[56]等基于低秩稀疏表示的方法，这些方法与 MSR 在模型上的区别只在于将式（2.28）中射频干扰的模型由 1 -

范数更换为核范数，但求解方法却大相径庭。SLSR 模型建立在多帧回波的模式上，假设回波矩阵由目标信号、射频干扰信号、噪声三部分组成：

$$\boldsymbol{Y}=\boldsymbol{X}+\boldsymbol{I}+\boldsymbol{W} \tag{2.35}$$

式中：$\boldsymbol{X}$ 为目标信号矩阵；$\boldsymbol{I}$ 为射频干扰信号矩阵；$\boldsymbol{W}$ 为噪声信号矩阵。回波矩阵 $\boldsymbol{Y}$ 的每一列对应于一次脉冲采样的结果：

$$\boldsymbol{Y}=[\boldsymbol{y}_0 \quad \boldsymbol{y}_1 \quad \cdots \quad \boldsymbol{y}_{N-1}] \tag{2.36}$$

SLSR 将射频干扰与目标信号的分离问题转化为低秩稀疏分解问题，即

$$(\hat{\boldsymbol{X}},\hat{\boldsymbol{I}})=\underset{\boldsymbol{X},\boldsymbol{I}}{\operatorname{argmin}}\|\boldsymbol{I}\|_*+\lambda\|\boldsymbol{X}\|_1,\ \boldsymbol{Y}=\boldsymbol{X}+\boldsymbol{I} \tag{2.37}$$

式中：$\|\boldsymbol{I}\|_*$ 为矩阵 $\boldsymbol{I}$ 的核范数；$\lambda>0$ 为折中因子。以采用 ADM 算法求解的 SLSR 为例，它通过采用两个相对独立的单目标优化模型交替求解来获得最终的双目标估计结果[186-187]，其求解过程如下：

首先，设定参数的初值：设定拉格朗日乘子初值 $L_0=\operatorname{sgn}(\boldsymbol{Y})/J(\operatorname{sgn}(\boldsymbol{Y}))$，其中 $\operatorname{sgn}(\cdot)$ 为符号函数，而

$$J(\cdot)=\max(\|\cdot\|_2,\lambda^{-1}\|\cdot\|_\infty) \tag{2.38}$$

其次，设定如下参数初值：$X_0=0$ 为目标信号矩阵初值，$\mu_0>0$ 为迭代步进因子，$\rho>1$ 为步进因子的更新因子，$k=0$ 为迭代索引。

接着执行迭代：

（1）对射频干扰的观测估计进行奇异值分解：

$$(\boldsymbol{U},\boldsymbol{S},\boldsymbol{V})=\operatorname{svd}(\boldsymbol{Y}-\boldsymbol{X}_k+\boldsymbol{\mu}_k^{-1}\boldsymbol{L}_k) \tag{2.39}$$

（2）利用分解的结果估计射频干扰信号：

$$\boldsymbol{I}_{k+1}=\boldsymbol{U}\mathrm{S}_{\mathrm{ist}}(\boldsymbol{\mu}_k^{-1},\boldsymbol{S})\boldsymbol{V}^{\mathrm{T}} \tag{2.40}$$

式中：$\mathrm{S}_{\mathrm{ist}}(\xi,x)$ 为软阈值算子；T 为预设门限。

$$\mathrm{S}_{\mathrm{ist}}(\xi,x)=\begin{cases}x-T, & x>\xi\\ x+T, & x>\xi\\ 0, & \text{其他}\end{cases} \tag{2.41}$$

（3）利用射频干扰的估计值 I_{k+1} 更新目标信号的估计值：

$$\boldsymbol{X}_{k+1}=\mathrm{S}_{\mathrm{ist}}(\lambda\mu_k^{-1},\boldsymbol{Y}-\boldsymbol{I}_{k+1}+\mu_k^{-1}L_k) \tag{2.42}$$

（4）更新拉格朗日乘子：

$$L_{k+1}=L_k+\mu_k(\boldsymbol{Y}-\boldsymbol{X}_{k+1}-\boldsymbol{I}_{k+1}) \tag{2.43}$$

(5) 更新步进因子：

$$\mu_{k+1}=\begin{cases}\rho\mu_k,\ \mu_k\ \|\boldsymbol{X}_{k+1}-\boldsymbol{X}_k\|_F/\|\boldsymbol{Y}\|_F<\varepsilon\\ \mu_k,\ 其他\end{cases} \tag{2.44}$$

(6) 判断是否收敛，如果还没达到收敛，则令 $k=k+1$，并返回执行第一步；否则输出射频干扰信号与目标信号的估计：

$$(\hat{\boldsymbol{X}},\hat{\boldsymbol{I}})=(\boldsymbol{X}_{k+1},\boldsymbol{I}_{k+1}) \tag{2.45}$$

通过将一个二目标优化问题转换为两个单目标优化问题，ADM 算法降低了优化问题的求解难度，同时加快了收敛速度。

最后考虑到目标回波一般比较弱，受噪声影响，其重构结果稳定程度相对较低，而射频干扰信号则相反，因此采用与 MSR 相同的手段，从原始信号中对消掉射频干扰的估计结果作为最终的目标观测的估计：

$$\tilde{\boldsymbol{X}}=\boldsymbol{Y}-\hat{\boldsymbol{I}} \tag{2.46}$$

2.3.3 基于 ISR 的射频干扰抑制方法

表面上看来，MSR 算法似乎不存在 SLSR 那样的交替求解过程，但分析 MSR 中采用的 OMP 算法，我们可以得出一个有趣的结论：OMP 的过程其实隐含了交替求解射频干扰与目标信号的过程。OMP 算法每次从残差投影的结果中抽取出最大值对应的原子作为一轮迭代中的候选原子，因此如果一开始射频干扰非常强，残差投影结果中射频干扰的部分就会占据主导地位，最大值会出现在射频干扰部分的投影结果中，于是最强射频干扰分量被优先筛选出；直到某一次迭代时目标成分占主导，投影的最大值出现在目标部分之中，筛选的过程于是开始以目标为主。这一过程不断重复，直到收敛。与 SLSR 人为设定交替迭代顺序的过程有所不同，MSR 中的交替是伴随着数据残留成分的内容自发进行的。从某种意义上说，MSR 仅能算作进行了一轮交替，因为无论是射频干扰信号还是目标信号，其内部中的每一个元素都仅通过单次求解就获得了估计值，而 SLSR 则会反复迭代多次。

MSR 与 SLSR 都过于消耗硬件资源，不适合处理大规模的数据，但给了我们一些重要的启发，即采用交替重构的方式可以有效分离射频干扰信号与目标信号。无论是 MSR 还是 SLSR，都包含了一种朴素的思想来实现射频干扰与目标信号分离，即在估计目标信号之前，首先陷去射频干扰的成分；而在估计射频干扰信号之前，亦先陷去目标信号；通过不断降低双方的互相影响，最终实现二者的解耦和。

无论是MSR，还是SLSR，都是将射频干扰信号与目标信号投影到各自不同的数据空间进行估计，而合适的数据空间往往具有一个非常重要的性质，信号在该空间中的投影仅占据很小的范围，即能够在该空间中聚焦。例如，MSR将射频干扰信号投影到部分傅里叶基函数空间中，是因为射频干扰往往只占据较少的频点，因此在其投影只在少数的傅里叶基上具有极大值，而利用发射信号的时移字典对目标进行追踪，本质上就是对目标进行匹配滤波，即试图在距离域上获得目标的峰值；SLSR也具有类似的原理，利用射频干扰信号在特征值空间的低秩特性，亦可认为是射频干扰信号的能量可以集中在小部分特征向量之中。

从这一结论出发，射频干扰与目标信号的分离问题就可以变得相对简单，即寻找两个不同的数据空间，使得射频干扰与目标能够在各自所属的空间聚焦。在一维MSR算法看来，频域是射频干扰的聚焦空间，距离域是目标的聚焦空间[188]；在二维MSR算法看来，频率-慢时间空间是射频干扰聚焦空间，距离-方位是目标聚焦空间[62]；在SLSR算法看来，特征子空间是射频干扰的聚焦空间，距离-方位空间是目标的聚焦空间[58]。而SAR中的方位，则对应于穿墙探测中的多普勒频率方向。

2.3.3.1　ISR算法原理

图2.5展示了基于ISR方案的射频干扰抑制的原理，它包括利用射频干扰的历史重构结果更新目标，也利用目标的历史重构结果更新射频干扰。在外围循环结构中，借鉴ADM的思想，通过反复迭代的方式，逐步实现射频干扰信号与目标信号的分离；在内层结构中则借鉴MSR的方式，利用稀疏重构技术重构射频干扰信号与目标信号。

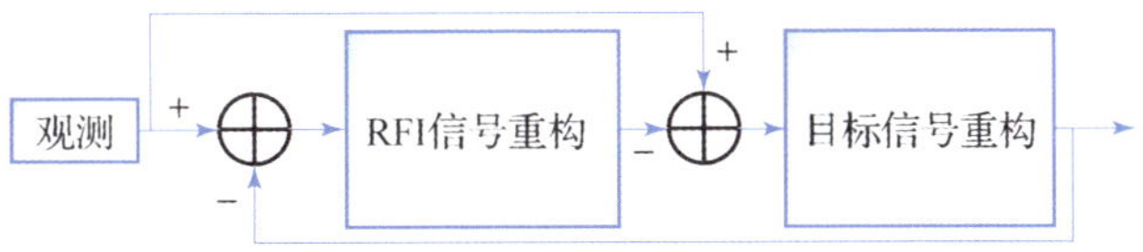

图2.5　迭代稀疏重构原理

上述结构的计算过程可进一步描述为：输入观测向量为 $\boldsymbol{y}$，设定迭代索引 $k=0$，目标估计初值 $\boldsymbol{x}_{\mathrm{tar},k}$ 为 0 矩阵，最大迭代次数为 $k_{\max}$，设定拉格朗日乘子初值 $L_0=\mathrm{sgn}(\boldsymbol{y})/J(\mathrm{sgn}(\boldsymbol{y}))$。

执行以下步骤：

（1）更新射频干扰估计：

$$\boldsymbol{x}_{\mathrm{rfi},k}=\mathrm{SR}(\boldsymbol{D}_{\mathrm{rfi}},\boldsymbol{y}-\boldsymbol{D}_{\mathrm{tar}}\boldsymbol{x}_{\mathrm{tar},k}+\mu_k^{-1}L_k) \tag{2.47}$$

式中：SR(·)为采用的稀疏重构算法，$\mathrm{SR}(\boldsymbol{D}_{\mathrm{rfi}},\boldsymbol{y}-\boldsymbol{D}_{\mathrm{tar}}\boldsymbol{x}_{\mathrm{tar},k}+\mu_k^{-1}L_k)$ 则表示输入字典为 $\boldsymbol{D}_{\mathrm{rfi}}$ 与观测量为 $\boldsymbol{y}-\boldsymbol{D}_{\mathrm{tar}}\boldsymbol{x}_{\mathrm{tar},k}+\mu_k^{-1}L_k$ 时所输出的稀疏重构结果，μ_k 与 L_k 分别对应于 ADM 算法中的步进因子与拉格朗日乘子。

（2）更新目标估计：

$$\boldsymbol{x}_{\mathrm{tar},k+1}=\mathrm{SR}(\boldsymbol{D}_{\mathrm{tar}},\boldsymbol{y}-\boldsymbol{D}_{\mathrm{rfi}}\boldsymbol{x}_{\mathrm{rfi},k}+\mu_k^{-1}L_k) \tag{2.48}$$

（3）更新拉格朗日乘子：

$$L_{k+1}=L_k+\mu_k(\boldsymbol{y}-\boldsymbol{D}_{\mathrm{rfi}}\boldsymbol{x}_{\mathrm{rfi},k}-\boldsymbol{D}_{\mathrm{tar}}\boldsymbol{x}_{\mathrm{tar},k+1}) \tag{2.49}$$

（4）更新步进因子：

$$\mu_{k+1}=\begin{cases}\rho\mu_k, & \mu_k\|\boldsymbol{D}_{\mathrm{tar}}(\boldsymbol{x}_{\mathrm{tar},k+1}-\boldsymbol{x}_{\mathrm{tar},k})\|_F/\|\boldsymbol{y}\|_F<\varepsilon\\ \mu_k, & \text{其他}\end{cases} \tag{2.50}$$

（5）判断是否收敛，如果未收敛，则令 $k=k+1$，并返回第 1 步；否则输出最后的射频干扰抑制结果：

$$\hat{\boldsymbol{x}}_{\mathrm{tar}}=\boldsymbol{y}-\boldsymbol{D}_{\mathrm{rfi}}\boldsymbol{x}_{\mathrm{rfi},k} \tag{2.51}$$

这一过程与 2.3.1 节中的 MSR 算法相比，额外增加了射频干扰信号与目标信号之间的回溯过程；与 2.3.2 节中的 SLSR 算法相比，改变了射频干扰信号与目标信号的重构方式，将射频干扰信号的重构从奇异值主值变更为稀疏重构，将目标信号的重构由简单的对消转变为稀疏重构。相比于 MSR，ISR 方法能够利用目标信号在慢时间方向的相干性进一步减少弱目标分量的损失；相比于 SLSR 算法，本书的方法不涉及矩阵的奇异值分解，因此计算效率上存在优势。

同时，这一计算框架并不限制实际采用的稀疏重构算法类型，出于计算效率考虑，本书采用典型的贪婪类算法——硬阈值迭代（iterative hard thresholding，IHT）[189-190]进行目标信号的重构。

2.3.3.2　ISR 中的字典

对于采用 SFCW 与 LFMCW 信号体制的穿墙雷达系统来说，采样得到的观测量本身就位于频域，此时关于目标与射频干扰的回波模型可写作

$$\boldsymbol{y}=\boldsymbol{D}_{\text{tar}}\boldsymbol{x}_{\text{tar}}+\boldsymbol{D}_{\text{rfi}}\boldsymbol{x}_{\text{rfi}}+\boldsymbol{W} \tag{2.52}$$

式中：$\boldsymbol{y}$ 为式（2.36）所示的多脉冲回波拼接而成的观测向量。而由式（2.3）所示目标回波的简化模型来看，目标向量 $\boldsymbol{x}_{\text{tar}}$ 对应的聚焦空间应为距离－多普勒空间，因为在这一空间中，某个目标可以用初始距离与多普勒频率两维信息来唯一表示，即目标向量 $\boldsymbol{x}_{\text{tar}}$ 为

$$\boldsymbol{x}_{\text{tar}}=[\sigma_{0,0}\quad \sigma_{1,0}\quad \cdots\quad \sigma_{L-1,0}\quad \sigma_{0,1}\quad \cdots\quad \sigma_{L-1,P-1}]^{\mathrm{T}} \tag{2.53}$$

式中：L 为距离单元总数；P 为多普勒单元总数；$\sigma_{l,p}$ 为距离单元为 l、多普勒频率单元为 p 时的目标散射系数。目标字典 $\boldsymbol{D}_{\text{tar}}$ 为离散傅里叶基构成的字典，且有

$$\boldsymbol{D}_{\text{tar}}=[\boldsymbol{d}_{0,0}\quad \boldsymbol{d}_{1,0}\quad \cdots\quad \boldsymbol{d}_{M-1,N-1}]^{\mathrm{T}} \tag{2.54}$$

式中：$\boldsymbol{d}_{m,n}$ 为频点 m 在脉冲 n 中对应的二维傅里叶基向量，即

$$\boldsymbol{d}_{m,n}=\frac{1}{L}\begin{bmatrix}\exp(\mathrm{j}2\pi f_m\cdot r_0/c)\exp(-\mathrm{j}2\pi\cdot f_{\text{dpl},0}\cdot nT)\\ \exp(\mathrm{j}2\pi f_m\cdot r_1/c)\exp(-\mathrm{j}2\pi\cdot f_{\text{dpl},0}\cdot nT)\\ \vdots\\ \exp(\mathrm{j}2\pi f_m\cdot r_L/c)\exp(-\mathrm{j}2\pi\cdot f_{\text{dpl},0}\cdot nT)\\ \exp(\mathrm{j}2\pi f_m\cdot r_0/c)\exp(-\mathrm{j}2\pi\cdot f_{\text{dpl},1}\cdot nT)\\ \vdots\\ \exp(\mathrm{j}2\pi f_m r_{L-1}/c)\exp(-\mathrm{j}2\pi\cdot f_{\text{dpl},P-1}\cdot nT)\end{bmatrix} \tag{2.55}$$

式中：r_l 为第 l 个距离单元对应的双程距离，$f_{\text{dpl},p}$ 为第 k 个多普勒频率单元对应的多普勒频率。而由式（2.9）可知，射频干扰的聚焦空间为频率－慢时间数据空间，因此射频干扰向量 $\boldsymbol{x}_{\text{rfi}}$ 为

$$\boldsymbol{x}_{\text{rfi}}=[\rho_{0,0}\quad \rho_{1,0}\quad \cdots\quad \rho_{M-1,N-1}]^{\mathrm{T}} \tag{2.56}$$

式中：$\rho_{m,n}$ 为第 n 个脉冲中第 m 个频率上的射频干扰信号系数。

频域采样的回波模型下，观测向量 $\boldsymbol{y}$ 本身就为频域采样序列，而射频干扰也正是在频域具有稀疏特性，此时射频干扰的字典 $\boldsymbol{D}_{\text{rfi}}$ 为单位矩阵：

$$\boldsymbol{D}_{\mathrm{rfi}}=\begin{bmatrix}1 & 0 & \cdots & 0\\ 0 & 1 & \cdots & 0\\ \vdots & \vdots & & \vdots\\ 0 & 0 & \cdots & 1\end{bmatrix} \tag{2.57}$$

$\boldsymbol{D}_{\mathrm{rfi}}$是一个包含 $MN\times MN$ 元素的单位矩阵。如果直接采用稀疏重构算法求解上述问题，需要分别建立 1 个包含 $MN\times LP$ 元素与 1 个包含 $MN\times MN$ 元素的字典，与之对应的原子投影等计算过程包含的计算量是惊人的，因此必须研究对应的快速实现方法。

2.3.3.3 基于最小统计的射频干扰信号快重构

根据式（2.47），我们试图从剥离了目标信息的回波残差中估计出射频干扰的成分，这一操作对应的稀疏重构问题为

$$\boldsymbol{x}_{\mathrm{rfi},k}=\underset{\boldsymbol{x}_{\mathrm{rfi}}}{\operatorname{argmin}}\|\boldsymbol{x}_{\mathrm{rfi}}\|_1,\ \mathrm{s.t}\ \|\boldsymbol{y}_{\mathrm{rfi}}^k-\boldsymbol{D}_{\mathrm{rfi}}\boldsymbol{x}_{\mathrm{rfi}}\|_2\leqslant\varepsilon \tag{2.58}$$

式中：$\boldsymbol{y}_{\mathrm{rfi}}^k$为对应于式（2.47）中第 k 轮重构时的射频干扰观测，即

$$\boldsymbol{y}_{\mathrm{rfi}}^k=\boldsymbol{y}-\boldsymbol{D}_{\mathrm{tar}}\boldsymbol{x}_{\mathrm{tar},k}+\mu_k^{-1}L_k \tag{2.59}$$

当采用式（2.57）的射频干扰字典时，$\boldsymbol{D}_{\mathrm{rfi}}\boldsymbol{x}_{\mathrm{rfi}}$其实就是$\boldsymbol{x}_{\mathrm{rfi}}$本身，从贪婪算法的准则来看，$\boldsymbol{x}_{\mathrm{rfi},k}$其实对应于$\boldsymbol{y}_{\mathrm{rfi}}^k$能量中的最大值。不过对于穿墙探测来说，回波中强目标的回波强度可能会与射频干扰接近，直接抽取最大值有很大概率会将强目标的成分引入射频干扰估计，特别是在迭代稀疏重构的初始时刻。

按照2.2.2 节的内容，最小统计可以获得相对纯净的射频干扰样本，获取射频干扰支撑集等价于对式（2.22）进行检测操作。对于待处理的回波，最小统计已经确定了射频干扰存在的频点与脉冲位置，因此无论是否按照式（2.59）处理观测向量，射频干扰信号所在的位置是不变的，式（2.59）只是更加准确地还原了射频干扰信号的幅度与初相。我们可以根据最小统计的结果来确定射频干扰支撑集中的位置信息，再利用$\boldsymbol{y}_{\mathrm{rfi}}^k$中对应位置的样本实现幅度与初相的估计。

重构的射频干扰信号向量$\boldsymbol{x}_{\mathrm{rfi},k}$中的第（$n\cdot M+m$）个元素可记作

$$\boldsymbol{x}_{\mathrm{rfi},k}(n\cdot M+m)=\boldsymbol{y}_{\mathrm{rfi}}^k(n\cdot N+m)\cdot\boldsymbol{\eta}(m,n) \tag{2.60}$$

式中：$\boldsymbol{\eta}(m,n)$对应于2.2.3 节中估计出的对应的判决门限。

2.3.3.4　基 IHT 的目标信号快速重构

贪婪算法能够相对高效地实现信号的稀疏重构，这对处理数量庞大的雷达回波数据极为有利。典型的贪婪算法包括 OMP、IHT、软阈值迭代（iterative shrinkage thresholding，IST）[191]等，其中 IHT 与 IST 的计算结构最为适合处理大规模数据。一些 SAR 领域的处理结果表明，阈值迭代在处理大场景的 SAR 图像时表现出良好的重构性价比[192]。与 IST 相比，IHT 对低于门限的样本直接置零，这一过程非常容易与传统的 CFAR 检测技术结合。

IHT 执行以下迭代过程[193-194]：

$$\boldsymbol{x}_{\mathrm{tar},i+1}=\mathrm{S}_{\mathrm{iht}}(\xi,\boldsymbol{x}_{\mathrm{tar},i}+\boldsymbol{D}_{\mathrm{tar}}^{\mathrm{H}}\boldsymbol{r}_{\mathrm{tar},i})\tag{2.61}$$

式中：i 为目标信号稀疏重构过程中的迭代次数；$\mathrm{S}_{\mathrm{iht}}$为软阈值函数；$\xi$ 为预设的阈值处理门限；$\boldsymbol{r}_{\mathrm{tar},i}$为目标观测残差，即

$$\boldsymbol{r}_{\mathrm{tar},i}=\boldsymbol{y}_{\mathrm{rfi}}^{k}-\boldsymbol{D}_{\mathrm{tar}}\boldsymbol{x}_{\mathrm{tar},i}\tag{2.62}$$

式中：$\boldsymbol{y}_{\mathrm{rfi}}^{k}$为对应于式（2.48）的第 k 轮重构时的目标观测，即

$$\boldsymbol{y}_{\mathrm{rfi}}^{k}=\boldsymbol{y}-\boldsymbol{D}_{\mathrm{rfi}}\boldsymbol{x}_{\mathrm{rfi},k}+\mu_k^{-1}L_k\tag{2.63}$$

IHT 的算法结构非常简洁，不涉及 OMP 等方法中的强制正交化与矩阵求逆的操作。特别是当采用式（2.54）所示的字典时，IHT 可以充分利用 FFT 操作实现加速。IHT 涉及的主要运算包括 $\boldsymbol{D}_{\mathrm{tar}}\boldsymbol{x}_{\mathrm{tar},i}$与 $\boldsymbol{D}_{\mathrm{tar}}^{\mathrm{H}}\boldsymbol{r}_{\mathrm{tar},i}$，由于 $\boldsymbol{D}_{\mathrm{tar}}$实际上为二维傅里叶基字典，$\boldsymbol{D}_{\mathrm{tar}}\boldsymbol{x}_{\mathrm{tar},i}$本质上是将代表距离－多普勒分布的 $\boldsymbol{x}_{\mathrm{tar},i}$变换到观测向量 $\boldsymbol{y}$ 所在的频率－慢时间数据平面，因此该过程可以直接利用 FFT 与 IFFT 高效实现，首先将目标向量 $\boldsymbol{x}_{\mathrm{tar},i}$矩阵化，记矩阵化的结果为 $\boldsymbol{X}_{\mathrm{tar},i}$，即

$$\boldsymbol{X}_{\mathrm{tar},i}=\begin{bmatrix}\boldsymbol{x}_{\mathrm{tar},i}(0) & \boldsymbol{x}_{\mathrm{tar},i}(L) & \cdots & \boldsymbol{x}_{\mathrm{tar},i}((P-1)L)\\ \boldsymbol{x}_{\mathrm{tar},i}(1) & \boldsymbol{x}_{\mathrm{tar},i}(L+1) & \cdots & \boldsymbol{x}_{\mathrm{tar},i}((P-1)L+1)\\ \vdots & \vdots & & \vdots\\ \boldsymbol{x}_{\mathrm{tar},i}(L-1) & \boldsymbol{x}_{\mathrm{tar},i}(2L-1) & \cdots & \boldsymbol{x}_{\mathrm{tar},i}(PL-1)\end{bmatrix}\tag{2.64}$$

$\boldsymbol{X}_{\mathrm{tar},i}$的第一维代表了距离，第二维代表了多普勒频率，这一结果其实就是传统信号处理中 MTD 的结果。$\boldsymbol{D}_{\mathrm{tar}}\boldsymbol{x}_{\mathrm{tar},i}$是将目标向量 $\boldsymbol{x}_{\mathrm{tar},i}$变换回对应的观测向量，即将 $\boldsymbol{X}_{\mathrm{tar},i}$变换到频率－慢时间平面，记该结果对应于矩阵 $\boldsymbol{Y}_{\mathrm{tar},i}$，有

$$\boldsymbol{Y}_{\mathrm{tar},i}=\underset{\mathrm{dopplor}}{\mathrm{IFFT}}(\underset{\mathrm{range}}{\mathrm{FFT}}(\boldsymbol{X}_{\mathrm{tar},i}))\tag{2.65}$$

式中：$\underset{\text{range}}{\text{FFT}}$指沿着距离维进行 FFT 处理，$\underset{\text{dopplor}}{\text{IFFT}}$指沿着多普勒频率维进行 IFFT 处理。当然，这里隐含了两个条件：首先 L 与 P 必须为 2 的整数幂；其次数字距离代表了一个完整的不模糊距离内的均匀采样，同时数字多普勒频率也对应了一个完整的不模糊多普勒频率内的均匀采样，即

$$r_l = l \cdot r_u / L \tag{2.66}$$

$$f_{\text{dpl},p} = p \cdot d_u / P \tag{2.67}$$

式中：r_u 为系统的不模糊距离；$l = 0, 1, \cdots, L-1$，为数字距离；d_u 为不模糊多普勒频率；$p = 0, 1, \cdots, P-1$，p 为数字多普勒频率。由于实际的雷达回波采样不见得正好满足该条件，因此需要进行补零，这会导致 $L > M$ 以及 $P > N$。将 $\boldsymbol{Y}_{\text{tar},i}$的前 M 行、前 N 列数据向量化就可以得到 $\boldsymbol{D}_{\text{tar}}\boldsymbol{x}_{\text{tar},i}$的结果：

$$\boldsymbol{D}_{\text{tar}}\boldsymbol{x}_{\text{tar},i} = [\boldsymbol{Y}_{\text{tar},i}(m,n)]^{\text{T}} \tag{2.68}$$

式中：$\boldsymbol{Y}_{\text{tar},i}(m,n)$为 $Y_{\text{tar},i}$中的第 m 行、第 n 列的元素；$m = 0, 1, \cdots, M-1$；$n = 0, 1, \cdots, N-1$，对 $\boldsymbol{Y}_{\text{tar},i}(m,n)$的提取通过逐列扫描的方式进行。

$\boldsymbol{D}_{\text{tar}}^{\text{H}}\boldsymbol{r}_{\text{tar},i}$的计算也有着与之类似的过程，$\boldsymbol{D}_{\text{tar}}^{\text{H}}\boldsymbol{r}_{\text{tar},i}$其实是将残差投影回目标所在的距离 - 多普勒平面，为此首先将残差向量矩阵化，记对应的结果为 $R_{\text{tar},i}$，则有

$$\boldsymbol{R}_{\text{tar},i} = \begin{bmatrix} \boldsymbol{r}_{\text{tar},i}(0) & \boldsymbol{r}_{\text{tar},i}(M) & \cdots & \boldsymbol{r}_{\text{tar},i}((N-1)M) \\ \boldsymbol{r}_{\text{tar},i}(1) & \boldsymbol{r}_{\text{tar},i}(M+1) & \cdots & \boldsymbol{r}_{\text{tar},i}((N-1)M+1) \\ \vdots & \vdots & & \vdots \\ \boldsymbol{r}_{\text{tar},i}(M-1) & \boldsymbol{r}_{\text{tar},i}(2M-1) & \cdots & \boldsymbol{r}_{\text{tar},i}(NM-1) \end{bmatrix} \tag{2.69}$$

$\boldsymbol{R}_{\text{tar},i}$的第一维对应于频率，第二维对应于慢时间，$\boldsymbol{D}_{\text{tar}}^{\text{H}}\boldsymbol{r}_{\text{tar},i}$对应于将 $\boldsymbol{R}_{\text{tar},i}$进行 MTD 处理，记该结果为 $\boldsymbol{X}_{r,i}$，则有

$$\boldsymbol{X}_{r,i} = \underset{\text{frequency}}{\text{FFT}}\left(\underset{\text{slowtime}}{\text{IFFT}}(\boldsymbol{R}_{\text{tar},i})\right) \tag{2.70}$$

式中：$\underset{\text{frequency}}{\text{IFFT}}$指沿着频率（$m$ 方向）进行 IFFT 变换，$\underset{\text{slowtime}}{\text{FFT}}$指沿着慢时间（$n$ 方向）进行 FFT 操作，正如前文所言，此处需要将 $\boldsymbol{R}_{\text{tar},i}$由尺寸 $M \times N$ 补零至 $L \times P$。最后将 $\boldsymbol{X}_{r,i}$向量化即得到 $\boldsymbol{D}_{\text{tar}}^{\text{H}}\boldsymbol{r}_{\text{tar},i}$的结果：

$$\boldsymbol{D}_{\text{tar}}^{\text{H}}\boldsymbol{r}_{\text{tar},i} = [\boldsymbol{X}_{r,i}(l,p)]^{\text{T}} \tag{2.71}$$

式中：$\boldsymbol{X}_{r,i}(l,p)$为 $\boldsymbol{X}_{r,i}$中的第 l 行第 p 列的元素，对 $\boldsymbol{X}_{r,i}(l,p)$的提取同样通过逐列扫描的方式进行。因此，IHT 处理前的运算中，实现一次迭代需要的计算

主要为 $2P$ 次长度为 L 的 FFT 运算，以及 $2L$ 次长度为 P 的 FFT 运算（IFFT 的运算量与 FFT 相同）。

利用 IHT 进行目标信号重构的剩余步骤为对 $\boldsymbol{D}_{\mathrm{tar}}^{\mathrm{H}}\boldsymbol{r}_{\mathrm{tar},i}$ 进行阈值处理，如式（2.61），在文献［194］中，阈值函数的门限推荐为

$$\xi = 0.1 \cdot \max(|\boldsymbol{X}_{r,i}|) \tag{2.72}$$

由于 $X_{r,i}$ 代表了目标在距离－多普勒平面上的分布，阈值处理等价于传统运动目标检测中的单门限检测，由式（2.72）得到的门限当然可以作为一个判决门限，但该门限是一个全局门限，只适用于场景内强目标的提取，而对场景中的弱目标存在较为严重的漏警，并且该门限对应的检测率、虚警率等检测性能评估标准也难以用经典的统计检测理论描述。

为保证目标信号的重构性能，阈值处理环节应尽可能地保证检测性能。我们采用运动目标检测中最常采用的 CFAR 检测器来生成判决门限，出于重构效率考虑，基于积分图像的快速 CFAR 检测器（integral image CFAR，Ⅱ－CFAR）[195]被引入其中，该检测器具有线性运算复杂度，并且检测性能与相同参数的单元平均 CFAR（cell average CFAR，CA－CFAR）检测器相同。白噪声模型假设下包络检波之后的背景服从瑞利分布，根据 Neyman－Pearson 准则，$\boldsymbol{X}_{r,i}$ 中某一点对应的判决门限 $\xi(l,d)$ 为下述方程的解[180]：

$$P_f = \int_{\xi(l,d)}^{\infty} \frac{z}{\sigma_{\mathrm{bg}}^2} \exp\left(-\frac{z^2}{2\sigma_{\mathrm{bg}}^2}\right) \mathrm{d}z \tag{2.73}$$

式中：P_f 为预设的虚警率；σ_{bg}^2 为背景区域样本的方差。式（2.73）可以通过查表法获得对应的数值解，因此为了获取 $\xi(l,p)$，实际上进行的运算只是估计 σ_{bg}^2。

多次迭代之后 $\boldsymbol{x}_{\mathrm{tar},i+1}$ 趋于稳定，输出满足收敛条件的 $\boldsymbol{x}_{\mathrm{tar},i+1}$ 作为第 k 轮迭代稀疏重构过程中目标的估计：

$$\boldsymbol{x}_{\mathrm{tar},k+1} = \boldsymbol{x}_{\mathrm{tar},i+1} \tag{2.74}$$

2.4 实验验证

本节我们将采用一个单通道的超宽带穿墙雷达系统对所提算法进行验证。该雷达系统发射 LFMCW 信号，工作频率为 1.4～2.0GHz，脉冲重复频率

(pulse repeating frequency，PRF）为 200Hz，单个 CPI 内包含 50 个脉冲。回波通过去调频的方式接收后采样，因此采样的回波可近似认为是频域采样，该雷达的典型回波已在图 2.1 中进行展示。实验场景如图 2.6 所示，雷达系统布置于房间外，房间存在两个人体目标，其中一个目标沿着雷达径向来回走动，另一个目标则安静地坐在侧墙边的椅子上。

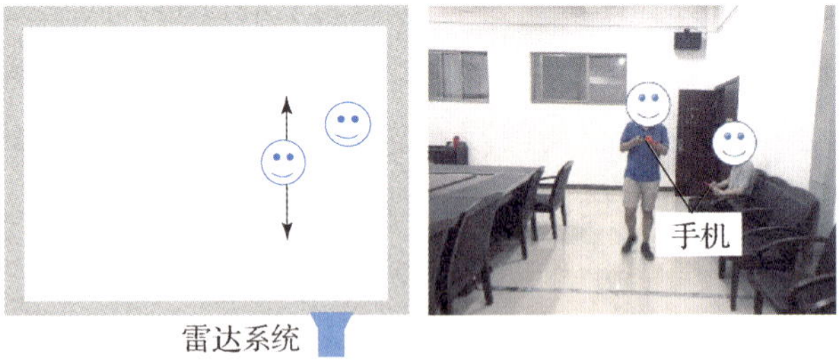

图 2.6　实验场景图

房间内的第三方辐射源只有两人手中的手机。图 2.7（a）与图 2.7（b）分别给出了经 MTI 处理之后的雷达回波在频率 – 慢时间平面与距离 – 慢时间平面上的分布，为便于观察，我们统一采用原始回波的最大值将对应的结果归一化并以分贝形式显示，频率 – 慢时间平面的显示动态范围设定为 60dB，距离 – 慢时间平面的显示动态范围设定为 40dB。图 2.7（a）的结果表明，手机信号造成的干扰在不同脉冲之间的变化较为剧烈，这与数字通信的特点是一致的。经 MTI 处理后的回波中存在 3 处较为明显的射频干扰区域，受场景中的强目标影响，射频干扰超出目标的强度远远没有达到常见机载 SAR 系统中的数十分贝。

场景中走动的人体目标具有更为强烈的肢体活动，对应的反射截面积也较大，而静坐目标的活动主要来自于呼吸等微弱活动。图 2.7（b）给出的距离 – 慢时间平面分布情况印证了我们此前的结论，走动目标的运动轨迹更加强烈，此时的射频干扰对其并不构成威胁；与之相比，静坐目标则微弱得多，其轨迹强度平均比前者低 20dB 左右，弱目标的轨迹受射频干扰的影响较为严重，特别是 3～6s 之间的回波，甚至出现了连续多个脉冲目标被淹没的情况。射频干扰的另一个危害是抬高了背景电平，受干扰的脉冲充斥着干扰条纹，不利于检测器正确估计背景分布。类似的场景在实际生活中非常常见，因此研究穿墙雷达中的射频干扰抑制技术是非常有必要的。

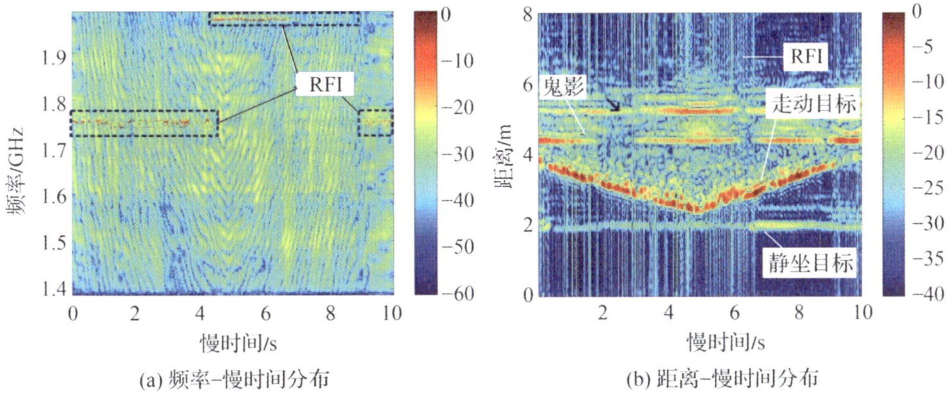

图 2.7　MTI 处理之后回波的分布

2.4.1　射频干扰检测

基于最小统计的射频干扰估计是根据目标信号与射频干扰信号在频率-多普勒平面上的分布特点决定的，图 2.8 给出了 4.5s 处的单个 CPI 内的回波变换到频率-多普勒平面的结果，可见，其结果与 2.2.1 节中的模型是符合的。非相参的射频干扰信号由慢时间变换到多普勒域后，占据了全部的多普勒域，而目标则会相对集中。

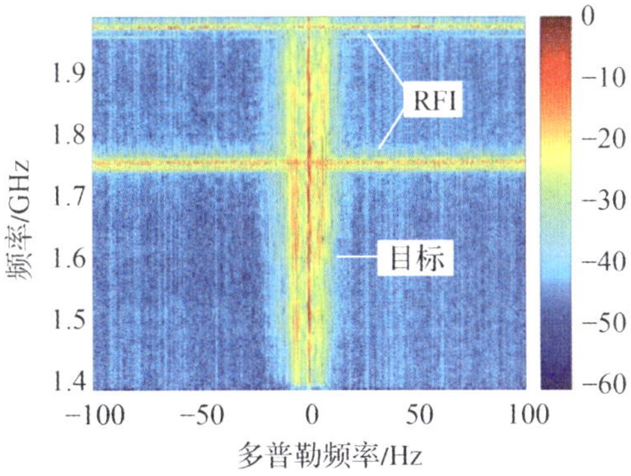

图 2.8　4.5s 处回波在频率-多普勒频率平面上的分布

采用 2.2.3 节的方法逐脉冲进行射频干扰判断，得到所有脉冲的射频干扰检测结果如图 2.9 所示，对比图 2.7（a），可以发现我们的方法有效定位出了射频干扰信号所在的频点与脉冲。统计图 2.9 中存在射频干扰的频点数目，发现射频干扰的总带宽达到了40MHz左右，占据整个工作带宽的6.7%，因此本次试验中的射频干扰已经不再是传统意义上的窄带干扰。

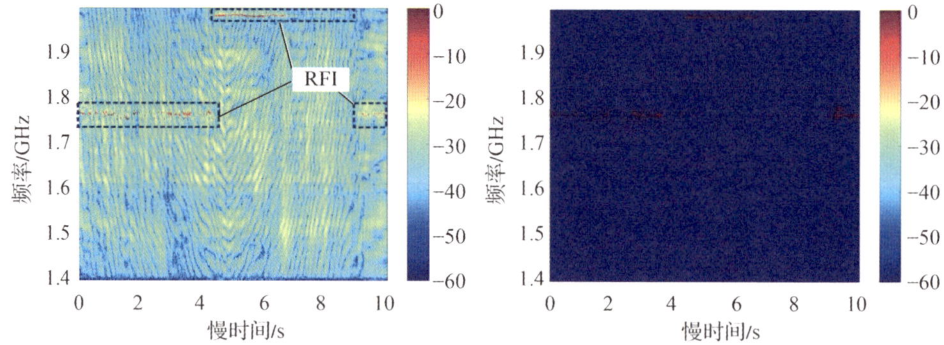

(a) 回波的射频干扰分布　　(b) 射频干扰检测结果

图2.9　射频干扰检测结果

2.4.2　射频干扰抑制

本节我们将通过5种不同射频干扰抑制方法对实验数据进行处理，这5种方法为LMS自适应滤波、ESP、MSR、SLSR，以及本书提出的ISR算法。

LMS自适应滤波器是SAR领域最常用的射频干扰抑制技术之一，其基本原理是利用窄带信号与宽带信号的相关时长差异，通过线性预测器从包含目标信息（宽带信号）的回波中分离出射频干扰信号（窄带信号）[32,36-37]。对于射频干扰信号来说，其相关峰出现在频域，因此采用LMS估计射频干扰时，需要首先将回波从频域变换到距离域，即对于LMS自适应陷波器来说，其输入输出都是单个代表距离维分布信息的回波数据。

采用LMS处理的结果如图2.10（a）与图2.10（b）所示，LMS自适应滤波器成功的抑制了射频干扰信号，存在射频干扰的三个区域均出现了不同程度的凹口，表明这些位置的回波受到了抑制。经射频干扰抑制之后，回波的距离-慢时间图像干净了许多，如图2.10（b）所示，处理之前的回波中大量的干扰条纹现在消失了，弱目标的轨迹也有所显现。但LMS的处理结果并不完美，强目标临近的旁瓣被抬高，5s左右强目标靠近弱目标时，弱目标的轨迹受到了一定影响。

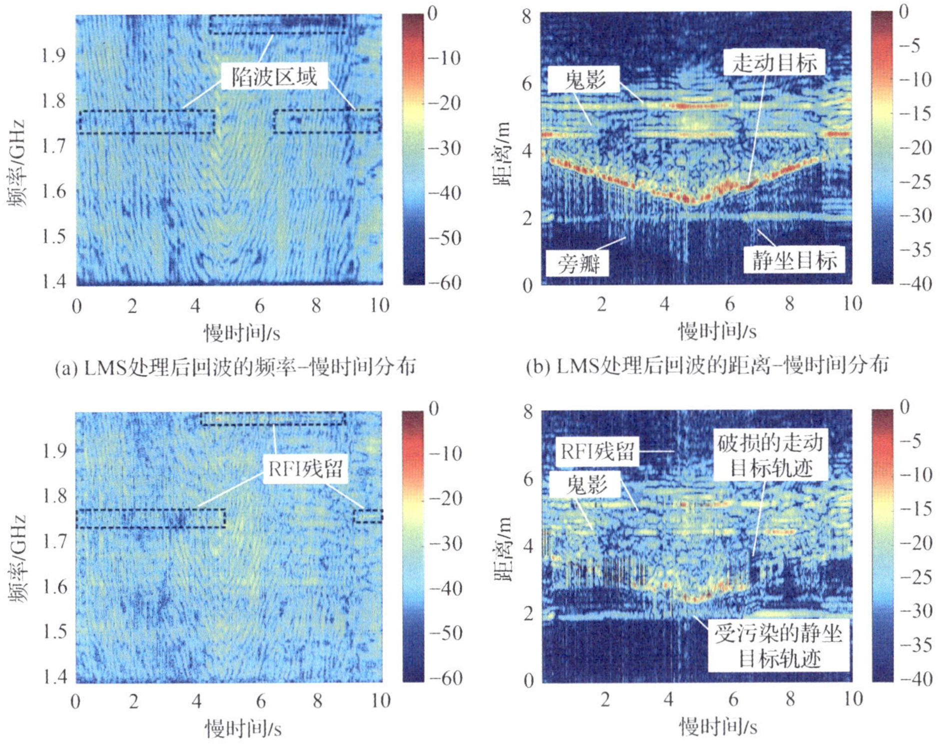

(a) LMS处理后回波的频率-慢时间分布
(b) LMS处理后回波的距离-慢时间分布
(c) ESP处理后回波的频率-慢时间分布
(d) ESP处理后回波的距离-慢时间分布

图 2.10 陷波类方法的处理结果

ESP 是 SAR 领域中另一种较为常用的射频干扰抑制算法，ESP 需要将单次脉冲的一维回波数据重排为二维形式，利用重排后的二维矩阵中向量与向量之间的相关性差异来分离出射频干扰子空间与目标子空间[46,196-197]。对于频域回波来说，其中的射频干扰表现为若干强度、位置、初相都可能存在差异的冲激函数，因此直接重排频域回波或并不能获得具备射频干扰相关性信息的二维矩阵，依然需要先将频域回波变换到距离域。ESP 算法适合应用于强窄带干扰的情况，应用于穿墙探测时，算法的性能急剧下降，如图 2.10（c）所示，从处理后的回波频率-慢时间图像来看，ESP 并不能很好地处理相对较弱的射频干扰信号，3 处射频干扰区域均存在不同程度的射频干扰残留。

此外，ESP 对强目标造成了非常严重的破坏，如图 2.10（d）所示，原本不经处理也能清晰判别的强目标现在已经无法形成有效连续的轨迹。这时目标运动引起的调制也会在形成频域形成一些相对尖锐的峰值，而由于走动目标回波与射频干扰信号的强度接近，这些峰值变得类似于低强度的射频干扰，导致目标信号与射频干扰信号之间的正交性被降低。因此特征子空间分解的过程中，射频干扰信号子空间中其实存在一些不可忽略的目标信号分量，最终导致抑制射频干扰的过程中，丢失了大量的目标信息；而也因为相同的原因，射频干扰抑制得并不彻底。

MSR 算法要求提前确定射频干扰的频点数目，这一工作可以由我们提出的射频干扰检测方法完成。MSR 的结果如图 2.11（a）与（b）所示，可见，MSR 的表现非常好，射频干扰抑制之后的频率－慢时间平面上并没有像陷波类方法那样形成凹口，表明 MSR 很好地保留了该处的目标信息，图 2.11（b）中两个目标的轨迹都很理想，既没有出现大段轨迹断裂现象，也没有产生额外的旁瓣，只在目标非常弱时存在一些损失，如 4.5s 左右静坐目标的轨迹出现了少许断裂，相比于临近的背景区域，此时静坐目标的轨迹并不明显。

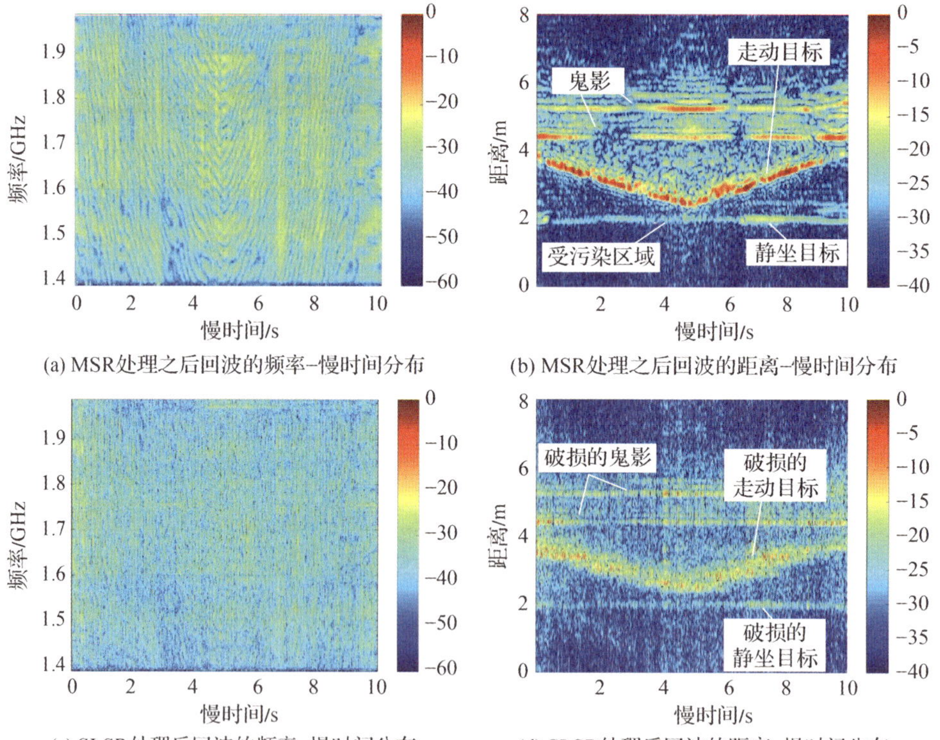

(a) MSR处理之后回波的频率–慢时间分布　(b) MSR处理之后回波的距离–慢时间分布

(c) SLSR处理后回波的频率–慢时间分布　(d) SLSR处理后回波的距离–慢时间分布

图 2.11　MSR 与 SLSR 算法的处理结果

采用 SLSR 分离射频干扰信号与目标信号时，频域采样模式下的穿墙雷达系统回波表现出与传统 SAR 回波不太一致的地方，这是由于射频干扰在不同脉冲之间是非相干的，并且只出现在少量频点中，如图 2.7（a）所示；而目标的回波却占据了全部的频点，并且目标运动的连续性却使其在不同脉冲之间具有较强的相关性，最终导致回波中的低秩部分反而是目标，稀疏部分反而是射频干扰，这一特性与传统的时域 SAR 回波是不同的。SLSR 算法依然可以被应用于频域采样模式的回波，只不过其分离的结果与传统 SAR 回波相反。

令人惊讶的是 SLSR 算法的表现非常糟糕，虽然 SAR 领域中的处理结果表明 SLSR 与 MSR 具有类似的性能，但图 2.11（c）与（d）的结果却表明二者的性能差异非常大。从图 2.11（c）的频率 – 慢时间数据来看，分解的效果并不完美，3 个主要的射频干扰区域均有一定的射频干扰残留，同时目标信息损失较大，相比于 MSR 的结果，SLSR 获得的频率 – 慢时间数据中明显丢失了很多目标回波的峰值，这也导致图 2.11（d）的距离 – 慢时间结果中，目标受到了严重破坏，无论是走动目标还是静坐目标，重构的效果都不理想。这一结果表明，SLSR 所依赖的低秩特性与稀疏特性，在回波所处的频率 – 慢时间平面上表现得可能并不显著。超宽带信号的高分辨率特性、人体目标自身的扩展特性以及人体运动的时变空变特性，一定程度上降低了目标的低秩特性；而射频干扰的宽带特性以及多个脉冲连续存在的特性也反过来降低了射频干扰信号的稀疏特性，最终导致 SLSR 处理的结果不尽如人意。

最后，本书提出的 ISR 算法处理结果，如图 2.12（a）与（b）所示，对比图 2.12（a）与图 2.11（a）中 MSR 算法的处理结果，可见二者处理后的频率 – 慢时间回波非常接近，不存在传统陷波的处理凹口，强目标的波峰也得到了很好保留。图 2.12（b）中两个目标的轨迹都非常清晰，即使是静坐目标的轨迹，连续性也表现得非常好。对比图 2.12（b）与图 2.11（b），可见本书提出的算法处理结果更好地保护了弱目标。为了更加清晰地对比本书提出的方法与已有方法的性能差别，我们进一步对不同方法处理后的脉冲所压缩结果进行对比。雷达信号分析领域中常采用目标的冲激响应宽度（impulse response width，IRW）、峰值旁瓣比（pulse – sidelobe ratio，PSLR）、积分旁瓣比（integration sidelobe ratio，ISLR）这 3 个经典参数来评估目标的脉冲压缩性能。对于人体目标来说，很难用理想点目标分辨率来评估其分辨率，因此这里我们仅考察 PSLR 与 ISLR 两个参数。此外，穿墙探测中，人体目标会在其身后形成较长的拖尾，导致目标身后的会旁瓣混入部分有效目标的反射信号，因此我们只考察目标身前（距离轴上主瓣左边的区域）的旁瓣性能。

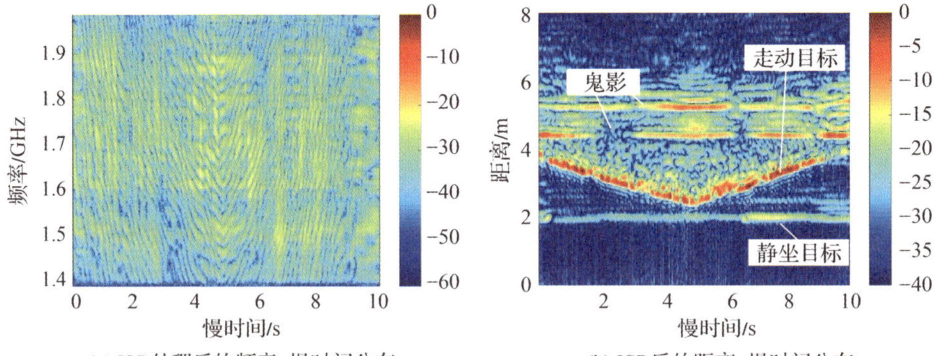

(a) ISR处理后的频率-慢时间分布　(b) ISR后的距离-慢时间分布

图 2.12　ISR 算法的处理结果

为了获得相对纯净的旁瓣样本，我们选择 0.9s 处的回波，此时走动目标远离静坐目标，目标之间的相互影响较小。图 2.13（a）与（b）分别给出了走动目标与静坐目标在 0.9s 时刻的距离像剖面，为便于对比，数据已进行归一化并以分贝形式显示，可见不同方法处理之后，目标的主旁瓣分布是不同的，原信号受射频干扰污染，静坐目标完全被淹没，走动目标则存在较高的旁瓣。射频干扰抑制处理之后，射频干扰信号引起的额外旁瓣得到了控制。

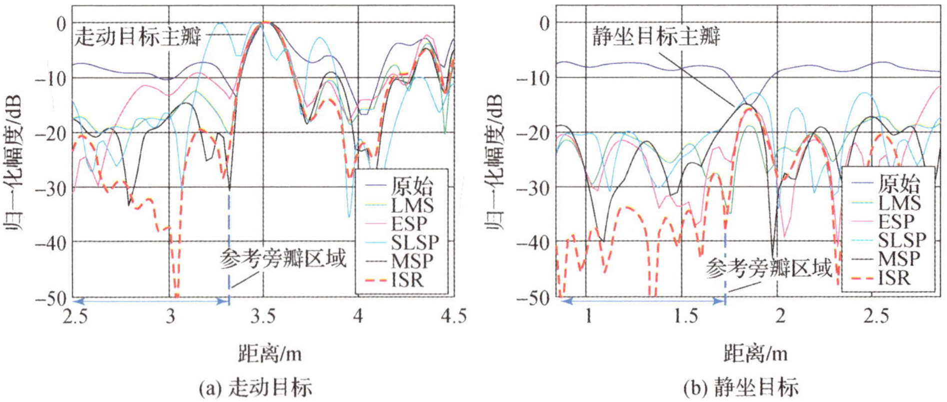

(a) 走动目标　(b) 静坐目标

图 2.13　0.9s 处走动目标与静坐目标的距离像对比

将主瓣峰值点之前1m的距离区间作为对应目标的参考区域，并将该区域内目标主瓣第一零点前的区域作为参考旁瓣区域来估计PSLR与ISLR，估计结果如表2.1所列。可见，原始回波中，走动目标的PSLR与ISLR虽然高于标准sinc函数的旁瓣水平，但也足够使其从背景中显现，而静坐目标则完全被射频干扰信号淹没；LMS处理有效去除了射频干扰分量，但LMS滤波器自身引起的额外旁瓣使得静坐目标的旁瓣依然过高，-1.34dB的PSLR使得静坐目标的主瓣有很大概率在检测中被误认为是噪声。

表2.1　0.9s时刻走动目标与静坐目标的脉冲压缩性能　　单位：dB

算法	走动目标		静坐目标	
	PSLR	ISLR	PSLR	ISLR
原始	-7.11	-6.68	N/A	N/A
LMS	-12.51	-8.72	-1.34	-4.41
ESP	-9.24	-5.87	-4.74	-4.19
SLSR	-0.15	-2.03	-6.83	-6.23
MSR	-14.64	-10.69	-6.68	-6.05
ISR	-19.47	-16.07	-11.34	-9.68

注：原始回波中，静坐目标完全被射频干扰信号淹没，因此无法提取正确参数。

ESP对弱目标的改善能力明显好于LMS，这是因为对于弱目标而言，射频干扰异常强烈，因此容易被分离，但对于回波较强的走动目标而言，射频干扰信号又较弱，因此ESP的性能下降了，相比于LMS，ESP对走动目标的处理结果中，PSLR上升了约3dB；对于SLSR算法来说，正如前文所述，走动目标带来的跨距离单元行为恶化了SLSR的信号模型，走动目标的脉冲压缩性能甚至比原始回波还差，但对于不存在跨距离单元的静坐目标而言，SLSR的结果明显优于LMS与ESP；MSR对走动目标与静止目标都取得了较好的改善效果，但从图2.13（b）中的目标距离像看来，目标的主瓣明显宽于其他处理方法，表明其对弱目标的改善性能稍弱；本书提出的ISR算法取得最优的处理结果，相比于MSR算法，ISR带来了额外4~6dB的改善。

2.5 本章小结

本章我们讨论了穿墙探测中射频干扰的估计与抑制问题。首先通过分析射频干扰与目标信号模型在频率－多普勒上的分布差异，我们将声学信号处理领域中经典的最小统计方法迁移到射频干扰信号的估计之中，结合 OS－CFAR 实现射频干扰信号的功率谱估计与受污染频点定位；随后，我们进一步详细讨论了当前最典型的两种重构类射频干扰抑制方法的基本原理与实现步骤，重新设计出一种基于 ISR 原理的射频干扰抑制方法；实测数据的处理结果验证了所提方法的有效性，多种不同射频干扰抑制方法处理结果的对比表明，本章的方法在完成射频干扰抑制的同时，对弱目标有很好的恢复性能。

不过也应注意到，虽然相比于已有的稀疏重构类方法，本章提出的基于 ISR 的射频干扰抑制方法具有高效与稳定的特点，但相比于传统的陷波类方法，ISR 的效率依然较低，如何进一步提高 ISR 的计算效率还有待研究。

第3章

超宽带MIMO穿墙雷达成像

雷达成像质量的评价指标主要有分辨率、动态范围、栅旁瓣水平等。超宽带 MIMO 穿墙雷达的工作频段和孔径尺寸确定后，成像的距离向分辨率和方位向分辨率随之确定。由于系统集成，超宽带 MIMO 穿墙雷达的阵列孔径非常有限；由于成本、数据处理能力以及便携性问题，超宽带 MIMO 穿墙雷达系统的可用阵元数量也很少。因此，系统往往工作在稀疏阵列模式下。有限的孔径长度以及有限的信号带宽，必然会在成像中引入方位向和距离向旁瓣；同时超宽带稀疏阵列的空间采样率往往不足，成像会引入方位向栅瓣。较高的栅旁瓣水平，不仅会引入虚假像，同样也会降低成像的动态范围。

为了更好地抑制稀疏超宽带 MIMO 穿墙雷达图像中的栅旁瓣，本章首先回顾了 MIMO 阵列的成像几何，比对了后向投影和后向传播两种时域成像方法，发现二者在某种程度上可以相互转换；然后，讨论了超宽带稀疏阵列的栅旁瓣特性；最后，回顾了传统相干因子算法并提出了扩展相干因子（extended CF, ECF）算法。诸葛晓东在文献［68］中详细讨论了信号带宽和中心频率对栅旁瓣的影响，其研究表明在不同的频带上栅旁瓣往往会发生很大的变化，而主瓣则能保持很好的一致性。SFCW 超宽带信号由一系列的离散频点组合而成且可用带宽很大，因此可以在频域灵活地划分一系列的子带进行处理。因此，扩展相干因子借鉴孔径域栅旁瓣抑制方法的思想，对子频段子孔径图像复数据的离散程度进行统计度量。扩展相干因子基于子频带来利用频域的多样性，一方面可以缓解传统相干因子算法中统计数据量不足的问题，另一方面子频段子孔径图像数据可以用 IFFT 的后向投影算法高效获得，且具有一定的距离向分辨能力。子频段子孔径图像数据利用的子孔径包含多个通道，具有一定的方位向分辨能力，因此扩展相干因子将会缓解对弱目标的抑制。

3.1 成像模型和成像方法

3.1.1 MIMO阵列成像几何

考虑如图3.1所示的长度为L的8阵元端发多收的MIMO阵列，共有$M=12$个不同的收发通道。假定图3.1成像平面中一共存在P个点目标，雷达发射的SFCW信号s，起始频率为f_l，截止频率为f_h，频率步长为Δf，共包含N个离散频点，则第m个收发通道接收到的回波可表示为

$$s_m(n) = \sum_{p=1}^{P} A_{p,m,n} \exp\{-\mathrm{j}2\pi f_n \tau_m(x_p, y_p)\} \tag{3.1}$$

式中：$A_{p,m,n}$为第p个点目标的回波幅度（与目标的位置、信号频率以及观测角度有关）；$f_n = f_l + (n-1)\Delta f$为第$n$个离散频点，$n=1,2,\cdots,N$；$\tau_m(x_p, y_p)$为$m$通道中点目标$p$的回波时延。SFCW回波信号可以看做是目标一系列离散频率响应的复信号表示[198]。因此，式（3.1）中接收到的回波可以用频域$S_m(f_n)$表示。

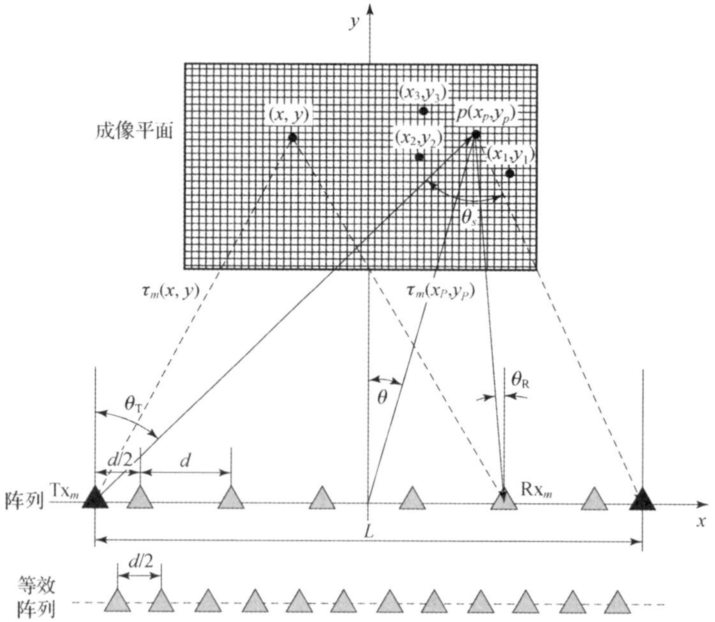

图3.1 MIMO阵列成像几何

本章所用的SFCW信号的具体参数如表3.1所列。

表3.1 SFCW信号参数

f_l	f_h	Δf	N	τ	f_c	B
0.5GHz	3GHz	1MHz	2500	1μs	1.75GHz	2.5GHz

3.1.2 成像方法

常见的时域成像方法主要有后向投影和后向传播，成像时不存在近似，且适用于任意的成像几何。

3.1.2.1 后向投影

后向投影成像的基本思想是依据成像几何对各个收发通道数据进行时延，得到孔径域数据，然后将孔径域数据相干叠加，也即数字波束形成。但是使用SFCW信号进行BP成像之前，需利用IFFT将SFCW信号变换到时域获取距离像[198-199]。第m个通道中的距离像可表示为

$$\begin{aligned}\mathrm{RP}_m(k) &= \frac{1}{N}\sum_{n=1}^{N} S_m(f_n)\exp\left\{\mathrm{j}\frac{2\pi}{N}(n-1)k\right\}\\ &= \frac{1}{N}\sum_{n=1}^{N}\left\{\sum_{p=1}^{P} A_{p,m,n}\exp\{-\mathrm{j}2\pi f_n\tau_m(x_p,y_p)\}\right\}\exp\left\{\mathrm{j}\frac{2\pi}{N}(n-1)k\right\}\end{aligned} \tag{3.2}$$

式中：$k=0,1,\cdots,K$，k为时域距离像的离散距离单元，K为IFFT点数。距离像和快时间对应，可以用$\mathrm{RP}(t)$表示。式（3.2）将SFCW信号变换到时域，会得到类sinc函数的距离像，包含大量的旁瓣，可能会遮蔽弱目标。

常规的BP操作即时延求和则在距离像上进行。考虑图3.1成像平面中的成像点(x,y)，时延后的第m个孔径域数据为

$$\alpha_m(x,y) = \mathrm{RP}_m(t+\tau_m(x,y)) \tag{3.3}$$

式中：$\tau_m(x,y)$表示第m个通道和成像点(x,y)之间的传播时间。最后，BP成像由所有孔径域数据相干叠加完成：

$$I_1(x,y) = \sum_{m=1}^{M}\alpha_m(x,y)$$

$$= \sum_{m=1}^{M} \mathrm{RP}_m(t + \tau_m(x,y)) \tag{3.4}$$

3.1.2.2 后向传播

后向传播成像逐平面将相干回波从孔径向后顺序迁移至目标区域形成波场传导，从数学上可以认作聚焦过程的数字化实现[200]。后向传播首先根据成像几何，将全孔径上收集到的SFCW信号第n个频点的复数据进行相位调整，向目标区域后向传播，即

$$\begin{aligned}\beta_n(x,y) &= \sum_{m=1}^{M} S_m(f_n)\exp\{\mathrm{j}2\pi f_n\tau_m(x,y)\} \\ &= \sum_{m=1}^{M}\sum_{p=1}^{P} A_{p,m,n}\exp\{-\mathrm{j}2\pi f_n[\tau_m(x_p,y_p) - \tau_m(x,y)]\}\end{aligned} \tag{3.5}$$

同孔径域数据类似，我们用β_n（x，y）表示频率域数据，并忽略距离衰减和天线方向图的影响，尽管可以在相位调整时对这些影响进行补偿[200]。然后，将全部频点得到的频率域数据相干叠加：

$$\begin{aligned}I_2(x,y) &= \sum_{n=1}^{N}\beta_n(x,y) \\ &= \sum_{n=1}^{N}\sum_{m=1}^{M}\sum_{p=1}^{P} A_{p,m,n}\exp\{-\mathrm{j}2\pi f_n\Delta\tau_m(x_p,y_p)\}\end{aligned} \tag{3.6}$$

式中：$\Delta\tau_m(x_p,y_p) = \tau_m(x_p,y_p) - \tau_m(x,y)$表示点目标$p$和成像点$(x,y)$在第$m$个通道中的回波时延差值。

3.1.2.3 两种成像方法对比

将式（3.2）代入式（3.4），并运用傅里叶变换的时移特性，我们可以将后向投影成像写作

$$\begin{aligned}I_1(x,y) &= \sum_{m=1}^{M} RP_m(t + \tau_m(x,y)) \\ &= \sum_{m=1}^{M}\frac{1}{N}\sum_{n=1}^{N}\left\{\sum_{p=1}^{P} A_{p,m,n}\exp\left\{-\mathrm{j}2\pi f_n[\tau_m(x_p,y_p) - \tau_m(x,y)]\right\}\exp\left\{\mathrm{j}\frac{2\pi}{N}(n-1)k\right\}\right\} \\ &= \frac{1}{N}\sum_{m=1}^{M}\sum_{n=1}^{N}\left\{\sum_{p=1}^{P} A_{p,m,n}\exp\left\{-\mathrm{j}2\pi f_n\Delta\tau_m(x_p,y_p)\right\}\exp\left\{\mathrm{j}\frac{2\pi}{N}(n-1)k\right\}\right\}\end{aligned} \tag{3.7}$$

对比式（3.6）和式（3.7）可以看出，两种成像方法的区别在于聚焦的

顺序不同。后向投影首先进行距离向聚焦，然后是方位向聚焦，而后向传播则刚好相反。在后向投影中，距离向聚焦可以通过 IFFT 快速实现，但是要求离散的频点是均匀分布的；而后向传播则适用于任意频点的组合，但是当频点数量多时，其效率会很低。值得注意的是，式（3.7）中的距离向聚焦可以划分成一系列的子频段来完成，这些子频段包含一定数量的离散频点且相互之间不重合。在极限条件下，每个子频段将只包含一个频点，对应的 IFFT 正是其本身。此外，式（3.7）中两个加法操作的顺序是可以互换的。此时的后向投影就变成了后向传播。

3.1.3　基于点目标的成像性能分析

分辨率是评价雷达成像性能的一项重要指标。由于超宽带 MIMO 穿墙雷达往往具有很大的带宽，因此雷达的距离向分辨率往往很高；而超宽带 MIMO 穿墙雷达的阵列孔径往往非常有限，因此方位向分辨率是制约成像分辨率的关键因素。本小节基于点目标成像模型，对超宽带 MIMO 穿墙雷达的方位向分辨率进行分析。

考虑如图 3.1 所示的 MIMO 阵列以及成像平面。阵列第 m 个收发通道接收到的点目标 p 第 n 个频点的回波可表示为

$$s_m(n)\big|_p = A_{p,m,n}\exp\{-\mathrm{j}2\pi f_n\tau_m(x_p,y_p)\} \tag{3.8}$$

式中：$A_{p,m,n}$为点目标 p 的回波幅度，取决于照射区域的后向散射，是空间位置、信号频域以及观测角度的函数[201]，有

$$A_{m,n,p} = \iint g(x,y,f_n,\theta_{\mathrm{T}m},\beta_m)\,\mathrm{d}x\mathrm{d}y \tag{3.9}$$

式中：$g(x,y,f,\theta_{\mathrm{T}},\beta)$为双站散射函数。如图 3.1 所示，$\beta=\theta_{\mathrm{T}}-\theta_{\mathrm{R}}$，为双站角，$\theta_{\mathrm{T}}$和 θ_{R}分别为入射角和散射角。

笔者详细分析了 MIMO 阵列的成像性能[202]，并给出了阵列方位分辨率的计算公式：

$$\rho_a = \frac{0.886\lambda_c}{4\sin\left(\dfrac{\theta_{\mathrm{s}}}{2}\right)\cos\theta} \tag{3.10}$$

$$\theta_{\mathrm{s}} = \arctan\left(\frac{|x_P|}{y_P}\right) + \arctan\left(\frac{L-|x_P|}{y_P}\right)$$

式中：θ_s和θ分别为阵列观测积累角和目标观测斜视角。

从式（3.10）可以看出，雷达工作频率越高、目标位置越近、阵列孔径越大，目标的方位向分辨率越好。但超宽带 MIMO 穿墙雷达阵列有限的孔径、较低的工作频段，限制了雷达的方位向分辨性能，致使目标成像存在扩展。此外，实际存在的目标都属于扩展目标，有一定的尺寸，因此目标成像的尺寸将会进一步扩展。

3.2 穿透成像墙体参数估计

传统雷达成像大都假设电磁波在均匀介质中传播，但在穿墙雷达成像中，由于墙壁的存在，这种假设不再成立。这是穿墙雷达成像有别于其他传统雷达成像的最大特点。穿墙雷达工作时，电磁波会在墙壁的前后表面发射折射，因此不再沿着直线传播。如果不考虑墙壁对传播路径的影响，传统的成像方法如 BP 算法，依然是可行的，但是墙后目标的成像结果将会散焦模糊，且会偏离实际位置。这将影响雷达的成像性能。为获取墙后目标高质量的聚焦成像结果，成像过程必须将墙壁的影响补偿掉。这就需要事先已知或者估计墙壁的相关参数。幸运的是，从雷达接收的目标和墙壁的散射回波信号中，有可能提取相关环境信息。

穿墙高质量成像需要的墙壁参数，通常包括墙壁的厚度和介电常数。一些估算墙壁参数的方法，基于不同阵列结构探测或者利用多个离墙探测距离成像来估计墙壁参数[203]。显然，这需要额外的测量程序。另一些墙壁参数方法，使用迭代优化方案[93]，计算量很大。基于逆散射算法遍历未知的墙参数，使得从正向模型预测反射系数和实测反射系数之间的均方误差达到最小[204]，要求的动态范围高且校准过程费时。墙壁的介电常数通常是根据从墙壁前表面散射的回波幅度来估算的[205]，但同逆散射方法类似，需要精确校准。因此，使用雷达回波估算墙体参数，需要在穿墙成像中进行进一步研究。

在一些可用的穿墙成像方法中[87,206-208]，需要确定折射点，以计算发射（和/或接收）天线与墙后目标之间的传播路径。文献［206］提出了一种精确但耗时的方法，即通过求解几个测角函数来计算折射点。为了简化计算，文献

[90] 引入了一种等效的两层模型，来表示三层模型（空气 - 壁 - 空气），避免了在传播路径计算中引入误差，只需确定一个折射点即可。然而，折射点的位置随着发射/接收天线的位置而改变。因此，必须相对于每个成像网格点，对每对发射/接收天线进行折射点的计算，即使对于等效的两层模型，计算量依旧巨大。为了降低计算复杂度，本章提出了一种不需要确定折射点的新的穿墙成像方法，即无折射点（refraction - point - free，RPF）穿透成像。

3.2.1　MIMO 阵列实际成像模型

如图 3.2 所示，在典型的穿墙雷达成像场景中，墙壁横亘于目标与雷达之间。对于一个平行于墙壁表面的超宽带 MIMO 穿墙雷达而言，我们可以得到一个线性的虚拟孔径，来对 $x-y$ 平面成像。对于图 3.2 中的第 m 个发射天线和第 n 个接收天线组成的收发天线对而言，接收到的回波分别来自墙壁和墙后目标。如图 3.3 所示，墙壁还充当了墙后目标回波模型的传播通道。穿墙成像的实际模型特征在于 3 个墙壁参数：位置、厚度和介电常数。当线性 MIMO 阵列与墙平行时，可以通过墙的前表面与线性 MIMO 阵列之间的距离来定义墙的位置。

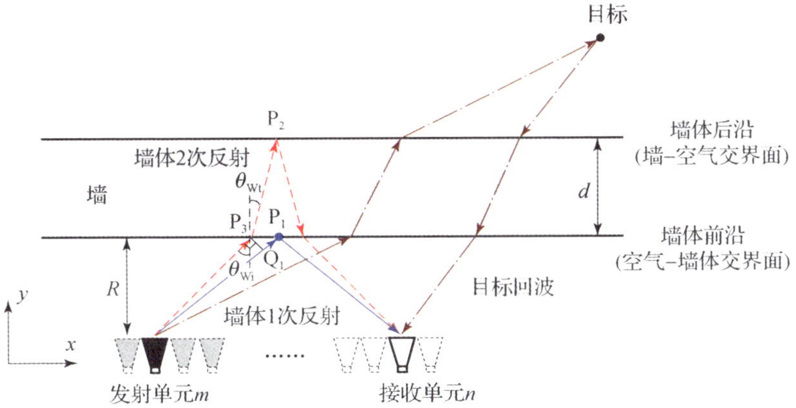

图 3.2　考虑墙壁的超宽带 MIMO 穿墙雷达成像几何

对于墙壁回波而言，发射信号将在前表面和后表面反射，分别表示为 1 次和 2 次反射。1 次和 2 次反射的回波相位历史，可以通过球面波从发射天线到反射点再回到接收天线的双程传播路径的电长度来定义。

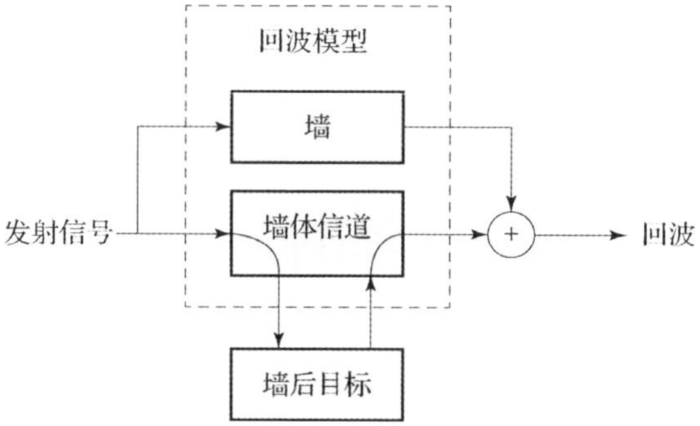

图 3.3　穿墙雷达实际模型

考虑位于$(x_{\mathrm{T}m},0)$的发射单元 m 和位于$(x_{\mathrm{R}n},0)$的接收单元 n，1 次反射路径 ℓ_{W1}为

$$\ell_{\mathrm{W1}} = 2r_{\mathrm{T_X}P_1} \tag{3.11}$$

式中：$r_{\mathrm{T_X}P_1}$为发射天线和前表面反射点 P_1 之间的距离。2 次反射的传播介质是空气－墙壁，折射点位于前表面的 P_3，反射点位于后表面的 P_2，对应于空气中的传播路径 ℓ_{W2}为

$$\ell_{\mathrm{W2}} = 2(r_{\mathrm{T_X}P_3} + \sqrt{\varepsilon_{\mathrm{r}}}\, r_{P_3P_2}) \tag{3.12}$$

式中：ε_{r} 为墙壁的相对介电常数；$r_{\mathrm{T_X}P_3}$和 $r_{P_3P_2}$分别为发射天线到 P_3 的距离和 P_3、P_2 之间距离。当发射信号在 P_3 处折射，入射角 θ_{Wi}和折射角 θ_{Wt}服从斯奈尔定律，有

$$\frac{\sin\theta_{\mathrm{Wi}}}{\sin\theta_{\mathrm{Wt}}} = \sqrt{\varepsilon_{\mathrm{r}}} \tag{3.13}$$

根据图 3.2 中的成像几何，可得

$$r_{\mathrm{T_X}P_3} \approx r_{\mathrm{T_X}P_1} - d\tan\theta_{\mathrm{Wt}}\sin\theta_{\mathrm{Wi}} \tag{3.14}$$

$$r_{P_3P_2} = d/\cos\theta_{\mathrm{Wt}} \tag{3.15}$$

式中：d 为墙壁厚度。将式（3.14）和式（3.15）代入式（3.12），并考虑式（3.13）中 θ_{Wi}和 θ_{Wt}的关系，可得

$$\begin{aligned}\ell_{\mathrm{W2}} &= 2(r_{\mathrm{T_X}P_1} + d\sqrt{\varepsilon_{\mathrm{r}} - \sin^2\theta_{\mathrm{Wi}}}) \\ &= \ell_{\mathrm{W1}} + 2d\sqrt{\varepsilon_{\mathrm{r}} - \sin^2\theta_{\mathrm{Wi}}}\end{aligned} \tag{3.16}$$

3.2.2　墙壁参数估计

实际成像模型中涉及的位置、厚度和介电常数，需要从实际中接收的回波

中估计出来。对于 MIMO 阵列，发射单元 m 和接收单元 n 中 1 次和 2 次反射间的时延可表示为

$$t_d(m,n)=2d\sqrt{\varepsilon_{\mathrm{r}}-\sin^2\theta_{\mathrm{Wi}}(m,n)}/c \tag{3.17}$$

$$\theta_{\mathrm{Wi}}(m,n)\approx\arctan(|x_{\mathrm{R}n}-x_{\mathrm{T}m}|/2R) \tag{3.18}$$

式中：R 对应于阵列和墙壁前表面之间的距离，可由下式估计得到

$$\hat{R}=\frac{1}{2MN}\sum_{m=1}^{M}\sum_{n=1}^{N}\sqrt{c^2t_f^2(m,n)-(x_{\mathrm{R}n}-x_{\mathrm{T}m})^2} \tag{3.19}$$

式中：$t_f(m,n)$ 为发射单元 m 和接收单元 n 中的 1 次反射时延。

距离分辨率 $\rho_{\mathrm{r}}=c/(2B)$ 取决于信号带宽 B，其中 c 表示自由空间中的光速。根据成像结合，若信号带宽满足下述条件

$$B>\frac{c\cos\theta_{\mathrm{Wt}}}{2d\sqrt{\varepsilon_{\mathrm{r}}}} \tag{3.20}$$

此时，墙壁前后表面的回波在快时间域可以区分。对于不同含水条件的无钢筋混凝土墙而言，其相对介电常数位于 5～9 之间。

假设 $\varepsilon_{\mathrm{r}}=6$ 且 $d=0.2\mathrm{m}$，对任意反射角，由式（3.20）可得 $B>307\mathrm{MHz}$。大多数超宽带 MIMO 穿墙雷达均可满足这个条件。

根据式（3.17）、式（3.18）和式（3.19）可得

$$0.25c^2t_d^2(m,n)=d^2\varepsilon_{\mathrm{r}}-d^2\frac{(x_{\mathrm{R}n}-x_{\mathrm{T}m})^2}{(x_{\mathrm{R}n}-x_{\mathrm{T}m})^2+4\hat{R}^2} \tag{3.21}$$

写成矩阵形式：

$$\boldsymbol{Ap}=\boldsymbol{b} \tag{3.22}$$

其中

$$\boldsymbol{A}=\begin{bmatrix}1 & -\dfrac{(x_{\mathrm{R}1}-x_{\mathrm{T}1})^2}{(x_{\mathrm{R}1}-x_{\mathrm{T}1})^2+4\hat{R}^2}\\ 1 & -\dfrac{(x_{\mathrm{R}2}-x_{\mathrm{T}1})^2}{(x_{\mathrm{R}2}-x_{\mathrm{T}1})^2+4\hat{R}^2}\\ \vdots & \vdots\\ 1 & -\dfrac{(x_{\mathrm{R}N}-x_{\mathrm{T}M})^2}{(x_{\mathrm{R}N}-x_{\mathrm{T}M})^2+4\hat{R}^2}\end{bmatrix}_{MN\times 2} \tag{3.23}$$

$$\boldsymbol{p}=\begin{bmatrix} d^2\varepsilon_{\mathrm{r}} \\ d^2 \end{bmatrix}_{2\times 1}=\begin{bmatrix} p_1 \\ p_2 \end{bmatrix} \tag{3.24}$$

$$\boldsymbol{b}=\begin{bmatrix} 0.25c^2t_d^2(1,1) \\ 0.25c^2t_d^2(1,2) \\ \vdots \\ 0.25c^2t_d^2(M,N) \end{bmatrix}_{MN\times 1} \tag{3.25}$$

式（3.22）的解为

$$\boldsymbol{p}=(\boldsymbol{A}^{\mathrm{T}}\boldsymbol{A})^{-1}\boldsymbol{A}^{\mathrm{T}}\boldsymbol{b} \tag{3.26}$$

式中：$(\cdot)^{\mathrm{T}}$ 表示转置运算。继而，墙壁的厚度和介电常数可由下式估计得到：

$$\hat{d}=\sqrt{p_2} \tag{3.27}$$

$$\hat{\varepsilon}_{\mathrm{r}}=p_1/p_2 \tag{3.28}$$

3.2.3 无折射点 RPF 穿透成像

依据等效双层模型[90]，等效电长与雷达和空气－墙壁表面之间的距离无关。因此，等效电长可从图 3.4 中的成像几何计算得到，其中 MIMO 阵列贴于前表面，P_4 为后表面的等效折射点。θ_{Ti} 和 θ_{Tt} 表示入射和折射角，关系如下：

$$\frac{\sin\theta_{\mathrm{Ti}}}{\sin\theta_{\mathrm{Tt}}}=\sqrt{\varepsilon_{\mathrm{r}}} \tag{3.29}$$

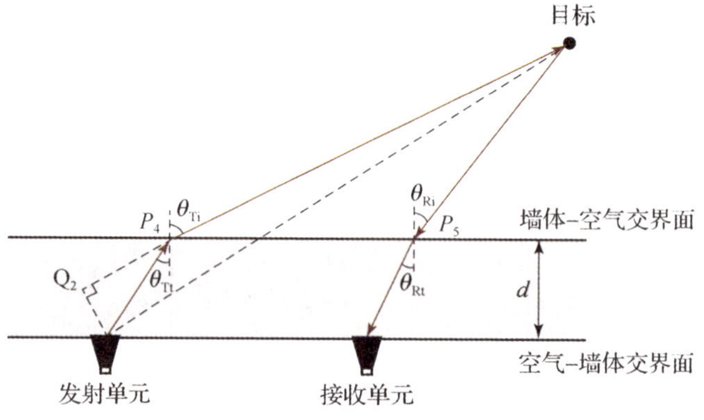

图 3.4　等效双层传播模型

因此，发射单元到目标的空气等效电长为

$$\ell_{\text{TxTar}} = (r_{\text{Tx}P_4}\sqrt{\varepsilon_{\text{r}}} + r_{P_4\text{Tar}}) \tag{3.30}$$

式中：$r_{\text{Tx}P_4}$和$r_{P_4\text{Tar}}$分别为发射天线到P_4的距离，以及P_4到目标的距离。$r_{\text{Tx}P_4}$和$r_{P_4\text{Tar}}$可由下式计算得到：

$$r_{\text{Tx}P_4} = \frac{d}{\cos\theta_{\text{Tt}}} \tag{3.31}$$

$$r_{P_4\text{Tar}} = r_{\text{TxTar}} - r_{P_4Q_2} = r_{\text{TxTar}} - \frac{d\cos(\theta_{\text{Ti}} - \theta_{\text{Tt}})}{\cos\theta_{\text{Tt}}} = r_{\text{TxTar}} - d(\cos\theta_{\text{Ti}} + \sin\theta_{\text{Ti}}\tan\theta_{\text{Tt}}) \tag{3.32}$$

式中：r_{TxTar}为发射天线到目标的距离。将式（3.29）、式（3.31）和式（3.32）代入式（3.30），可得

$$\ell_{\text{TxTar}} = r_{\text{TxTar}} + d(\sqrt{\varepsilon_{\text{r}} - \sin^2\theta_{\text{Ti}}} - \cos\theta_{\text{Ti}}) \tag{3.33}$$

类似地，目标到接收单元的空气等效电长ℓ_{TarRx}可由下式计算得到：

$$\ell_{\text{TarRx}} = r_{\text{TarRx}} + d(\sqrt{\varepsilon_{\text{r}} - \sin^2\theta_{\text{Ri}}} - \cos\theta_{\text{Ri}}) \tag{3.34}$$

当目标位于墙后(x,y)处，第m个发射单元和第n个接收单元中的回波时延为

$$\begin{aligned} t_{\text{T1}}(m,n) = [&\sqrt{(x - x_{\text{T}m})^2 + (y - y_{\text{T}m})^2} + \sqrt{(x - x_{\text{R}n})^2 + (y - y_{\text{R}n})^2} + \\ &\hat{d}(\sqrt{\hat{\varepsilon}_{\text{r}} - \sin^2\theta_{\text{Ti}}(m,n)} - \cos\theta_{\text{Ti}}(m,n) + \\ &\sqrt{\hat{\varepsilon}_{\text{r}} - \sin^2\theta_{\text{Ri}}(m,n)} - \cos\theta_{\text{Ri}}(m,n))]/c \end{aligned} \tag{3.35}$$

其中：

$$\theta_{\text{Ti}}(m,n) \approx \arctan[(x - x_{\text{T}m})/(y - y_{\text{T}m})] \tag{3.36}$$

$$\theta_{\text{Ri}}(m,n) \approx \arctan[(x - x_{\text{R}n})/(y - y_{\text{R}n})] \tag{3.37}$$

当目标在墙壁前面时，回波时延为

$$t_{\text{T2}}(m,n) = [\sqrt{(x - x_{\text{T}m})^2 + (y - y_{\text{T}m})^2} + \sqrt{(x - x_{\text{R}n})^2 + (y - y_{\text{R}n})^2}]/c \tag{3.38}$$

根据式（3.35）和式（3.38），基于TWIR的实际模型，RPF穿透成像公式为

$$I(x,y)=\begin{cases}\sum_{m=1}^{M}\sum_{n=1}^{N}\int s(t,m,n)\delta[t-t_{T1}(m,n)]\mathrm{d}t, y\geqslant \hat{R}+0.5\hat{d}\\ \sum_{m=1}^{M}\sum_{n=1}^{N}\int s(t,m,n)\delta[t-t_{T2}(m,n)]\mathrm{d}t, y<\hat{R}+0.5\hat{d}\end{cases}\tag{3.39}$$

式中：$I(x,y)$为成像结果；t为快时间；$s(t,m,n)$为接收信号。值得注意的是，当发射信号不是冲激信号，而是步进频信号时，$s(t,m,n)$应当为距离脉冲压缩后的信号，式（3.39）还需要相位补偿项，以保证相干累积[209]。

3.2.4 数值仿真

在仿真中，使用时域有限差分方法来模拟雷达回波。发射信号是一阶导数高斯脉冲，最低和最高频率分别为0.5GHz和2GHz。天线阵列由1个发射天线和21个接收天线组成。接收天线形成2m长的线性接收阵列。发射天线放置在接收阵列的中心，坐标为(0,0)。阵列平行于墙壁，与前表面的距离为1.2m。墙壁的厚度为0.2m，其相对介电常数为6.25。墙后存在一个坐标为(0,1.7)的目标。

将零均值加性高斯白噪声添加到上述仿真数据中，评估RPF成像方法在不同信噪比下的性能。信噪比定义为发射信号的功率与噪声方差的比值。表3.2给出了在不同信噪比下估计的墙壁参数。其中，每个信噪比的下蒙特卡洛实验进行100次。

表3.2 不同信噪比下估计得到的墙壁参数均值

SNR/dB	$\hat{R}$/m	$\hat{d}$/m	$\hat{\varepsilon}_r$
5	1.19	0.220	5.355
10	1.20	0.211	6.623
15	1.20	0.205	6.368
20	1.20	0.203	6.291

图3.5（a）给出了未考虑墙影响的BP成像结果的包络幅度图像，因此墙后的目标出现了模糊，且偏离了其真实位置，距离向误差约为0.3m。

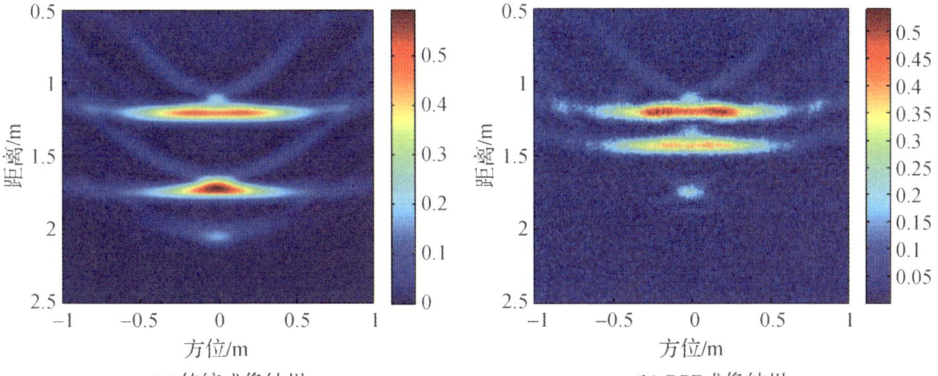

(a) 传统成像结果　　(b) RPF成像结果

图 3.5　SNR = 10dB 时不同方法对仿真数据的成像结果对比

图 3.5（b）给出了 SNR = 10dB 时，RPF 成像的结果。其中，方位向分辨率由图 3.5（b）中的 0.20m 提升到了 0.13m。墙后目标和墙壁后表面均校正到了它们的真实位置。

3.2.5　现场实验

我们利用图 3.6 所示的超宽带 MIMO 穿墙雷达系统进行了现场实验，来进一步验证所提出的方法。超宽带 MIMO 穿墙雷达系统发射从 500 MHz 到 2.5GHz 的步进频率信号。MIMO 阵列由 2 个发射天线和 11 个接收天线组成。接收阵元间距 0.25m，2 个发射天线位于接收阵列的两端，并按顺序工作。因此，在一个虚拟孔径中有 22 个收发信道。发送和接收天线均采用阿基米德螺旋天线，并补偿了天线的色散效应，以确保在近距离范围内具有较高的分辨率。补偿程序可由文献［210］中的预失真技术或文献［211］中的校准函数方法（实验系统中使用后一种方法）来完成。

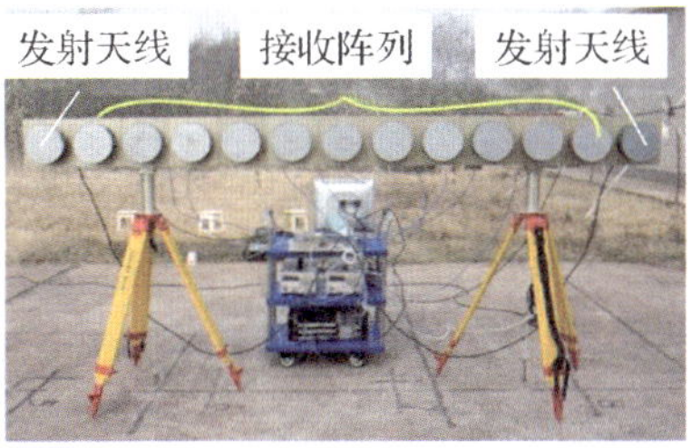

图 3.6　超宽带 MIMO 穿墙雷达成像系统

图 3.7 给出了实验场景，其中 MIMO 阵列离墙 8.5m，墙后建筑内有一个三面角，估计到的墙壁参数如表 3.3 所列。

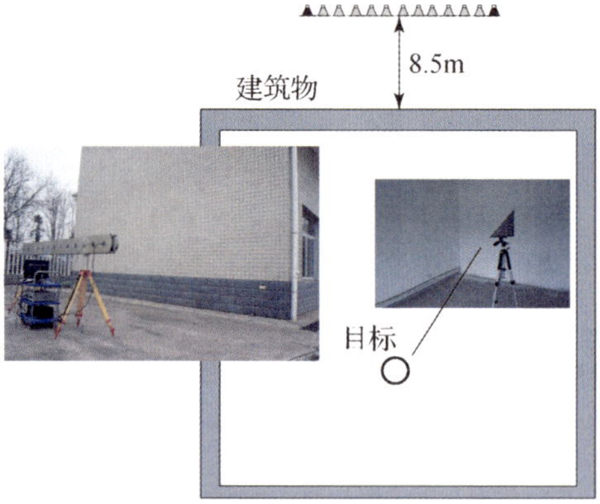

图 3.7 数据采集场景

表 3.3 实测数据估计得到的墙壁参数

	R/m	d/m	ε_r
估计值	8.51	0.27	5.86
真实值	8.50	0.28	5.56

图 3.8 比较了 BP 算法和 RPF 成像方法的结果，其中虚线圆和虚线分别指示了目标和建筑物墙壁的位置。如果不考虑电磁波的折射，则目标距离向的定位误差约为 0.4m。基于估计到的墙壁参数，RPF 穿透成像得到了非常精确的目标定位。

值得注意的是，实际成像模型中假定墙壁介电常数为实数值。采用频率相关和/或复数值介电常数时，实际成像模型更为复杂，可以进一步提高聚焦质量，但在穿墙雷达实践中并不需要。使用穿墙雷达来检测墙后人员时，连续雷达成像探测，比单次雷达成像更有用。在这种情况下，为了获得更好的聚焦质量，应当优选使用计算效率高的成像方法，来提高帧速率。某些墙的色散效应，将改变信号的形状，难以分辨墙壁表面的第 1 次和第 2 次反射。在这种情况下，需要更高的距离分辨率。另一种不增加硬件负担的方法是用数据处理方法，即用反卷积方法校正色散效应，这有待于进一步的研究。

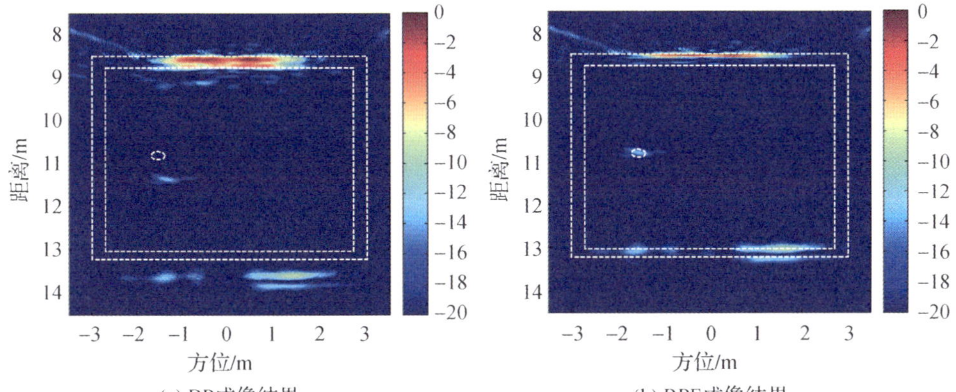

图 3.8　不同方法对实测数据的成像结果对比

实际成像模型可以扩展到多层均匀介质墙体或多堵均匀介质墙，其推导与等效的两层模型相似，但是对距离分辨率有更多的限制。而对于不均匀的墙，则需要更为复杂的模型，来表征墙的散射及其对墙后目标的影响。幸运的是，实际环境中非均质墙通常具有某些周期性结构，例如钢筋混凝土墙和煤渣砌块墙，据此可近似散射解，简化建模工作[212]。

3.3　超宽带 MIMO 阵列栅旁瓣分析

相对于窄带波形而言，超宽带波形在空间中传播时多了一个额外的时间维度。在这个额外的时间维度上，非期望的侧向能量得以扩散，近而降低了空间采样的需求。因此，非常稀疏的超宽带阵列可以获得比同样稀疏的窄带阵列更低的侧向能量水平。但是，这并不意味着超宽带阵列不存在栅旁瓣，特别是这些退化的侧向能量幅度与通道数量成反比。这对于有限阵元数量的超宽带稀疏阵列而言，侧向能量依旧很高。

图 3.9 对比了稀疏超宽带和窄带阵列的点目标成像与二者的阵列方向图。一般来讲，用成像结果沿着距离向在方位向的最大值投影作为阵列方向图。Schwartz 将超宽带阵列的波束方向图分为相干区域（interfering region，IR）和非相干区域两部分（non - interfering region，NIR）[67]。从图 3.9（a）和（c）中

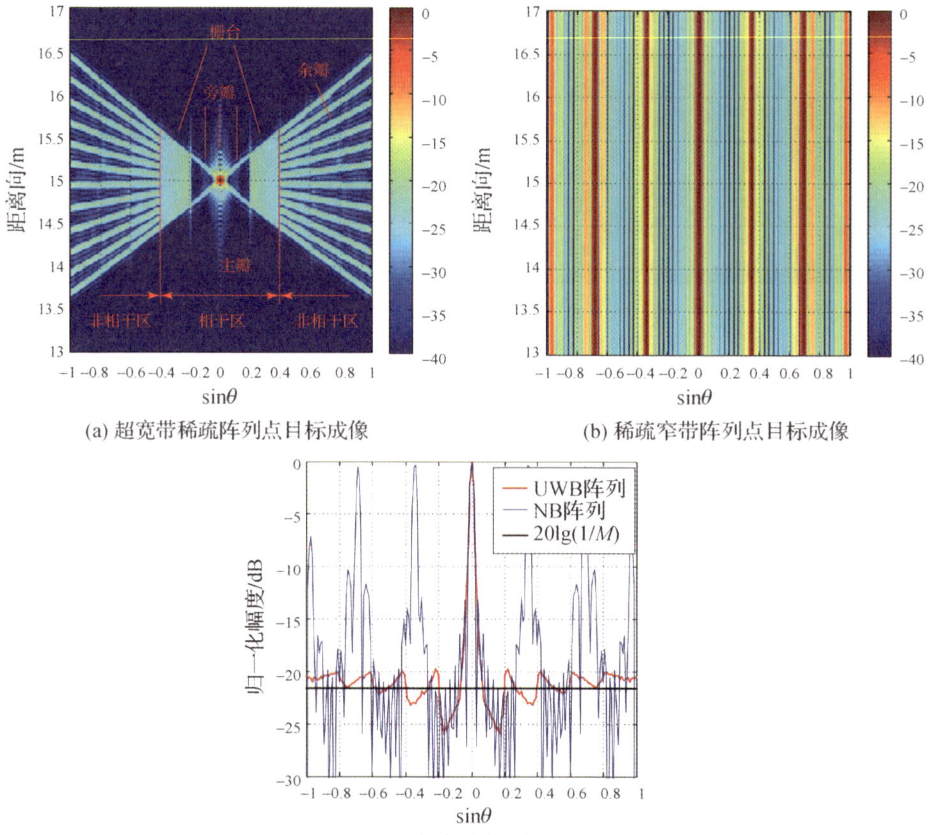

(a) 超宽带稀疏阵列点目标成像　　(b) 稀疏窄带阵列点目标成像

(c) 二者阵列方向图

图 3.9　拓扑图 3.1 的稀疏超宽带和窄带阵列成像对比

可以看出，在 IR 内部（靠近主瓣处），超宽带波形几乎完全相干，这和窄带阵列类似。不同的是，超宽带阵列成像在距离向和方位向都出现了旁瓣。对应的超宽带阵列方位向和距离向分辨率可由下式计算得到：

$$\rho_{\mathrm{a}} \approx \frac{0.886\lambda_{\mathrm{c}}}{2L\cos\theta} y_p \tag{3.40}$$

$$\rho_{\mathrm{r}} = \frac{c}{2B}$$

式中：λ_{c}为中心频率f_{c}对应波长；θ为观测角度，变化范围为$[-\pi/2,\pi/2]$；c为光速。在 IR 外部，由于存在额外的时间维，超宽带波形只发生了部分相干，窄带阵列中的栅瓣退化成了超宽带阵列中的栅台（grating plateau，GP）。文献[213]的研究表明，栅台的幅度取决于分形带宽和收发通道数量 M。在 NIR 中，大部分超宽带波形在时间上分离，相互之间不存在干涉，窄带阵列中的栅瓣则退化成了余瓣（rest lobe，RL）[214]，其幅度接近于主瓣的 $1/M$。然而，图3.9（c）中超宽带阵列方向图中余瓣的幅度要高于理论值 $20\lg(1/M)$，这是因为 SFCW 得到的类 sinc 函数的距离像中存在大量旁瓣，叠加在余瓣上，导致余瓣幅度上升。

3.4 超宽带 MIMO 阵列栅瓣抑制

定义

$$\gamma_{m,n}(x,y) = \sum_{p=1}^{P} A_{p,m,n} \exp\{-\mathrm{j}2\pi f_n \Delta\tau_m(x_p,y_p)\} \tag{3.41}$$

为单频点单通道图像数据，则孔径域数据、频率域数据和两个成像算法可分别表示为

$$\begin{cases} \alpha_m(x,y) = \sum\limits_{n=1}^{N} \gamma_{m,n}(x,y) \\ \beta_n(x,y) = \sum\limits_{m=1}^{M} \gamma_{m,n}(x,y) \\ I(x,y) = \sum\limits_{m=1}^{M} \sum\limits_{n=1}^{N} \gamma_{m,n}(x,y) \end{cases} \tag{3.42}$$

两种成像过程均可以看做是全部 $M \times N$ 个单频点单通道图像数据的相干和。

3.4.1 相干因子及其扩展

传统的相干因子无量纲，定义如下：

$$\mathrm{ADCF}(x,y) = \frac{\left|\sum\limits_{m=1}^{M} \alpha_m(x,y)\right|^2}{M\sum\limits_{m=1}^{M} |\alpha_m(x,y)|^2}$$

$$= 1 - \frac{\frac{1}{M}\sum_{m=1}^{M} |\alpha_m(x,y)|^2 - \left|\frac{1}{M}\sum_{m=1}^{M}\alpha_m(x,y)\right|^2}{\frac{1}{M}\sum_{m=1}^{M} |\alpha_m(x,y)|^2}$$

$$= 1 - \frac{\sigma^2[\alpha_m(x,y)]}{\frac{1}{M}\sum_{m=1}^{M} |\alpha_m(x,y)|^2} \tag{3.43}$$

式中：$\sigma^2(\cdot)$为方差统计操作。因此，传统相干因子可以看作是孔径域复数据的离散程度度量[75]，本书称之为孔径域相干因子（aperture domain CF，ADCF）。理想情况下，对于点目标而言，孔径域数据中的主瓣是一致的，具有很好的相干性，因此对应的相干因子值为1；而栅旁瓣处的相干性则较差，得到的相干因子值将小于1。然而在实际应用中，孔径域相干因子中的离散度量受限于超宽带稀疏阵列中孔径域数据的数量M。

类似地，在频域中主瓣与栅旁瓣之间也存在离散度分布的差异，主瓣同样具有比栅旁瓣高的相干性。因此，可以基于频率域数据构造频域相干因子（frequency domain CF，FDCF），即

$$\mathrm{FDCF}(x,y) = \frac{\left|\sum_{n=1}^{N}\beta_n(x,y)\right|^2}{N\sum_{n=1}^{N}|\beta_n(x,y)|^2} \tag{3.44}$$

得益于超宽带信号的大带宽，参与统计的频率域数据数量N可以很大，孔径域相干因子面临的统计数据量不足的问题将会得到缓解。

利用单频点单通道图像数据，我们可以进一步扩展相干因子，构造单频点单通道相干因子（single frequency single channel CF，SFSC_CF）如下：

$$\mathrm{SFSC\_CF}(x,y) = \frac{\left|\sum_{m=1}^{M}\sum_{n=1}^{N}\gamma_{m,n}(x,y)\right|^2}{MN\sum_{m=1}^{M}\sum_{n=1}^{N}|\gamma_{m,n}(x,y)|^2} \tag{3.45}$$

这和扩展相位相干因子是一致的，区别就在于单频点单通道相干因子利用了单频点单通道图像的复数据，不仅仅是相位信息。显然，参与离散度统计的数据量进一步增加了。

3.4.1.1　单目标场景栅旁瓣抑制

上述3种方法均假设参与离散度统计数据中的主瓣具有比栅旁瓣更好的一致性。当成像平面中只存在一个点目标时，这个条件很容易满足。图3.10对比了几种方法对图3.9（a）中点目标成像的栅旁瓣抑制结果。如图3.10（a）和（b）所示，孔径域相干因子和频域相干因子对退化的栅瓣都取得了比较好的抑制效果，二者的抑制水平非常接近，达到了20lg（1/M）（如图3.10（e）所示）。由于所有的孔径域数据α_m（x，y）中的距离向旁瓣都很类似，限制了孔径域相干因子去除距离向旁瓣的能力。

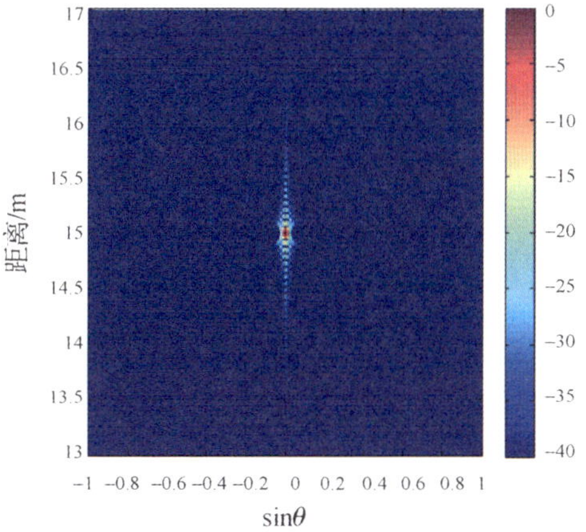

(a) ADCF加权点目标成像

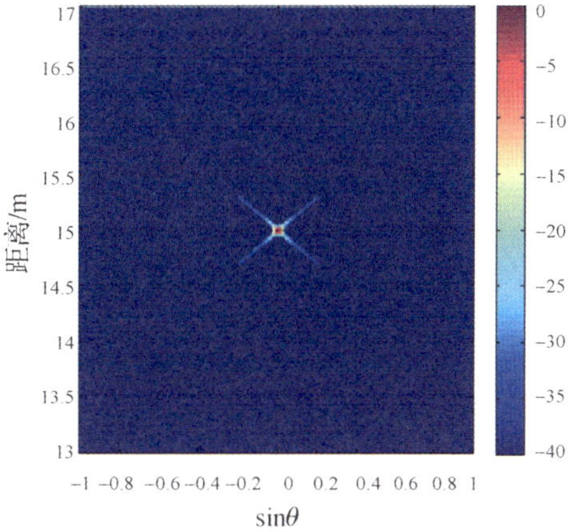

(b) FDCF加权点目标成像

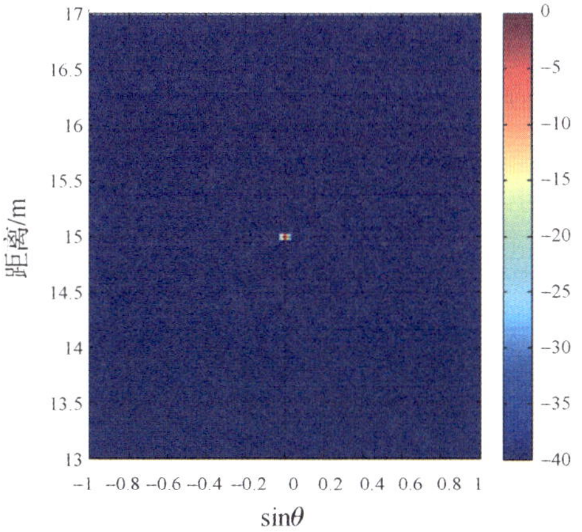

(c) EPCF加权点目标成像

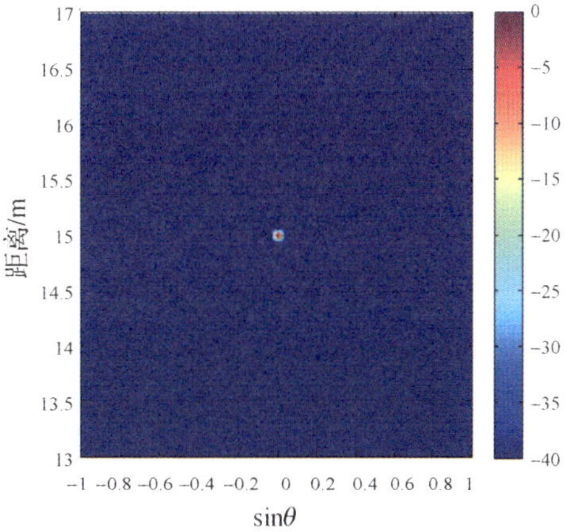

(d) SFSC_CF加权点目标成像

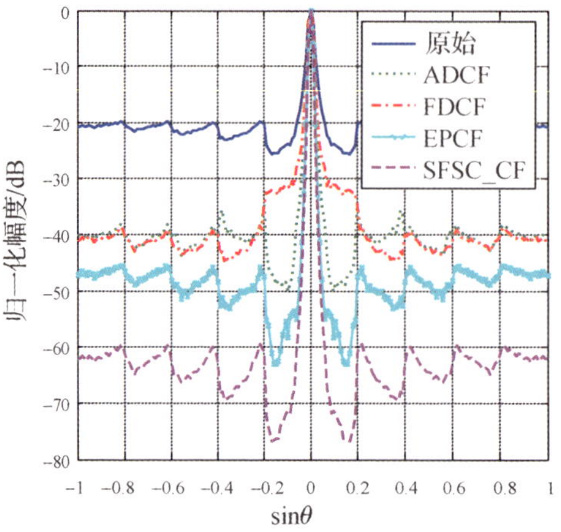

(e) 方位向投影对比

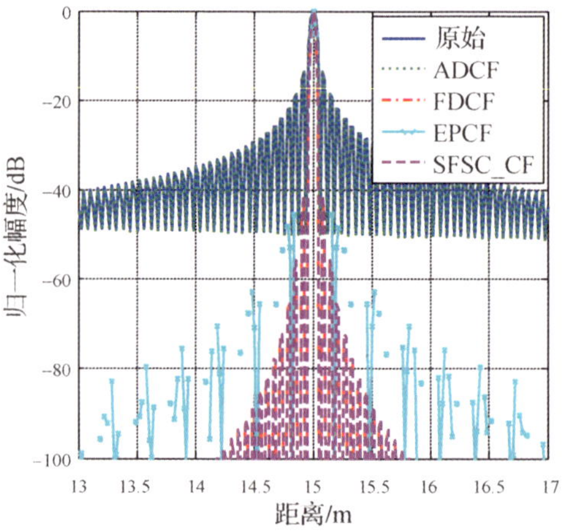

(f) sinθ=0处剖面对比

图 3.10　单个点目标成像中栅旁瓣的抑制结果对比

从图 3.10（a）以及图 3.10（f）中距离向剖面可以看出，孔径域相干因子抑制结果中残留的距离向旁瓣水平几乎和原始图像相当。类似地，由于所有频率域数据 β_m（x，y）的方位向分辨在 IR 中都很类似，导致频域相干因子方位向旁瓣的抑制能力受到了限制，图 3.10（b）残留了较强的方位向旁瓣。单频点单通道图像数据在所有方向都没有分辨能力，旁瓣和栅瓣都具有比主瓣高的离散程度，因此如图 3.10（c）和（d）所示，二者都获得了很好的栅旁瓣抑制水平。

比较二者在图 3.10（e）中的结果可以看出，单频点单通道相干因子获得了比扩展相位相干因子更高的栅瓣抑制水平，几乎是孔径域相干因子和频域相干因子二者抑制水平之和。

3.4.1.2　多目标场景栅旁瓣抑制

然而不幸的是，如果成像平面中存在多个目标，当成像点(x,y)移动至点目标 $P(x_P,y_P)$处时，如式（3.41）所示，只有目标 P 的相位得到了补偿，得到的单频点单通道图像数据 $\gamma_{m,n}(x_p,y_p)$必然会受到其他目标的干扰。此外，目标之间的影响随着收发通道以及频点的变化而变化。结果，目标主瓣处的一致性遭到了破坏，栅旁瓣连同弱目标将会被上述方法一并抑制。

对于孔径域相干因子而言，孔径域数据 $\alpha_m(x,y)$通过相干叠加 $\gamma_{m,n}(x_p,y_p)$

中所有的频率得到距离向的高分辨，但是缺乏方位向分辨。因此，如果弱目标刚好和强目标位于同一距离，二者之间的相互作用不可忽略，弱目标将会被孔径域相干因子抑制；若二者不在同一距离，二者方位向之间的相互作用将会比较小，同时二者距离向间隔大于雷达距离向分辨能力，孔径域数据 $\alpha_m(x,y)$ 能够将二者区分，弱目标将会被孔径域相干因子很好地保留。而频域相干因子则恰好相反，频率域数据 $\beta_n(x,y)$ 具有方位向分辨，但是缺乏距离向分辨；只要弱目标和强目标不在同一个方向，且二者方位向间隔大于雷达方位向分辨能力，频域相干因子同样不会抑制弱目标。情况最差的是单频点单通道相干因子和扩展相位相干因子，由于单频点单通道图像数据 $\gamma_{m,n}(x,y)$ 毫无分辨能力可言，所有最强目标之外的目标都会被抑制。此外，单频点单通道相干因子和扩展相位相干因子的计算需执行 $M \times N$ 次单频点单通道图像数据生成，就本书的雷达配置而言，这需要数万次的时延操作，计算量将会非常大且难以忍受。

表 3.4　多目标仿真场景中点目标信息

目标	P_1	P_2	P_3	P_4
极坐标位置	(−0.2,15)	(−0.2,14.5)	(0,15)	(−0.3,14)
幅度	1	0.5	0.5	0.5

如表 3.4 所列，我们在仿真场景中设置了位置和幅度不同的 P_1、P_2、P_3、P_4等 4 个点目标，原始的仿真成像结果如图 3.11（a）所示。从图 3.11（a）以及图 3.11（b）中可以看出，多目标之间的相互作用，抬高了栅旁瓣水平，降低了图像的质量。3 个弱目标 P_2、P_3、P_4的幅度并未受到太多影响。

图 3.12 画出了孔径域相干因子加权栅旁瓣抑制结果。P_3和 P_1的刚好位于同一距离上，且 P_3位于 P_1的栅台处，孔径域数据无法分辨这两个目标。因此，从图 3.12（a）和（b）中孔径域数据目标处的幅度和相位分布可以看出，二者相互之间的影响导致它们幅度和相位的波动比目标 P_2和 P_4更大，对应于图 3.15（b）中二者孔径域相干因子权系数也就小于目标 P_2和 P_4处权系数。最终，从图 3.12（c）和（d）中孔径域相干因子加权栅旁瓣抑制的成像结果可以看出，栅旁瓣连同弱目标 P_3都被抑制。

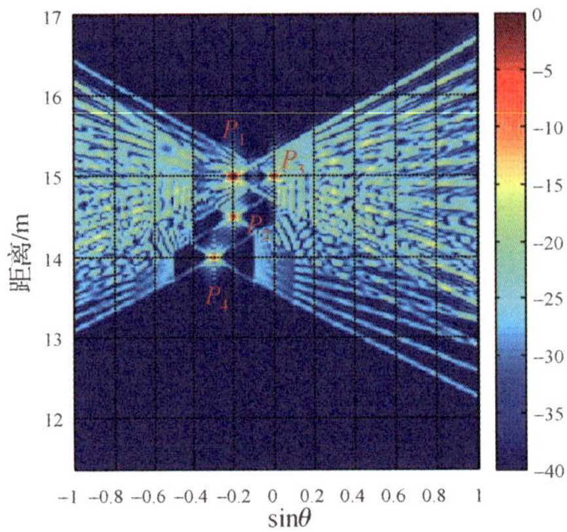

(a) 原始仿真成像

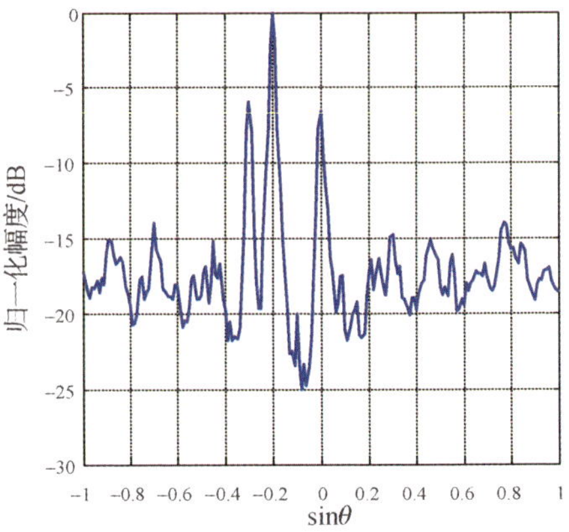

(b) 成像方位向投影

图 3.11　原始点目标仿真成像及方位向投影

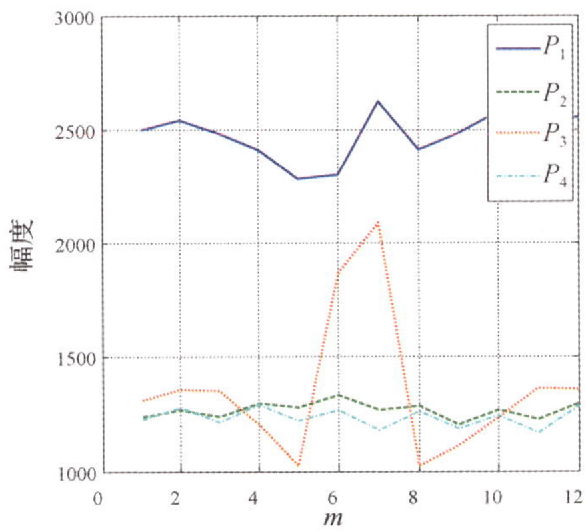

(a) 目标处幅度分布

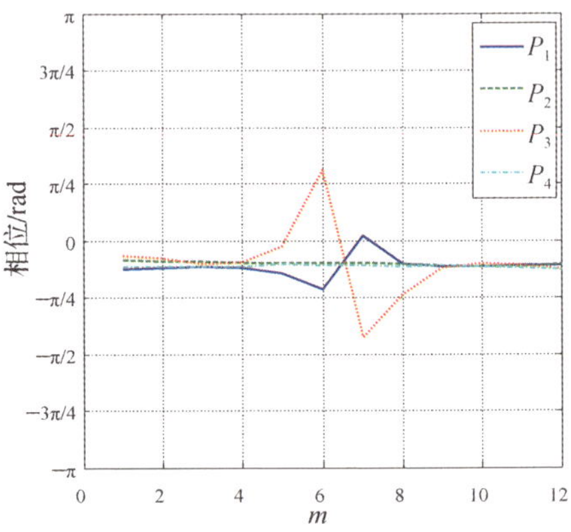

(b) 目标处相位分布

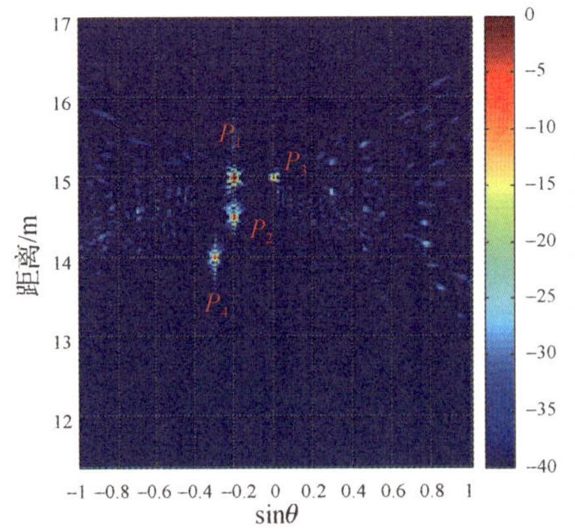

(c) ADCF加权成像

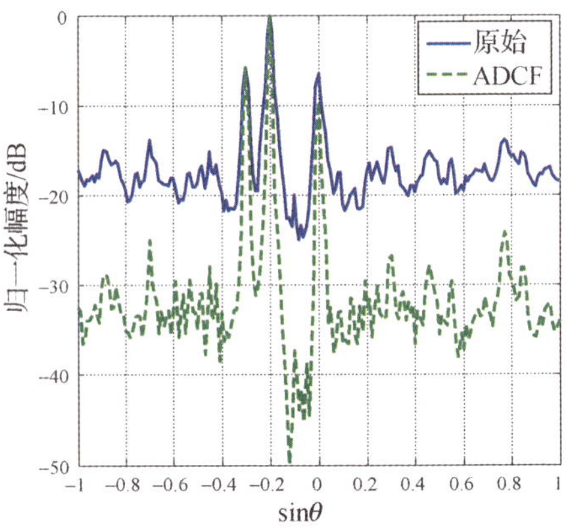

(d) ADCF加权成像方位向投影

图 3.12　ADCF 加权点目标仿真成像栅旁瓣抑制

图 3. 13 画出了频域相干因子加权栅旁瓣抑制结果。P_2和 P_1处于同一个方向，频率域数据无距离向分辨能力，P_2和 P_1处的幅度分布是一致的，而 P_2的相位波动则比 P_1以及 P_3和 P_4都大（如图 3. 13（a）和（b）所示），对应于图 3. 15（b）中 P_2处的频域相干因子权系数也就比其他三个目标处权系数更小。最终，从图 3. 15（a）距离向剖面以及图 3. 13（c）中频域相干因子加权栅旁瓣抑制的成像结果可以看出，栅旁瓣连同弱目标 P_2都被抑制。

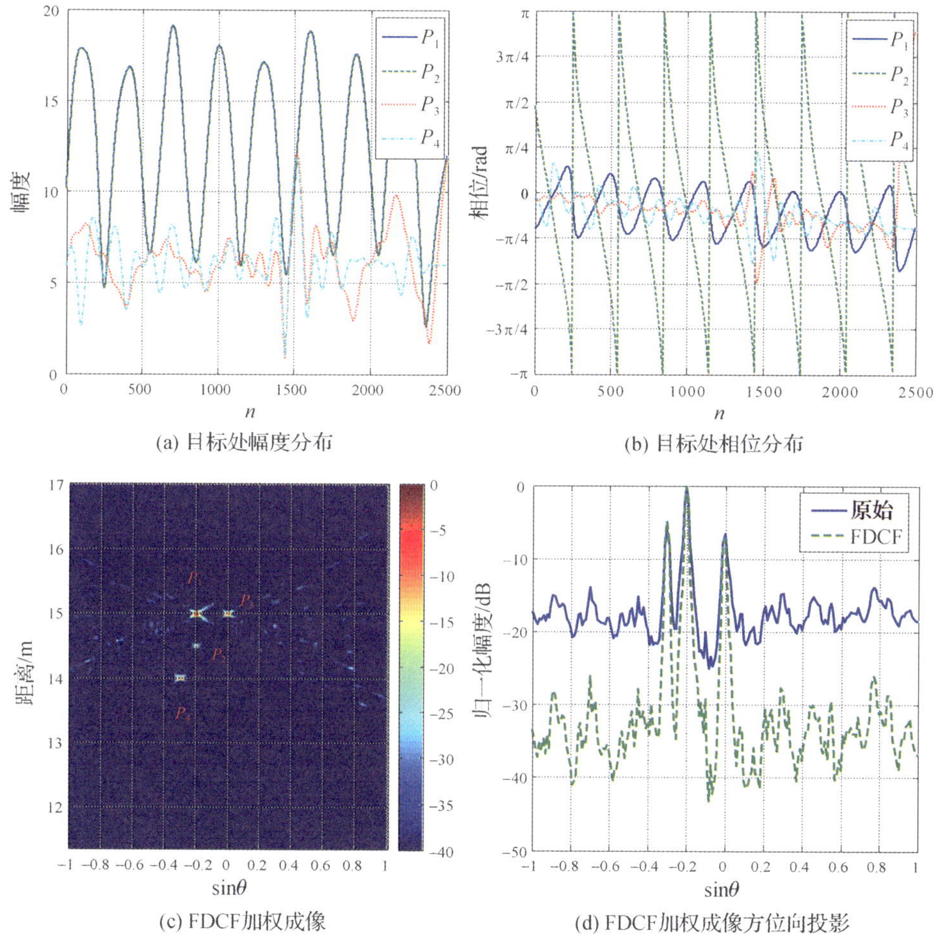

(a) 目标处幅度分布　(b) 目标处相位分布

(c) FDCF加权成像　(d) FDCF加权成像方位向投影

图 3. 13　FDCF 加权点目标仿真成像栅旁瓣抑制

图 3. 14 画出了单频点单通道相干因子加权栅旁瓣抑制结果。从式（3. 41）可以看出，单个单频点单通道图像数据中每个点的幅度都是一样的，因此不仅

仅是图 3.14（a）中 4 个目标点，各个成像点的幅度分布都是一致的，且图 3.14（b）所示的 4 个目标点处的相位分布都是杂乱无章的，因此基于单频点单通道幅度离散度度量是无法抑制栅旁瓣的。

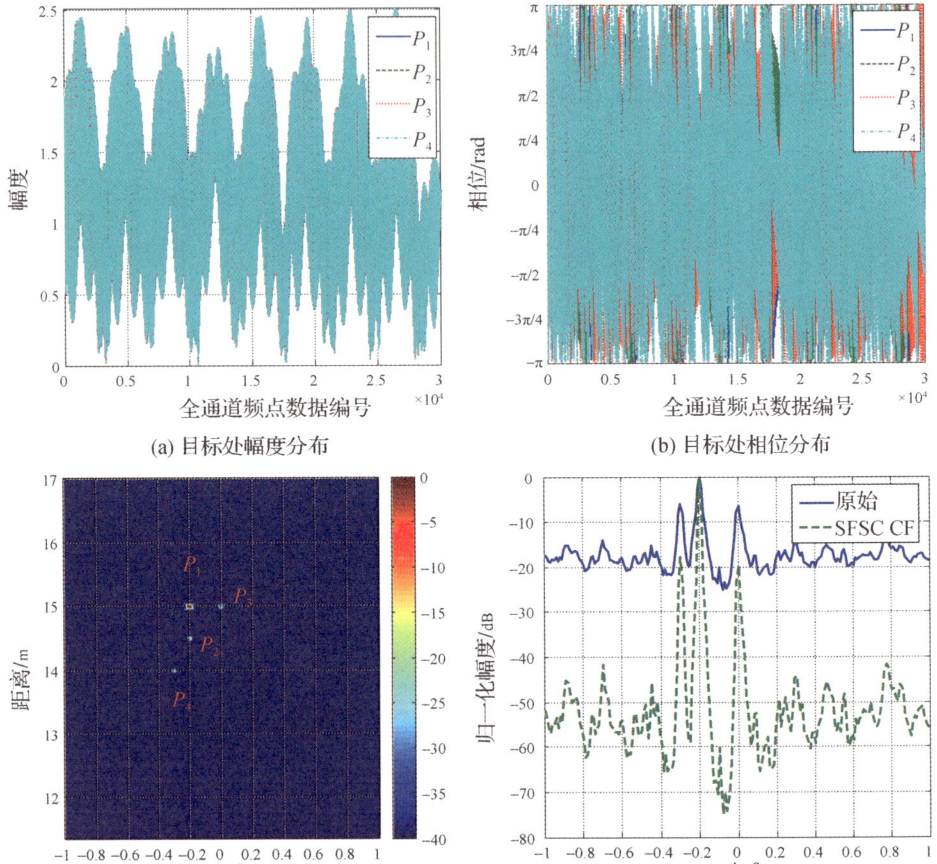

(a) 目标处幅度分布

(b) 目标处相位分布

(c) SFSC_CF加权成像

(d) SFSC_CF加权成像方位向投影

图 3.14 SFSC_CF 加权点目标仿真成像栅旁瓣抑制

从图 3.14（d）的方位向投影和图 3.15（a）中的距离向剖面，以及图 3.15（b）目标处的权值系数分布均可以看出，无论是基于单频点单通道图像复数据的单频点单通道相干因子，还是基于单频点单通道图像数据相位的扩展相位相干因子，较弱的 3 个目标处的系数都小于 P_1，继而都会被抑制。其中单频点单通道相干因子对 3 个弱目标的抑制水平达到了 10dB。

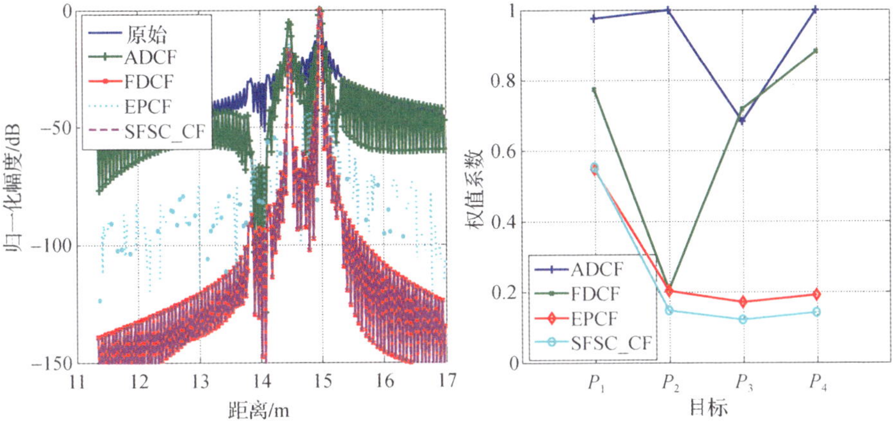

(a) sinθ=-0.2处的距离向剖面　　(b) 目标处的权值系数

图 3.15　原始方法栅旁瓣抑制的距离向剖面和目标处的权值系数

就栅旁瓣的抑制效果来看，单频点单通道相干因子的抑制效果最好，孔径域相干因子和频域相干因子的则旗鼓相当。仔细对比图 3.12（d）和图 3.13（d）可以看出，得益于更为充分的离散度统计数据量，频域相干因子的抑制效果要略优于孔径域相干因子。

3.4.2　子频段子孔径相干因子

根据上文的分析，我们很自然地就可以想到通过改善参与离散度统计数据的距离向和方位向分辨率，来缓解对弱目标的抑制效应，并据此可以设计出一些扩展相干因子栅旁瓣抑制方法。对于孔径域相干因子，全部 M 个孔径域数据可以划分为若干子孔径，每个子孔径由一些孔径域数据相干叠加得到，进而具有一定程度的方位向分辨能力。类似地，频域相干因子可以将全部 N 个离散频点划分为若干子频带，距离向聚焦后将具有一定的距离向分辨能力。对于单频点单通道相干因子而言，可以将单频点单通道图像数据扩展到子频段子孔径（sub - band and sub - aperture，SBSA）图像数据，获取方位向和距离向的分辨能力。因此，这些扩展相干因子方法也可以称为子频段子孔径相干因子（sub - band and sub - aperture CF，SBSA_CF）方法，即

$$\mathrm{SBSA\_CF}(x,y)=\frac{\left|\sum_{u=1}^{U}\sum_{v=1}^{V}\zeta_{u,v}(x,y)\right|^2}{UV\sum_{u=1}^{U}\sum_{v=1}^{V}\left|\zeta_{u,v}(x,y)\right|^2}\tag{3.46}$$

式中：U 和 V 为对整个孔径和全部频带的划分；$\zeta_{u,v}(x,y)$ 为由第 v 个子频段和第 u 子孔径数据形成的子频段子孔径图像数据。一方面，超宽带稀疏阵列可以获得丰富的子频段子孔径图像数据，缓解孔径域相干因子面临的数据量不足的问题；另一方面，子频段子孔径图像数据可以由基于 IFFT 的后向投影计算得到，这将大大缓解扩展相位相干因子面临的大计算量问题。最重要的收益是，只要子孔径足够长且子频带足够大，子频段子孔径图像就能够区分任意位置的多目标，就可以避免对弱目标的抑制。

子频段子孔径相干因子对栅旁瓣的抑制效果与整个孔径和频带的划分有关。更多的子频段子孔径图像数据将得到更好的抑制水平。极限情况下，子频段子孔径相干因子就退化成了单频点单通道相干因子，栅旁瓣的抑制水平达到最高。不幸的是，对于孔径和带宽都有限的超宽带 MIMO 雷达系统而言，子频段子孔径数据量大也意味着子频段子孔径图像数据对于多目标的分辨能力差。栅旁瓣抑制能力增加的同时也增加了弱目标被抑制的风险。因此，有必要设计一个合理的孔径和频带的划分，在栅旁瓣抑制和弱目标保持之间做出平衡。

一般来说，对于超宽带 MIMO 系统而言，大带宽的获取比长孔径的获取更为容易。此外，从式（3.40）可以看出，子频段子孔径图像的距离向分辨率只取决于子带带宽，而方位向分辨率不仅仅与子孔径大小有关，而且与中心频率波长有关。

3.4.3 多目标成像仿真

采用子频段子孔径相干因子方法对表 3.4 所列多目标场景的仿真成像结果进行栅旁瓣抑制，每个子频段子孔径图像数据包含 250MHz 带宽以及 3 个通道，因此可得到 40 个子频段子孔径图像数据。依据式（3.40），单个子频段子孔径图像的距离向分辨率 $\rho_r = 0.6\text{m}$，15m 处方位向分辨率 ρ_a 变化范围约为 0.06~4.25m。

改进孔径域相干因子由全频段 3 通道的孔径域数据计算得到，具有一定程度的方位向分辨能力。对比图 3.16（a）、（b）以及图 3.12（a）、（b）中孔径域数据中目标处的幅度和相位分布可以看出，改进后的幅度和相位波动更小，得到的目标处权系数分布也更为均匀，如图 3.19（b）所示。

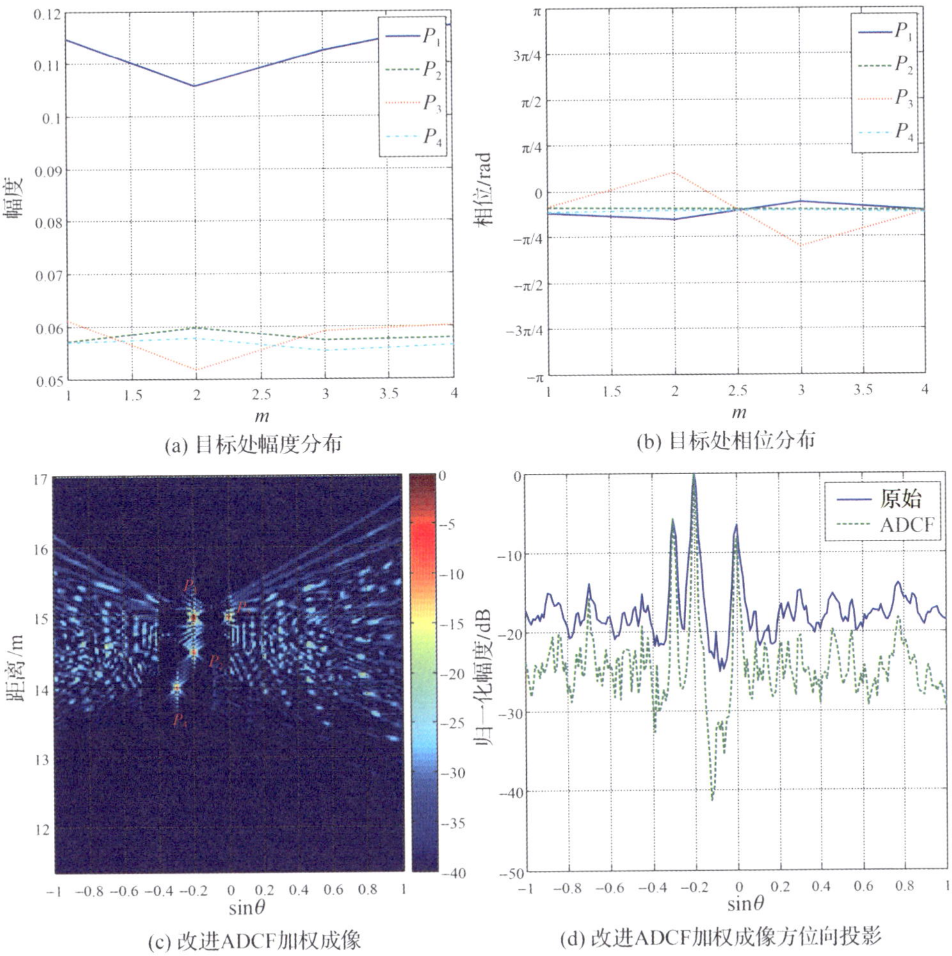

图 3.16　改进 ADCF 加权点目标仿真成像栅旁瓣抑制

和 P_1 的刚好位于同一距离上 P_3 处的权系数得到了很大改善，减缓了对弱目标的抑制。但是对 P_3 的抑制效应依旧存在，这是因为改进孔径域相干因子中并非所有的孔径域数据都能够将 P_3 和 P_1 区分开。观察图 3.16（c）的加权成像以及图 3.16（d）中的方位向投影可以看出，相对于原始的孔径域相干因子而言，改进孔径域相干因子的栅旁瓣抑制性能有所下降。

改进频域相干因子由 250MHz 子频段全孔径的频率域数据计算得到，具有一定程度的距离向分辨能力，15m 处方位向分辨率 ρ_a 变化范围约为 0.01 ~ 1.06m。同样，观察图 3.17（a）和（b）中频率域数据中目标处的幅度和相位分布可以看出，改进频域相干因子的幅度和相位波动更小，得到的目标处权系数分布也更为均匀（如图 3.19（b）所示）。由于改进频域相干因子中所有频率域数据的距离向分辨足够将 P_2 和 P_1 区分开，从图 3.17（c）的加权成像结果以及图 3.19（a）中的距离向剖面可以看出，改进频域相干因子对弱目标 P_2 的抑制效应几乎不存在。

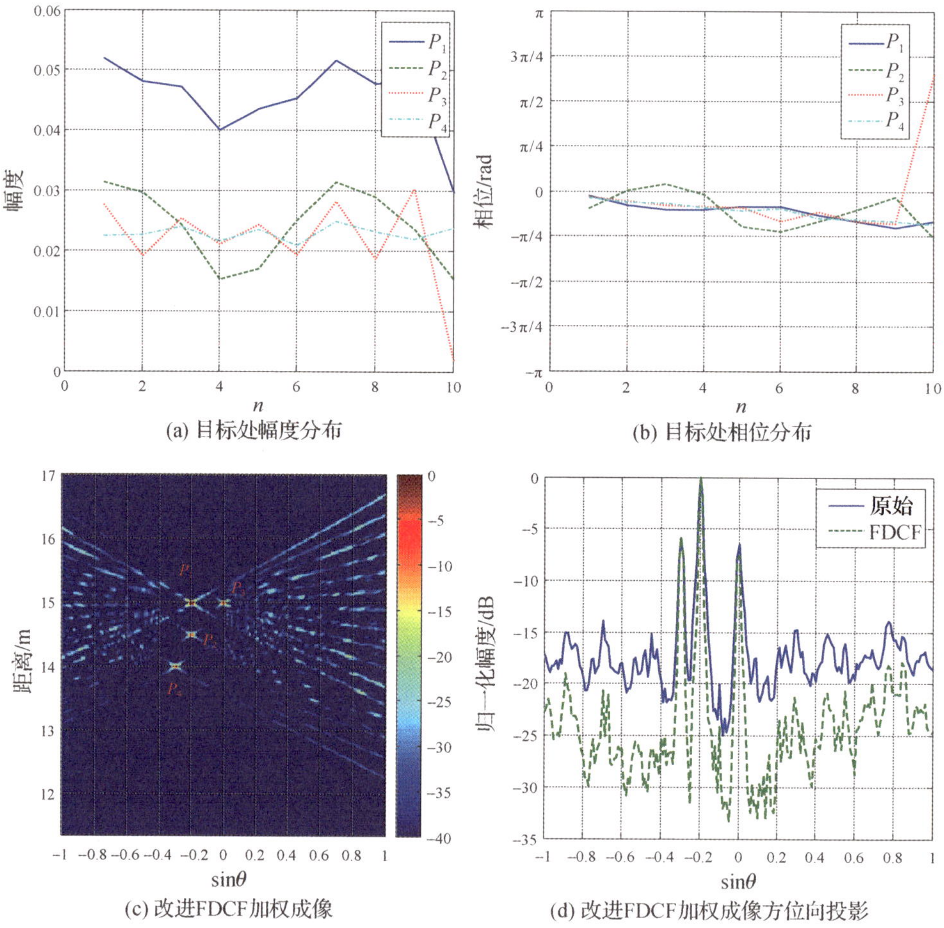

(a) 目标处幅度分布　(b) 目标处相位分布

(c) 改进FDCF加权成像　(d) 改进FDCF加权成像方位向投影

图 3.17　改进 FDCF 加权点目标仿真成像栅旁瓣抑制

同改进孔径域相干因子类似，从图 3.17（d）中的方位向投影可以看出，改进频域相干因子的栅旁瓣抑制能力也有所下降。图 3.18 描述出了子频段子孔径相干因子对栅旁瓣抑制的效果。相对于单频点单通道相干因子而言，4 个目标处的幅度和相位波动都大大降低（图3.18（a）和（b）所示），因此得到的加权系数分布也更为均匀（如图3.19（b）所示）。

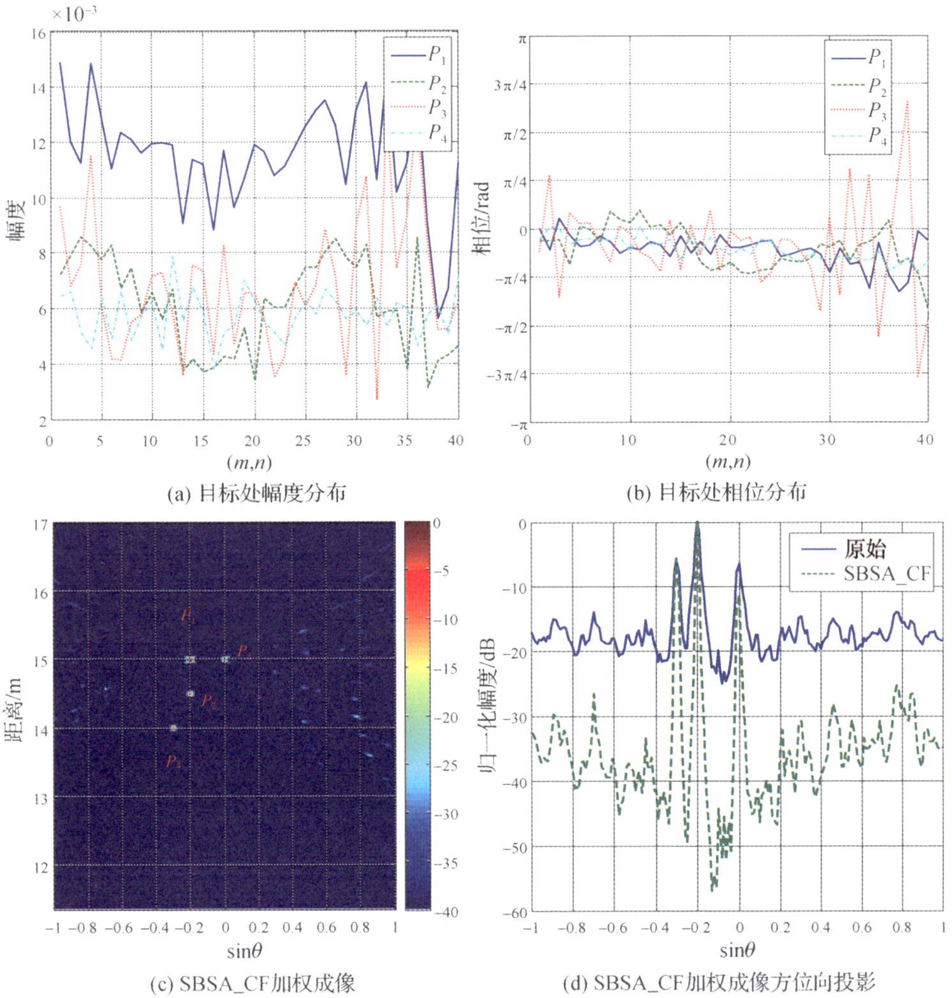

图3.18 SBSA－CF加权点目标仿真成像栅旁瓣抑制

但是，和改进孔径域相干因子类似，并非所有的子频段子孔径图像数据都能够将P_3和P_1区分开，因此子频段子孔径相干因子同样存在对弱目标P_3的抑制效应。如图3.18（c）和（d）所示，相对于单频点单通道相干因子而言，子频段子孔径相干因子对P_2和P_4无抑制作用，对P_3的抑制也只有几分贝，缓解了单频点单通道相干因子对全部弱目标的抑制效应，并且大大提高了计算效

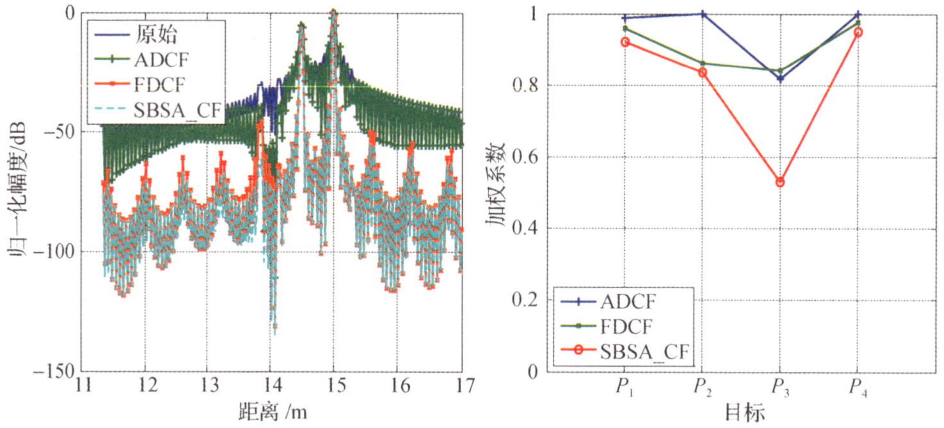

(a) $\sin\theta$=−0.2处的距离向剖面　　(b) 目标处的权值系数

图 3.19　ECF 栅旁瓣抑制的距离向剖面和目标处的权值系数

率。虽然子频段子孔径相干因子栅旁瓣的抑制性能下降了 15dB 左右，但是相对于改进孔径域相干因子和改进频域相干因子而言，子频段子孔径相干因子的栅旁瓣抑制性能依然是最优的。

3.5　实验结果

为验证栅旁瓣抑制算法的性能，实验使用本书设计的基于稀疏 MIMO 阵列的超宽带 MIMO 穿墙雷达系统，对多目标成像的栅旁瓣进行了抑制。实验场景和配置如图 3.20 所示。

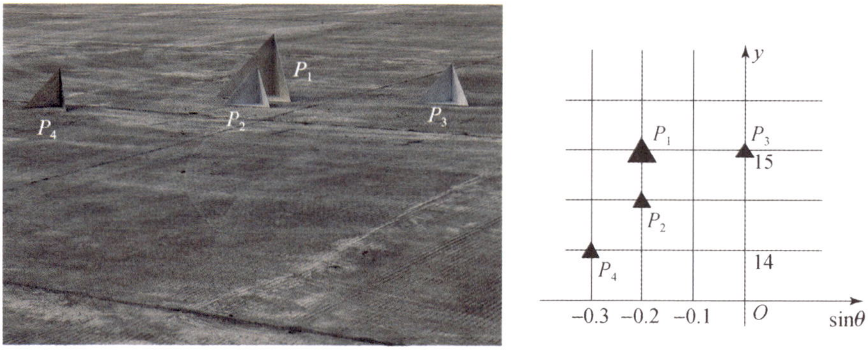

(a) 三面角目标成像场景　　(b) 三面角目标位置分布

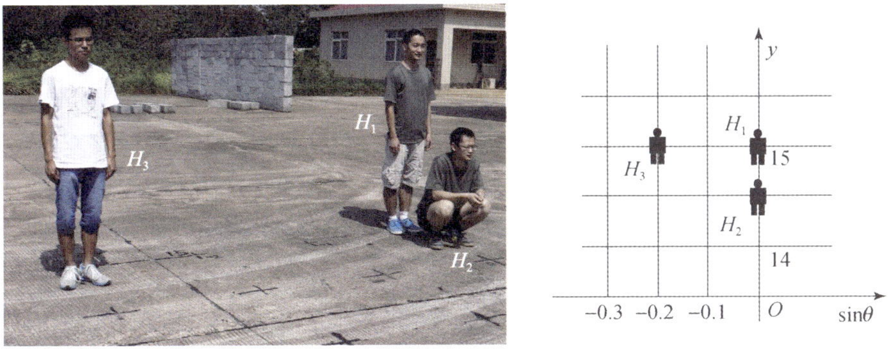

(c) 人体目标成像场景　　　　(d) 人体目标位置分布

图 3.20 栅旁瓣抑制实验场景配置

3.5.1 三面角目标成像实验

在三面角目标成像实验中，我们分别将图 3.20（a）中 P_1、P_2、P_3和 P_4等4 个大小不同的三面角，按照图 3.20（b）所示的位置放置并成像，其中 P_1直角边长为 50cm，余下 3 个三面角直角边长为 30cm。从图 3.21（a）原始成像结果和图 3.21（b）方位向投影可以看出，方位向干扰达到了 −15dB 以上，降低了图像动态范围和成像质量。

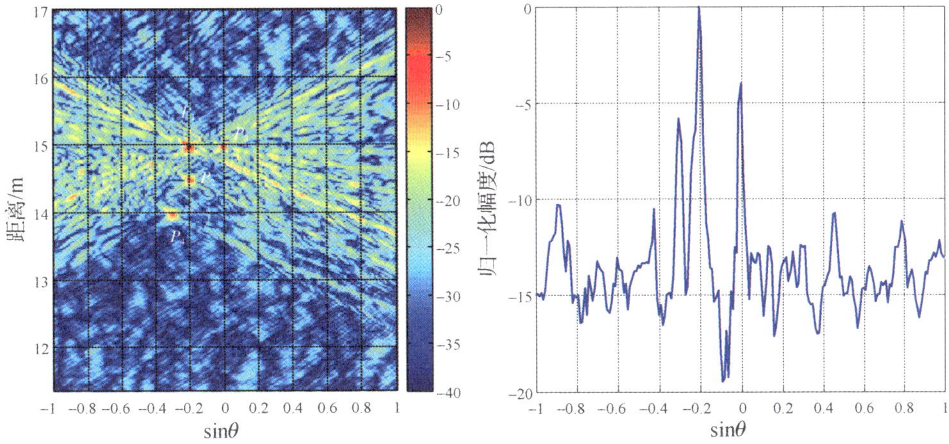

(a) 原始三面角目标成像　　　　(b) 成像方位向投影

图 3.21 原始三面角目标成像及方位向投影

为降低方位向干扰，我们首先采用孔径域相干因子、频域相干因子以及单频点单通道相干因子对栅旁瓣进行抑制，结果如图 3. 22 所示。从图 3. 22 （a）和（b）可以看出，孔径域相干因子对栅旁瓣的抑制能力只有 -10dB 左右，而图 3. 22 （c）和（d）中频域相干因子的抑制能力却达到了 -20dB 左右，接近于仿真值，并且对栅旁瓣以外的干扰也有更好的抑制作用。这说明，三面角目标的栅旁瓣随频率变化比随角度变化更大。单频点单通道相干因子的抑制能力和频域相干因子的非常接近，但从图 3. 22 （g）和（h）中的方位向投影以及距离向剖面可以看出，两种算法对弱目标均有抑制作用，频域相干因子和单频点单通道相干因子对 P_2、P_3和 P_4等 3 个弱目标的抑制作用均达到了 10dB 左右。

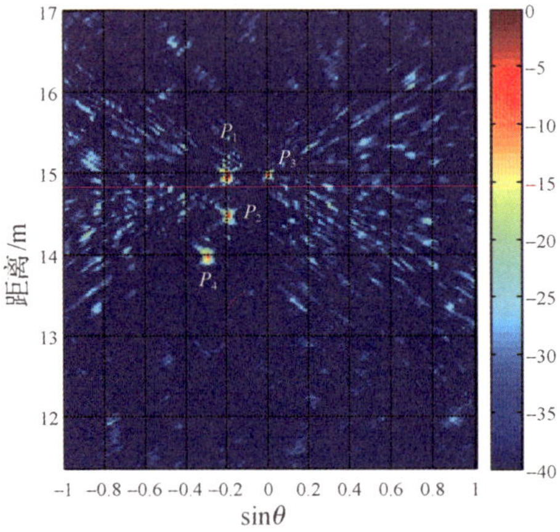

(a) ADCF加权成像

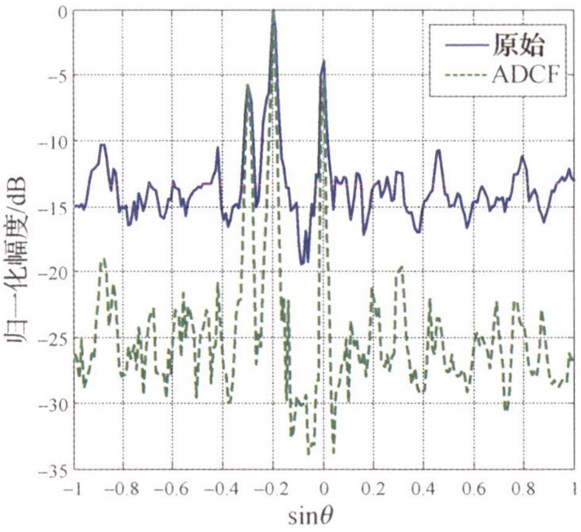

(b) ADCF加权成像方位向投影

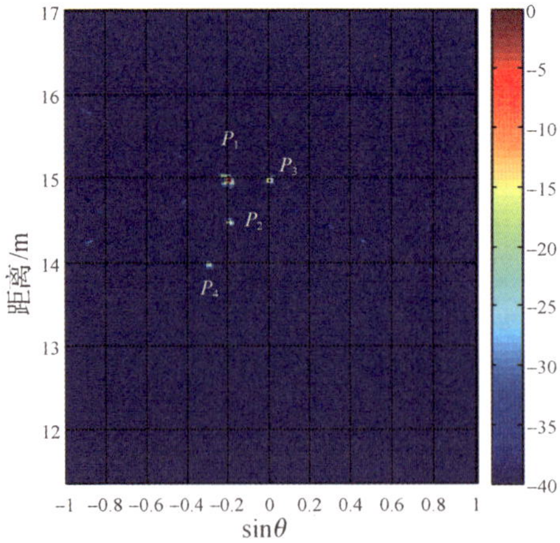

(c) FDCF加权成像

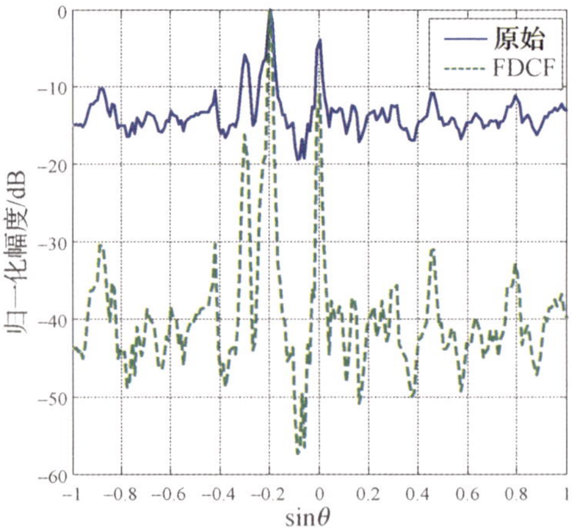

(d) FDCF加权成像方位向投影

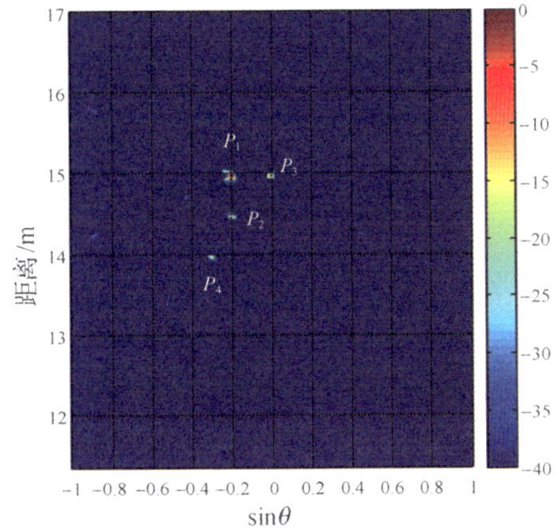

(e) SFSC_CF加权成像

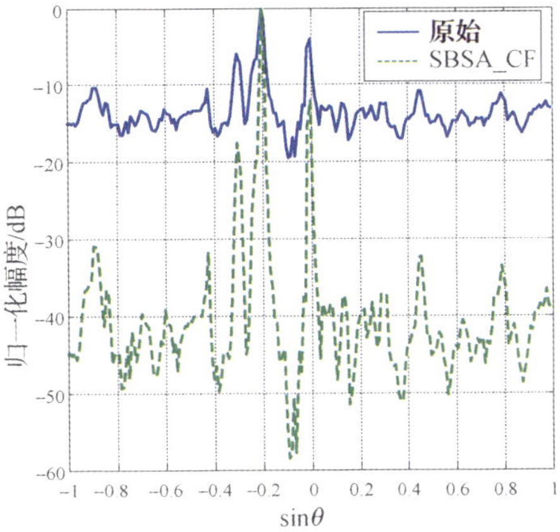

(f) SFSC_CF加权成像方位向投影

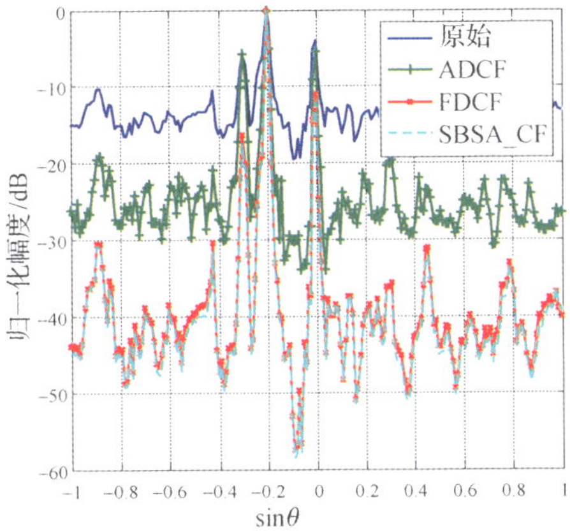

(g) 方位向投影

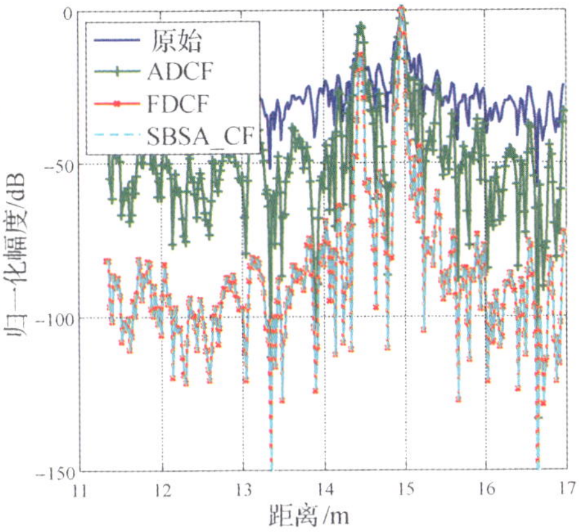

(h) sinθ=−0.2处距离向剖面

图 3.22　原始方法三面角目标成像栅旁瓣抑制

为降低栅旁瓣抑制时对弱目标抑制的副作用，我们采用扩展相干因子方法对三面角目标成像结果进行处理。其中每个子频段子孔径图像数据包含250MHz 带宽以及 3 个通道，处理结果如图 3.23（a）和（b），改进孔径域相干因子以及改进频域相干因子对栅旁瓣的抑制水平只有5dB 左右。

图 3.23（c）中子频段子孔径相干因子的栅旁瓣抑制能力最好，但是也只有 10dB 左右。相对改进孔径域相干因子而言，改进频域相干因子同样有效抑制了除栅旁瓣之外的其他杂波。从图 3.23（d）和（e）中的方位向投影以及距离向剖面可以看出，改进的 3 种方法均有效地缓解了对弱目标的抑制。

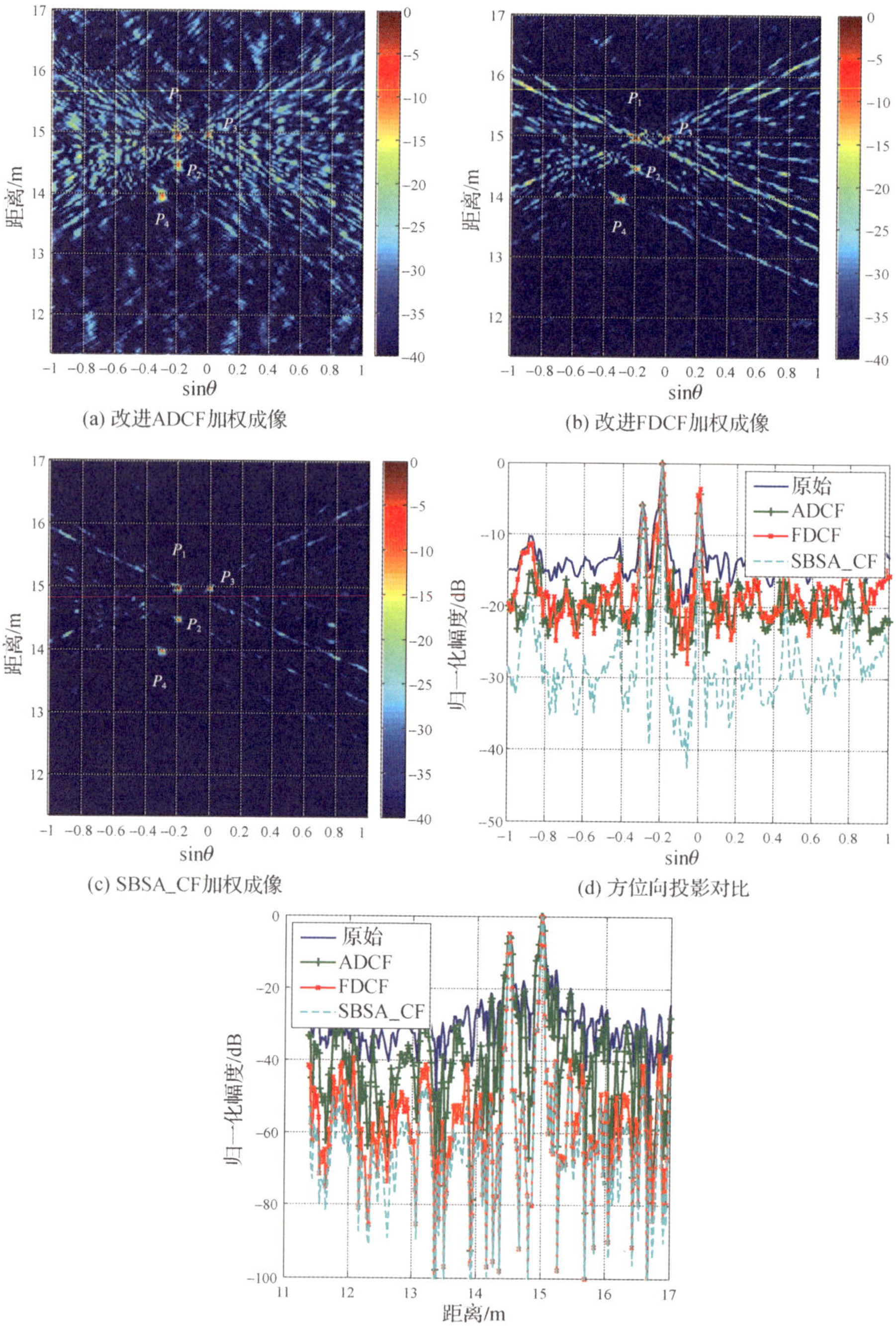

(a) 改进ADCF加权成像　(b) 改进FDCF加权成像

(c) SBSA_CF加权成像　(d) 方位向投影对比

(e) $\sin\theta=-0.2$处距离向剖面

图 3.23　ECF 三面角目标成像栅旁瓣抑制

3.5.2　人体目标成像实验

在人体目标成像实验中，对图 3.20（c）中 H_1、H_2和 H_3等 3 个人体目标按照图 3.20（d）所示的位置和姿态进行成像，其原始成像结果如图 3.24（a）所示。可以看出，相对于三面角目标而言，人体目标属于扩展目标，其栅旁瓣水平更高，将近 -10dB（图 3.24（e）所示）。

我们采用扩展相干因子方法对人体目标成像结果进行处理，其中每个子频段子孔径图像数据包含 10MHz 带宽以及 2 个通道，处理结果如图 3.24 所示。

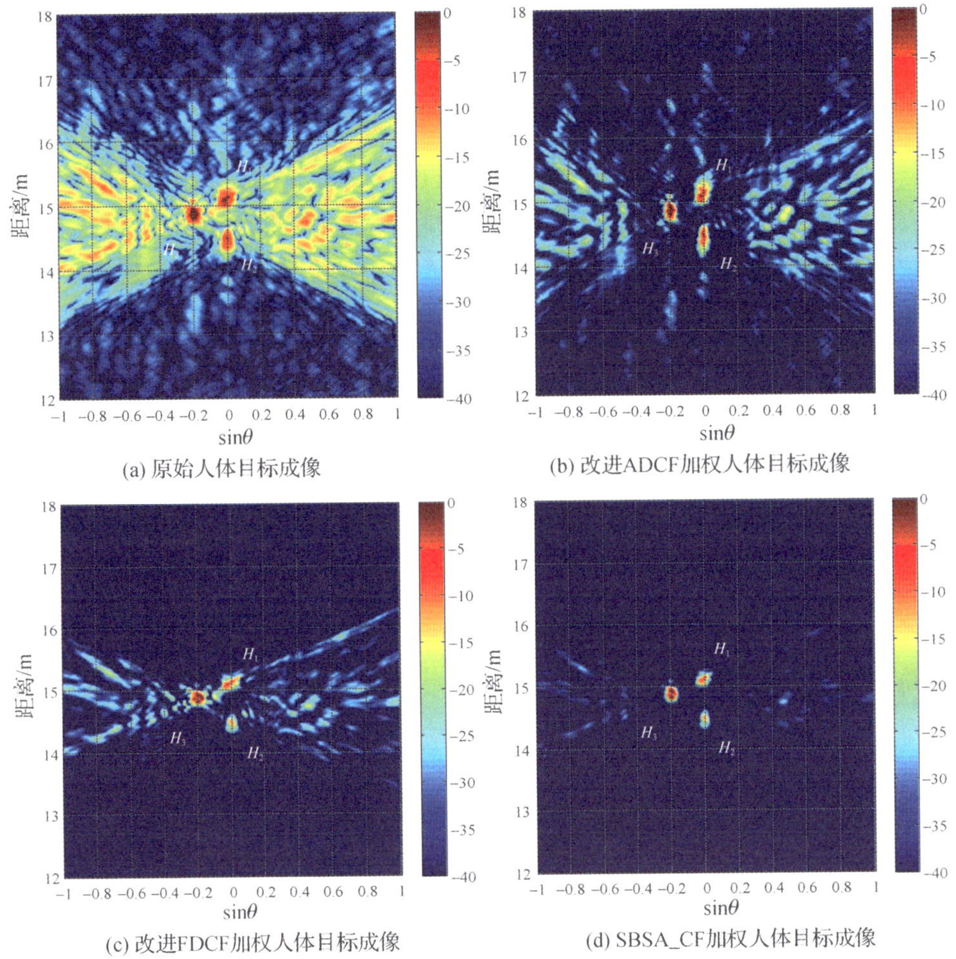

(a) 原始人体目标成像　(b) 改进ADCF加权人体目标成像　(c) 改进FDCF加权人体目标成像　(d) SBSA_CF加权人体目标成像

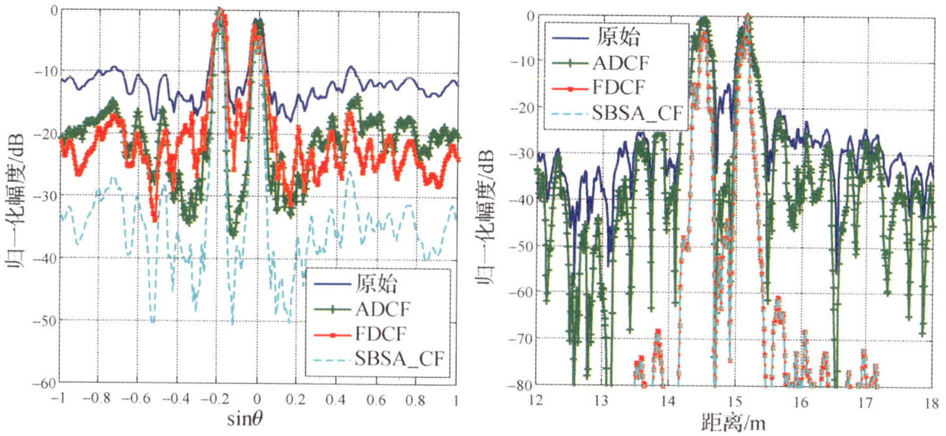

(e) 方位向投影　　(f) sinθ=0处距离向剖面

图 3.24　ECF 人体目标成像栅旁瓣抑制

从图 3.24（b）和（c）可以看出，改进孔径域相干因子和频域相干因子对人体目标的栅旁瓣抑制效果相差不大，栅旁瓣水平被抑制到了 -20dB 左右。但是，改进频域相干因子对栅旁瓣以外的干扰有更好的抑制作用，因而得到的图像质量更好。显然，图 3.24（d）中的子频段子孔径相干因子对栅旁瓣抑制效果最好，栅旁瓣被抑制到了 -30dB 以下，改善了图像的动态范围。从图 3.24（e）和（f）中的方位向投影以及距离向剖面可以看出，虽然单个子频段子孔径图像数据的分辨率小于目标之间的距离，但是扩展相干因子类算法对弱目标的抑制作用并不明显。相对于栅旁瓣的抑制效果以及图像动态范围的改善，弱目标损失可接受。

3.6　本章小结

受限于系统集成、成本以及数据处理能力，采用稀疏阵列的超宽带 MIMO 穿墙雷达在成像时，将面临高栅旁瓣水平的干扰。本章围绕着稀疏阵列成像中的栅旁瓣抑制问题，首先建立了 MIMO 阵列成像模型。有关后向投影和后向传播成像算法的分析和对比表明，二者在一定条件下是可以相互转换的。其次，本章比对了稀疏窄带和超宽带阵列中的栅旁瓣，并对退化的超宽带稀疏阵列栅旁瓣水平进行了分析和预测。然后，我们从离散程度度量的角度，分别讨论了基于孔径域处理的相干因子类栅旁瓣抑制方法中面临的统计数据量不足的问题、扩展相位相干因子算法计算量过大的问题，以及孔径域处理多目标场景时存在的弱目标抑制问题，指出了上述问题的关键所在，即参与离散程度统计的数据必须有一定的方位向和距离向分辨能力。最后，根据上述分析，我们充分利用超宽带 MIMO 阵列中存在的大带宽以及多通道，提出了相干因子方法的扩展，最终提出了基于子频段子孔径数据的扩展相干因子栅旁瓣抑制方法，并结合人体目标成像讨论了子频段和子孔径的划分方案。

第 4 章

超宽带MIMO穿墙雷达运动目标指示

依据目标运动时是否跨距离单元，人体目标的运动可以分为大运动和小运动，不同运动形式的目标回波在慢时间维具有不同的分布特性，影响其杂波抑制性能的关键是用于估计背景的历史探测数据数量。从滤波器角度讲，对应于杂波抑制滤波器的抽头长度。本章定义了最优杂波抑制性能下的最优抽头长度，并提出了一种基于抽头长度梯度控制的最优抽头长度搜索方案，以完成对人体目标运动的自适应杂波抑制。

其次，处于封闭建筑结构内部的人体目标会因电磁遮蔽效应而在后墙上产生阴影，阴影会对真实目标产生干扰[178-179]，本章将着重分析目标和运动目标阴影之间的区别；在诸多遮蔽效应的特性中，本章重点关注其由观测角度多样性引入的通道分布不均衡性以及不同杂波抑制方法引入的运动目标阴影多态性。

在超宽带 MIMO 穿墙雷达中，并不是所有的收发通道都会同时被运动目标遮蔽。相干因子正是利用遮蔽效应在全部收发通道分布的不均衡性，对运动目标阴影杂波进行初步地抑制；同时相干因子也可以抑制其他相干程度较低的杂波，改善成像质量。据此，我们提出了一种结合相干因子的非因果变化检测（change detection，CD）运动目标阴影抑制方法。但是，超宽带 MIMO 穿墙雷达的观测通道数量往往是有限的，通道不均衡性带来的收益往往不是很大，因此相干因子对运动目标阴影的抑制效果也很有限。

与运动目标成像相比，运动目标阴影的位置往往更为靠后，运动目标阴影的面积也更大。在连续的探测成像中，运动目标阴影之间的重叠程度比目标像更高。基于此，我们设计了非因果 CD，结合将来的和过去的成像结果，对运动目标阴影进行估计预测，同时将目标和运动目标阴影分离，实现了对运动目标阴影杂波的有效抑制。

最后，本章对不同运动状态下的人体目标，进行了穿墙探测实验，验证了自适应杂波抑制方法的有效性。同时，利用超宽带 MIMO 穿墙雷达进行了穿墙成像探测实验，验证了运动目标阴影抑制方法的抑制性能和人体目标保留性能。

4.1　人体目标运动状态分析

4.1.1　人体目标回波

ONERA 利用雷达测量了微波暗室中 24 个不同人体目标不同姿态（站立、抬起手臂、蹲下）下的雷达散射截面积[119-120]，测量的频率范围为 1～5GHz，并建立了一个小型的数据库。图 4.1 给出了其中一名身高 1.85m、体重 78kg 的男性 RCS 分布，一名身高 1.57m、体重 45kg 的女性雷达散射截面积分布，以及数据库中全部目标 RCS 均值的分布。从图中可以看出，人体雷达散射截面积基本上是随着频率的提高而增加的。相对于墙壁等探测环境中存在的干扰，人体的雷达散射截面积是很小的。

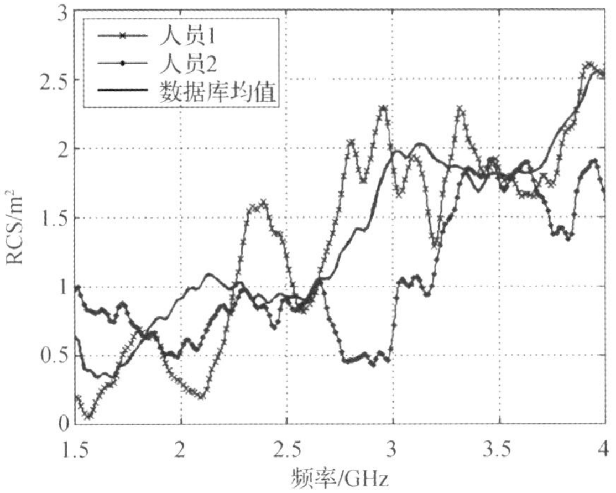

图 4.1　两个不同人体站立姿态下的雷达散射截面积以及数据库中测量均值

根据雷达方程，人体目标回波功率为

$$P_{\mathrm{r}}=\frac{P_{\mathrm{t}}G^{2}\lambda^{2}\sigma}{(4\pi)^{3}R^{4}L_{\mathrm{s}}L_{\mathrm{w}}{}^{2}L_{\mathrm{c}}} \tag{4.1}$$

式中：P_t为雷达发射信号功率；G 为天线增益；λ 为波长；σ 为人体的 RCS；R 为雷达与人之间的距离；L_s为系统损耗；L_w为墙壁的单程衰减；L_c为杂波损耗。从图 4.2 中可以看出，以混凝土墙为例，墙壁对电磁波的单程衰减均值达到了 15dB。人体目标本身极低的反射率，外加墙壁的双程强衰减，使得雷达接收到的人体目标回波能量相对于墙壁回波等强环境杂波能量而言是极低的，即目标的 SCNR 极低。因此，必须对强杂波进行有效地抑制，改善 SCNR，提高成像动态范围和成像质量。

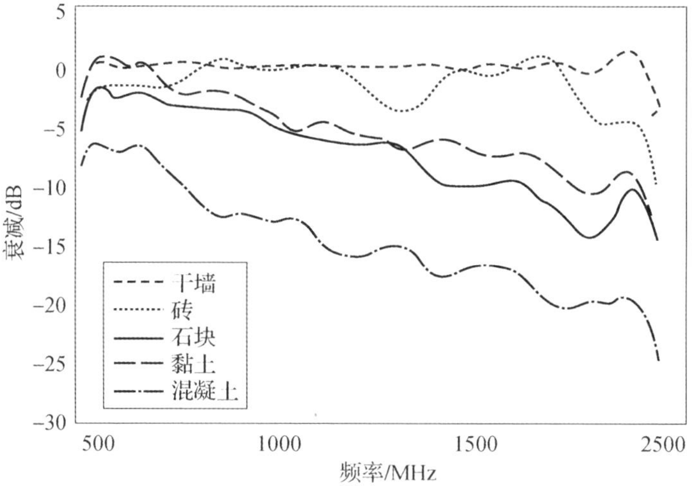

图 4.2　AKELA 公司对不同墙壁材料衰减特性的测量结果[215]

4.1.2　人体目标运动状态

在穿墙探测应用中，一般情况下，隐蔽在障碍物后的人体目标的运动状态是未知的。这些目标通常是非合作目标，目标位置和运动状态是时变的。不同运动状态下，人体目标的回波是不同的，应当采用不同的杂波抑制方法。本小节将讨论人体目标的运动状态，并对人体目标的运动状态进行简单的分类和建模。

在超宽带 MIMO 穿墙雷达中，由于发射信号的带宽很大，往往能够达到吉赫水平，因而距离向分辨率很高。尽管人体目标是扩展目标，在距离向上会占据一定数量的距离单元，但是雷达的距离向高分辨率很容易区分位于不同距离的目标。根据运动时目标的位置是否发生变化，人体目标的运动大体上可以分为大运动和小运动两类。其中，大运动指人体目标在活动时，位置发生了变化，即从一个距离单元跨到另外的距离单元，此类运动主要有走动、跑动等；小运动指人员活动时，目标位置保持在固定的距离单元上基本不变，如静止站立、坐下、原地挥舞手臂、原地踏步等。此外，静止人体目标上的呼吸、心跳等周期性运动也属于小运动。

在穿墙探测应用中，雷达往往固定不动。考虑单个收发通道，假定单次探测得到 M 个距离分辨单元的数据，则在连续 N 次探测后，雷达产生的数据可以构建一个包含慢时间维和快时间维的二维矩阵 $\boldsymbol{D}_{M\times N}$，其中快时间维对应于探测距离，慢时间维对应于探测次数。图 4.3 画出了大运动和小运动人体目标经过多次观测后的表现形式示意图，其中目标 A 沿着距离向来回走动，目标 B 静止，站立不动。

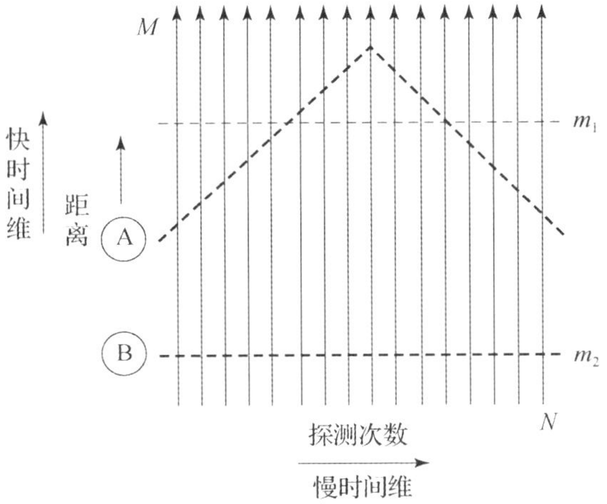

图 4.3　大运动和小运动人体目标示意图

考察图 4.3 中两个固定的距离单元 m_1 和 m_2，图 4.4 给出了这两个距离单元上沿着慢时间维目标 A 和 B 的回波变化情况。由于雷达在工作时保持静止，且大多数穿墙探测场景中非人员物体都是静止的，因此杂波水平可以认为是时不变的，图 4.4 用固定不变的阴影表示杂波。由于人体的 RCS 很小以及墙壁的对电磁波的强双程衰减，相对于杂波能量而言，如图 4.4 中的黑线所示的人体目标回波的能量非常微弱，往往淹没在杂波中。

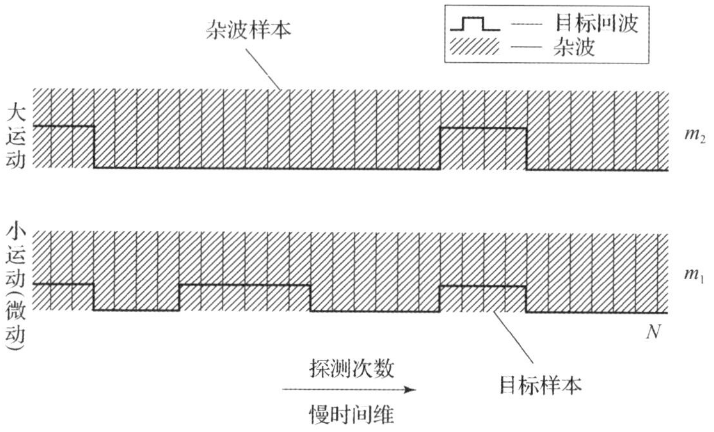

图 4.4　目标回波和杂波分布模型

4.1.3　人体目标运动回波断续模型

对于静止站立、坐下的人体目标而言，其运动特征往往体现在呼吸中的胸腔起伏和心脏的跳动。通常情况下，正常人心跳引起的胸腔起伏在 0.08mm，而呼吸引起的起伏则稍大，在 0.1mm 和数个毫米之间[216]。显然，胸腔的运动幅度是非常微弱的。在生命特征提取的应用中，呼吸和心跳引入的回波变化往往被分离开来，且分别建模成正弦信号进行表征[217]。简单起见，我们忽略心跳带来的回波变化，仅用图 4.4 中简单的强弱变化来表征呼吸信号。当胸腔鼓起时，雷达接收到的回波较强；当胸腔凹陷时，雷达接收到的回波较弱。正常人的呼吸频率在 0.2～1Hz 范围内，对应于其强弱变化的频率范围。因此，当雷达以一定 PRF 进行探测时，一个完整的呼吸周期内可以采样到胸腔强回波的次数为

$$N_b = \frac{f_{PRF}}{2f_b} \tag{4.2}$$

式中：f_b为呼吸的频率；f_{PRF}为雷达探测的 PRF。

对于走动、跑动等大运动而言，人体的躯干和四肢的运动幅度都比较大，因此回波的幅度会比较高（应当注意的是，大运动的人体目标同样也有呼吸、心跳运动，但是相对于肢体运动，其运动非常微弱，往往被肢体运动掩盖，很难在雷达回波中有所体现）。对于一个固定的距离单元而言，如图 4.3 和图

4.4 中的距离单元 m_1，在长时间的观测中，大运动目标在该距离单元进进出出时，同样会产生与呼吸信号类似的强弱变化。由于室内人体目标在大运动时有一定速度，当目标从进入到离开该距离单元时，雷达以一定 PRF 进行采样时，会得到一定数量的目标回波采样，我们称之为采样保持数量，可以由如下公式计算：

$$N_s = \frac{d_r}{v_r} f_{PRF} \tag{4.3}$$

式中：d_r为人体目标距离向宽度（通常在 0.5m 左右）；v_r为人体目标的运动速度（通常不会超过 2m/s）。

基于上述对小运动和大运动沿慢时间维在固定距离单元上回波分布的分析，我们可以将大运动和小运动的回波统一在断续模型下，二者的区别就在于回波的强度不同和强弱变化的频率不同。对于某次探测中的特定距离单元，若该距离单元中只有杂波信号，我们称之为杂波样本；若该距离单元既有杂波信号又有目标回波信号，我们称之为目标样本。

4.2 常见的杂波抑制方法

由于人体的低反射率，墙壁对电磁波的强双程衰减，以及探测时引入的强环境杂波，雷达接收到的人体回波往往极其微弱，SCNR 极低。要完成人体目标的成像和检测，首先要很好地抑制探测环境中存在的强杂波，改善回波 SCNR。在典型的穿墙探测应用中，收发天线往往被安置在一起，且雷达在工作时往往保持静止。因此，在常用的杂波抑制技术中，墙壁等其他探测场景中的静止物体回波往往被认为是时不变的。

对于 TWIR 而言，杂波抑制可以在成像前的回波域进行，也可以在成像后的图像域进行。当成像监测区域过大时，成像过程将需要更多的存储和计算量，图像域杂波抑制效率相对低下。相对而言，回波域的杂波抑制则与成像区域大小无关，效率更高。

回波域杂波抑制方法通常可以分为时域和频域两大类。典型的频域杂波抑制方法，通常将积累到一定数量的高分辨探测数据，沿着慢时间维变换到频域，获得距离–慢时间维谱。通过精心设计的带通滤波器，从距离–慢时间维谱中提取人体目标对应的频率范围。对于静止的人体目标而言，其呼吸和心跳的频率范围通常在0.2~1Hz范围内，非常接近零频的直流成分，精心设计的带通滤波器可以有效地滤除静态杂波，保留静止的人体目标[125]。对于运动的人体目标，其运动可能非常突然，毫无规律可言，且由于超宽带MIMO穿墙雷达往往具有很高的距离向分辨率，运动的人体目标往往是跨距离单元运动，产生的时变相位变化率转换到多普勒域后，将占据很宽的频谱，难以被多普勒滤波器捕获，提取人体目标对应的频率成分。

时频分析处理可以很好地反映出人体目标步态的瞬时频率特征[168,218]。但是，除了跑动、走动、踏步以及呼吸心跳等有规律的运动，时频分析获得的人体目标特征非常复杂，且难以解译，并不能很好地用作人体目标的提取。此外，墙壁的影响，会使时频分析得到的特征发生畸变，更加难以解译和识别。

时域杂波抑制方法在探测运动目标时，通常拿当前探测的数据减去背景数据，完成动目标指示，这种作差的操作也被称为CD[219]。简单地将包含目标回波的探测结果减去无目标回波的参考背景，即可很好地抑制的静态杂波，将人体目标从杂波中凸显[220]。然而，不幸的是，在穿墙探测应用中，往往很难获取不包含目标回波的参考背景。因此，通常拿先前获取的探测数据进行背景估计。将估计的背景和当前探测的数据作差，完成CD操作。背景估计方法不同，CD的方法也不同。基于人体目标身上总存在一些运动（躯干四肢的运动、呼吸心跳等）的事实，穿墙雷达通常采用相干变化检测（coherent CD，CCD）或者NCD，来抑制静态的强杂波。

仅仅将某帧历史探测数据当作背景，同当前回波数据帧作差的回波域CD，也叫做延迟对消器（delay line canceller，DLC）[221]，其中单延时线对消器（single delay line canceller，SDLC）指相邻的连续回波数据帧作差。包含背景估计的回波数据域CD操作，通常被称为背景相消（background subtraction，BS），主要有积累平均背景相消（accumulative average background subtraction，AABS）、滑动平均背景相消（moving average background subtraction，MABS）和全局背景相消（ensemble average background subtraction，EABS）[222]。应当注意的是，通常情况下，墙后隐藏的人体目标属于非合作目标，其运动状态往往是未知的且时变的。虽然时域的杂波抑制方法能够处理不同的运动状态，但是显然不同的CD方法获得的杂波抑制效果是不一样的。SDLC对走动、跑动等一些幅度较大的运动有很好的处理效果，却极易滤除呼吸、心跳等微弱运动。AABS对呼吸、心跳等微弱运动有很好的处理效果，但在处理幅度较大的运动时受制于拖尾效应。虽然MABS、EABS对两类运动都能取得很好的效果，但是对应的相关参数需要依据经验配置，且一旦设定好参数后，杂波抑制性能随之确定。和SDLC、AABS一样，并不能很好地适应人体目标运动的变化，获得最优的杂波抑制性能输出。

4.2.1 频域杂波抑制方法

通常情况下，在活动的人体目标身上总存在一些周期性微小运动，如站立时身体的颤动、呼吸心跳引起的胸腔起伏运动以及四肢的晃动等。由于超宽带MIMO穿墙雷达的信号带宽很大，距离向分辨率很高，这些微小的周期运动能够被超宽带信号捕获并分辨出来。频域杂波抑制方法大多基于此，将人体目标从强杂波中分离出来[122,125,130-131]。

在文献［125］中，作者利用探地雷达（ground penetration radar，GPR）进行了穿墙探测实验。墙后人体目标有慢速呼吸、正常呼吸、急速呼吸3种状态，且进行了手臂挥舞动作。对于接收到的回波数据，作者首先沿着慢时间维做快速傅里叶变换，将其变换到距离-频率域。在距离-频率域，成功提取到了感兴趣频率范围内的静止人体目标的呼吸回波和手臂摆动回波信号，并利用S变换[223]分析比对了3种呼吸速度和手臂摆动的特征。

在文献［131］中，作者首先提出了一种线性趋势相消（linear trend subtraction，LTS）的方法，去除回波数据中的静态杂波和线性趋势，然后将回波数据变换到距离-频率域。在距离-频率域内，根据经验，利用奇异值分解将数据分解到目标回波信号空间、非静态杂波空间和噪声空间，完成杂波抑制。在文献［130］和［122］中，作者对上述方法进行了自动化改造，在距离-频率域分别引入聚类和多重高阶累积量，提取目标回波信号。

文献［218］和［168］采用时频信号分析处理的方法，来提取人体目标步态的瞬时频率特征和微多普勒特征。但是，时频分析仅仅对跑动、走动、踏步以及呼吸心跳等有规律的运动有效；而在处理其他不规律的运动时，时频分析获得的人体目标特征非常复杂，难以解译，再加上墙壁引起的回波信号的畸变，时频分析并不能很好地用作人体目标的检测和提取。

频域杂波抑制方法要求目标保持在固定的距离单元，因此常用在灾后救援中的受困人员生命特征检测[122,130-131]，或者医疗中合作人员的生命特征检测[217]。在其他穿墙探测应用中，隐蔽人员的活动往往不受限制，且属于非合作目标，其运动状态往往是时变的。将大运动目标的回波变换到频域后，其运动引起的多普勒频移将分布在很宽的频率范围内，无法将其从杂波和噪声中分离和提取出来。此外，频率杂波抑制方法需要长时间的数据积累，以提取小运动目标的频率特征，降低了算法实时性。

4.2.2 时域杂波抑制方法

常见的时域杂波抑制方法主要有 SDLC、AABS、MABS 和 EABS 等，这些方法通过检查目标回波的变化，完成杂波抑制。用 $x(m,n)$ 表示第 n 次探测回波中的第 m 个距离单元，则 SDLC 对连续的两次探测数据作差可表示为

$$y(m,n)=x(m,n)-x(m,n+1) \tag{4.4}$$

SDLC 在处理大运动时非常有效，但是极易把微弱的小运动误判为杂波。AABS 计算所有的历史探测数据的均值，作为当前探测数据的背景，同当前探测数据作差，完成杂波抑制，即

$$b_{\mathrm{AABS}}(m,n)=\frac{1}{n-1}\sum_{i=1}^{n-1}x(m,i) \tag{4.5}$$

$$y(m,n)=x(m,n)-b_{\mathrm{AABS}}(m,n)$$

式中：$b(m,n)$为估计得到的背景数据。估计背景时，长时间的积累有利于微弱的小运动目标检测；但是积累时间的增加，在处理大运动目标时会引入拖尾。

为了克服积累引入的拖尾效应，MABS 采用宽度固定的滑动窗内的探测数据估计背景，即

$$b_{\mathrm{MABS}}(m,n)=\frac{1}{L_{\mathrm{MABS}}}\sum_{i=n-L_{\mathrm{MABS}}}^{n-1}x(m,i) \tag{4.6}$$

式中：L_{MABS}为滑动窗的宽度。L_{MABS}越大，更多的历史探测数据被用作背景估计，MABS 会保留更多的低频成分，其性能将趋近于 AABS，产生更多的拖尾趋势；相反，L_{MABS}越小，用于估计背景的历史探测数据就越少，MABS

会过滤掉更多的低频成分，其性能将趋近于 SLDC，滤除小运动目标的风险将会增加。

和 AABS 类似，EABS 也利用了全部的历史探测数据，但是对历史探测数据赋予指数递减的权值，逐步降低其在背景估计中的权重，即

$$b_{\text{EABS}}(m,n) = \sum_{i=1}^{n-1} \alpha^{n-i} x(m,i) \tag{4.7}$$

式中：$\alpha(0<\alpha<1)$为权系数的底数。这样，EABS 就可以着重强调最新的探测数据，而逐渐衰减历史探测数据，对于控制其杂波抑制性能是非常有意义的[224]。当 α 较大时，EABS 将保留更多的低频成分，其性能趋近于 AABS；相反，当 α 较小时，EABS 将去除更多的低频成分，其性能趋近于 SLDC。

虽然 MABS 和 EABS 能够缓解 AABS 算法中的拖尾问题，但是二者的性能受制于关键参数即滑动窗宽度 L_{MABS} 和权系数底数 α 的选取。通常，这些关键参数是依据经验人工选定的。一旦关键参数确定后，二者的杂波性能随之固定不变，并不能很好地适应目标运动状态的变化。

4.2.2.1 统一的递归表达形式

上述 4 种杂波抑制方法的区别就在于背景估计的不同。假定用于背景估计的历史探测数据数量为 $L(L \geqslant 1)$，则估计的背景可表示如下：

$$b(n-1) = \frac{1}{L}\sum_{i=n-L}^{n-1} x(i) \tag{4.8}$$

对应的背景相消输出可表示为

$$y(n) = x(n) - b(n-1) = x(n) - \frac{1}{L}\sum_{i=n-L}^{n-1} x(i) \tag{4.9}$$

注意到估计的背景可以用递归形式表示，即

$$b(n-1) = \left(1 - \frac{1}{L}\right) b(n-2) + \frac{1}{L} x(n-1) \tag{4.10}$$

令 $\mu = 1 - 1/L$，则

$$\begin{aligned} b(n-1) &= \mu b(n-2) + (1-\mu) x(n-1) \\ &= b(n-2) + (1-\mu)(x(n-1) - b(n-2)) \\ &= b(n-2) + (1-\mu) y(n-1) \end{aligned} \tag{4.11}$$

显然 μ 的取值范围为$[0,1)$。将式（4.11）代入式（4.9），可得

$$y(n)=x(n)-[b(n-2)+(1-\mu)y(n-1)] \tag{4.12}$$

式（4.12）变形可得

$$\begin{aligned}y(n)-\mu y(n-1)&=x(n)-[b(n-2)+y(n-1)]\\&=x(n)-x(n-1)\end{aligned} \tag{4.13}$$

对上式做 z 变换，并求解传递函数可得

$$H(z)=\frac{Y(z)}{X(z)}=\frac{1-z^{-1}}{1-\mu z^{-1}} \tag{4.14}$$

上述递归过程可以表示在如图 4.5 所示的递归 MTI 滤波器框架内。

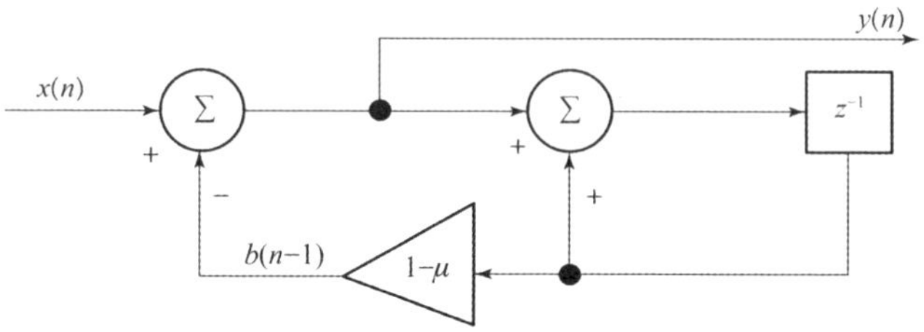

图 4.5　递归 MTI 滤波器

μ 的取值不同，对应的杂波抑制方法就不同。

当 $\mu=0$ 时，用于估计背景的历史探测数据数量 $L=1$，此时的杂波抑制方法对应于 SDLC，其传递函数为

$$H_{\mathrm{SDLC}}(z)=1-z^{-1} \tag{4.15}$$

当 μ 随着探测次数逐渐从 0 增加至 1 时，用于估计背景的历史探测数据数量也随着探测次数逐渐增加，此时的杂波抑制方法对应于 AABS，其传递函数为

$$H_{\mathrm{AABS}}(z)=\frac{1-z^{-1}}{1-\mu z^{-1}},\ \mu\to 1 \tag{4.16}$$

若 $\mu=\alpha$ 为$(0,1)$中的一个常数，则式（4.11）变为

$$b(n-1)=b(n-2)+(1-\alpha)y(n-1) \tag{4.17}$$

这正是 EABS 中背景估计的递归表达形式。既然 $\mu=1-1/L_{\mathrm{EABS}}=\alpha$ 为常数，自然地：

$$L_{\mathrm{EABS}}=\frac{1}{1-\alpha} \tag{4.18}$$

也为常数。若 L_{EABS}是整数常数，则 EABS 正好对应于滑动窗口宽度为 L_{EABS}的 MABS。因此，EABS 可以看作是 MABS 的一种特例，即 EABS 是滑动窗口宽度为分数 $1/(1-\alpha)$的 MABS。设$\mu=\alpha$为一常数，则二者的传递函数为

$$H_{\mathrm{EABS}}(z)=\frac{1-z^{-1}}{1-\mu z^{-1}} \tag{4.19}$$

4.2.2.2　性能对比

当目标处于大运动状态移动进指定的距离单元时（如图 4.3 中的目标 A 移动至距离单元 m_1），雷达在该距离单元获得目标回波的采样保持宽度 N_s可由式（4.3）计算得到。这就要求背景估计采用的历史探测数据数量满足 $L\leqslant N_s$，否则同当前探测数据作差后的杂波抑制输出就会产生拖尾效应。AABS 算法中 L_{AABS}随着探测次数逐渐增加，显然拖尾效应无法避免。对于 MABS 和 EABS 而言，如果 L_{MABS}和 α 设定的值比较大，则背景的更新速度会比较慢，同样会引入更多的拖尾趋势。而 SDLC 只利用前一次的探测数据，背景更新速率很高，其拖尾最多只会占据前一次探测的结果。

当目标处于小运动状态，在固定的距离单元活动时（如图 4.3 中位于离单元 m_2的目标 B），可以在频域考察上述几种杂波抑制方法。图 4.6 画出了不同背景估计下的 BS 方法的归一化频率响应，其中脉冲重复频率 $f_{\mathrm{PRF}}=20\mathrm{Hz}$。通常静态的强杂波集中在零频附近。而系统存在的不稳定性，很容易使杂波覆盖如图 4.6 所示小运动目标所在的频率范围，如呼吸目标所在的 0.2～1Hz。

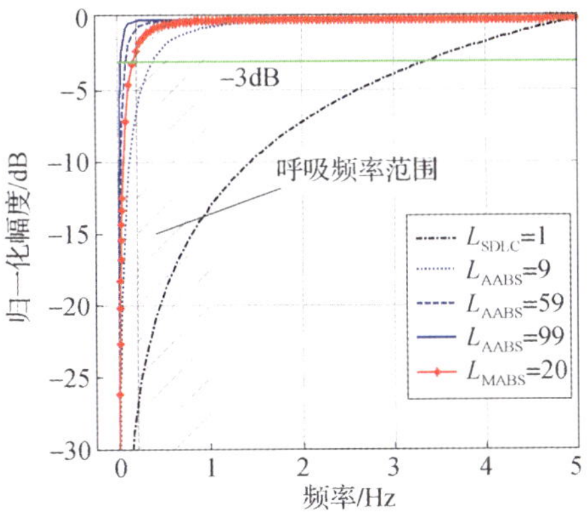

图 4.6　不同背景估计 BS 方法的频率响应

从图4.6可以看出，SDLC对呼吸信号的平均抑制水平达到了18dB，极易把小运动目标当作静态杂波抑制掉；对比 $L_{AABS}=9$、59以及99（对应的 $\mu=8/9$、58/59以及98/99）的AABS算法可以看出，随着 L_{AABS} 的增加，即探测次数的增加，越来越多的低频成分包括杂波将会被保留下来，而AABS的性能则越来越接近零频滤波器，这对杂波抑制是极为不利的；而 $L_{MABS}=20$ 的MABS算法的性能和 $\alpha=0.95$ 的EABS算法是等效的，二者在杂波信号衰减和小运动目标信号保留之间做到了较好地均衡。不过 L_{MABS} 和 α 均是依据经验预先设置的，二者的杂波抑制性能将和SDLC一样保持不变，不会随着目标运动状态的变化而调整。

根据上述杂波抑制算法性能的比较和分析，我们可以看出在时域BS算法中，用于估计背景的历史探测数据数量 L 非常关键，决定了其对不同运动状态下人体目标杂波抑制性能的水平。

4.2.3 频域时域并行处理方法

Rovnakova提出了一种针对人体目标不同运动类型的频域时域并行杂波抑制处理方案[225]。该方案将探测回波分别送入运动目标定位（moving person localization，MPL）程序和静止目标定位（static person localization，SPL）程序进行处理，分别运用时域和频域方法处理大运动和小运动目标的检测，其流程如图4.7所示。

MPL程序包括BS抑制静态杂波、目标检测、到达时间（time－of－arrival，TOA）估计和目标关联、目标定位和跟踪。SPL处理程序的设计基于以下因素：①目标小运动具有一定的周期性，频率范围通常在0.2～1Hz内；②呼吸引起的胸腔运动幅度通常小于雷达的距离向分辨率；③小运动目标的回波非常微弱，尤其是隐蔽在障碍物后的目标；④呼吸目标的位置通常不会变化。在SPL处理中首先用BS除去杂波，改善SCNR，然后将信号变换到频域，估计呼吸信号的功率谱密度完成目标检测，最后完成TOA和目标定位。

显然，MPL的处理复杂度低，简单快速，一旦接收到回波数据就可以在时域立即执行。而SPL处理则需要较长时间积累回波数据，以便从频域区分周期性的小运动和静态杂波。因此，SPL更为耗时，小运动目标的检测和定位存在滞后。

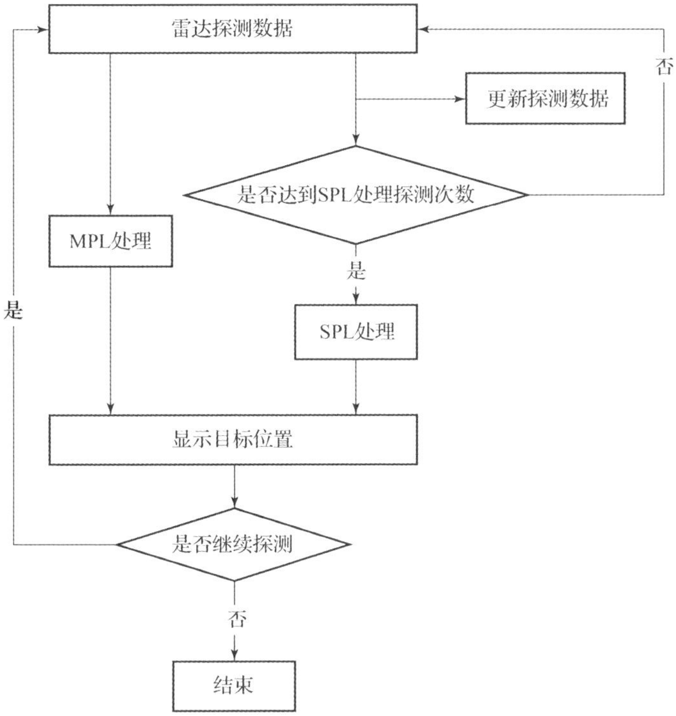

图 4.7 时频频率并行杂波抑制处理流程

作者进行的穿墙探测实验，取得了很好的效果，验证了该并行方案的可行性。显然，时域频率并行处理的方案对同一批探测数据分别在不同域内做了两次处理，增加了算法的复杂度和计算耗时；对静止目标探测和处理存在的滞后，使得处理的实时性难以得到保证。

4.2.4 自适应处理方法

Zetik 提出了一种自适应的 EABS 算法[106]，以解决人体目标不同运动下的杂波抑制。在自适应 EABS 算法中，作者使用时变长度为 M 的矢量加权系数 $\boldsymbol{\alpha}_n$替代原始 EABS 算法中的标量加权系数 α。图 4.8 给出了第 n 次探测的矢量元素 $\boldsymbol{\alpha}_n$的控制流程，其中 $\boldsymbol{x}_n$表示雷达接收到的探测回波，$\boldsymbol{y}_n$表示杂波抑制输出，由平行于主信号路径的 BS 产生的矢量 $\boldsymbol{q}_n$用作加权系数 $\boldsymbol{\alpha}_n$的调整。

$\boldsymbol{q}_n$能够反映测量场景的时变信息：若场景中无大运动目标，但是可能有小运动目标，则 $\boldsymbol{q}_n$只包含噪声；若 $\boldsymbol{q}_n$存在时间变化，则表明回波中存在诸如径向走动等的大运动目标。$\boldsymbol{q}_n$按照如下方式调整加权矢量 $\boldsymbol{\alpha}_n$：

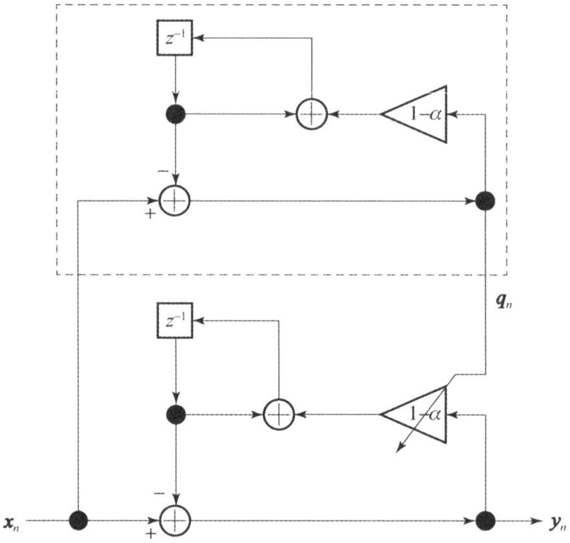

图 4.8　自适应 EABS 算法原理图

$$
\begin{aligned}
&\text{若 } \boldsymbol{q}_{mn} < \text{Threshold\_1} \\
&\quad \text{若} \frac{\boldsymbol{q}_{mn}}{\boldsymbol{y}_{mn}} < \text{Threshold\_2} \\
&\qquad \boldsymbol{\alpha}_{mn} = 1 \\
&\quad \text{否则} \\
&\qquad \boldsymbol{\alpha}_{mn} = \boldsymbol{\alpha} \\
&\text{否则} \\
&\quad \boldsymbol{\alpha}_{mn} = 1
\end{aligned}
\tag{4.20}
$$

式中：Threshold_1 表示雷达自身的噪声水平，变量 Threshold_2 用于比较矢量 $\boldsymbol{q}_n$和 $\boldsymbol{y}_n$，取值范围在 0~0.8 之间。

若 $\boldsymbol{q}_n$和 $\boldsymbol{y}_n$只包含噪声信号，这意味着 $\boldsymbol{q}_{mn}$小于 Threshold_1，$\boldsymbol{q}_{mn}/\boldsymbol{y}_{mn}$接近于 1 且在 Threshold_2 之上，则表明该距离单元存在小运动目标，所有的加权系数 $\boldsymbol{\alpha}_{mn}$将被置为 $\boldsymbol{\alpha}$，使用 EABS 杂波抑制方法，并使用当前探测回波 $\boldsymbol{x}_n$更新背景估计。

若 $\boldsymbol{q}_n$存在大于 Threshold_1 的元素，表明该距离单元存在大运动目标，对应的加权系数 $\boldsymbol{\alpha}_{mn}$就会设置为 1（余下的加权系数仍为 α），采用最简单的脉冲对消杂波抑制，当前探测回波 $\boldsymbol{x}_n$不参与背景估计。一旦人体目标停下来或者沿着方位向走动，$\boldsymbol{q}_{mn}/\boldsymbol{y}_{mn}$的值将会趋近于0（在 Threshold_2 之下）。尽管目标的距离向位置不再发生变化，其对应的加权系数$\boldsymbol{\alpha}_{mn}$同样会被设置为1，采用最简单的脉冲对消杂波抑制，当前探测回波$\boldsymbol{x}_n$不参与背景估计。

作者通过设置的两个阈值，巧妙地自动判断了目标的运动类型，并分别采用脉冲对消和 EABS 处理。作者进行了穿墙探测实验，对比了 EABS 和自适应 EABS 算法的性能。从实验结果可以看出，自适应 EABS 算法体现了良好的目标运动状态适应能力。但是应当注意的是，两个阈值的选取会极大地影响算法的性能。阈值 Threshold_1 表示雷达的噪声水平，显然需要精细的测量；而对于阈值 Threshold_2，作者只给出了大概的取值范围，并未讨论选取的准则和依据。此外，从实验结果中可以看出，处理算法的输出性能并非最优，譬如该算法对小运动目标的处理结果模糊了小运动的细节。

4.3 自适应人体目标指示

4.2.2 节对时域杂波抑制算法性能的比较和分析表明，在时域 BS 算法中用于估计背景的历史探测数据数量 L，决定了杂波抑制算法对人体目标不同运动状态的适应能力。将式（4.9）写作矩阵形式可得

$$\boldsymbol{y}(n)=\boldsymbol{x}(n)-\boldsymbol{b}(n-1)=\boldsymbol{x}(n)-\boldsymbol{X}_L(n)\boldsymbol{W}_L^{\mathrm{T}}(n) \tag{4.21}$$

式中：$\boldsymbol{X}_L(n)$表示探测数据构成的大小为 $M\times L$ 的 2D 矩阵；$\boldsymbol{W}_L(n)=[1/L,1/L,\cdots,1/L]_{1\times L}$表示长度为 L 的权矢量。从滤波器的角度看，L 正是滤波器的抽头长度。本小节，我们将提出一种根据人体目标运动，自适应地调整抽头长度使杂波抑制性能达到最优的杂波抑制方法[106]。

4.3.1 最优抽头长度定义

我们将使 BS 杂波抑制输出 SCNR 达到最大的最短抽头长度，定义为杂波抑制滤波器的最优抽头长度。依据4.1.3 节中建立的人体目标运动回波的断续模型，对于特定的距离单元而言，可以看出不论人体目标是处于大运动状态还是小运动状态，其回波都是强弱起伏断续出现的。假定目标的回波幅度在采样保持期间保持不变，同时假定杂波在探测时也保持时不变，并忽略噪声信号。对于第 n

次探测，特定的距离单元 m 的回波信号经 BS 杂波抑制输出的 SCNR 可表示为

$$\mathrm{SCNR}(n)=\frac{x(n)-b(n-1)}{b(n-1)}=\begin{cases}H_1: \dfrac{S+C}{\alpha(L)S+C}-1\\ H_0: \dfrac{C}{\alpha(L)S+C}-1\end{cases} \tag{4.22}$$

式中：H_1 为存在目标回波的情况；H_0 为不存在目标回波的情况；S 和 C 分别为目标回波和杂波的强度；$\alpha(L)$ 为用于估计背景的历史探测数据中包含目标回波数据的探测次数所占的比例，与抽头长度 L 有关。根据最优抽头长度的定义，结合式（4.22）可知，最优抽头长度就是使 $b(n-1)$ 或者 $\alpha(L)$ 达到最小的所有抽头长度中最小的抽头长度，即

$$L_{\mathrm{opt}}=\min\left\{\min_{L}\left\{b(n-1)=\frac{1}{L}\sum_{i=n-L}^{n-1}x(i)=\alpha(L)S+C\right\}\right\} \tag{4.23}$$

图 4.9 标注出了 BS 杂波抑制算法处理不同运动类型时的最优抽头长度。在第 n_1 次探测中，距离单元 m_1 和 m_2 均属于目标样本，分别包含小运动和大运动目标回波，用于估计背景的历史探测数据中将不可避免地会包含目标样本。必须增加 L，尽量包含更多的杂波样本，降低目标样本的比例 $\alpha(L)$。然而，若 L 过长，很有可能在背景估计中会再引入目标样本。依据最优抽头长度的定义，可以得到图中所示的最优抽头长度 L_{opt,n_1}。由于大运动目标回波的断续周期相对较长，因此最优抽头长度 L_{opt,n_1} 值相对较大；而小运动目标回波的断续周期相对较短，因此最优抽头长度 L_{opt,n_1} 值会比较小。在采样保持期间内，随着探测时间的增加，L_{opt} 是逐渐增加的。

在第 n_2 次探测中，距离单元 m_1 和 m_2 均是杂波样本，只包含杂波信号。合理地选取抽头长度，能够使用于估计背景的历史探测数据不会包含目标样本，进而使得输出 SCNR 达到最大。显然，二者的最优抽头长度 L_{opt,n_2} 值为 1。使用最优抽头长度的 BS 算法在杂波抑制时，并不区分人体目标是处于大运动状态还是小运动状态。在断续模型下，两种运动状态最大的区别就在于最优抽头长度的不同，因此可以很好地适应人体目标不同的运动类型。一般来说，大运动时目标的自由度大，前后两次进入同一距离单元的间隔可能会很长，因此运动目标回波的断续周期会比较长，得到的最优抽头长度也会比较长；而小运动目

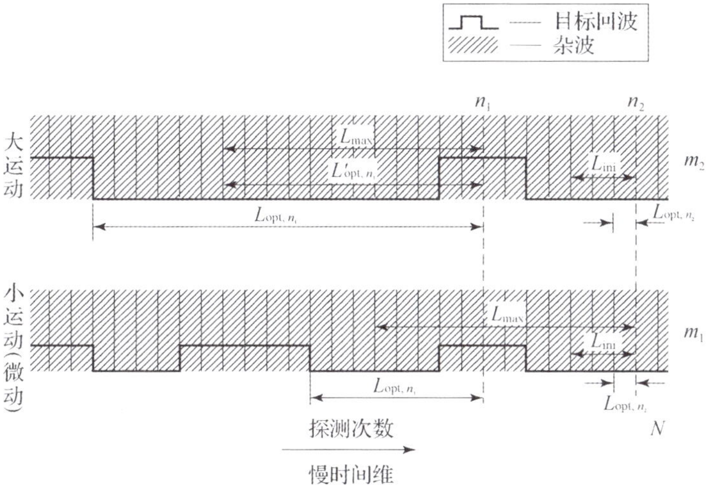

图 4.9　不同运动状态下的最优抽头长度示例

标往往限制在特定的距离单元内，心跳、呼吸等的周期性信号的周期较短，因而得到的最优抽头长度会比较短。对于目标样本而言，不论其包含的是大运动回波还是小运动回波，在使用最优抽头长度估计其对应的背景时，目标样本的比例都会被降至最小，因而杂波抑制输出的 SCNR 将会达到最优；对于杂波样本而言，在最优抽头长度的约束下，估计得到的背景中只会包含杂波样本，因此可以充分抑制杂波，并避免拖尾效应。

4.3.2　最优抽头长度的梯度搜索

为达到最优的杂波抑制性能，我们需要对每个样本搜索其对应的最优抽头长度。谷源涛等提出了一种基于均方估计误差梯度下降自动调整抽头长度的最小均方算法[226]。受其启发，我们对其算法进行了改进，提出了一种新的梯度搜索方案，自动搜索杂波抑制时每个距离单元中每次探测样本对应的最优抽头长度。

为评价第 n 次探测中第 m 个距离单元样本对应的抽头长度 L 的影响，我们直接使用杂波抑制滤波器的输出替代文献［226］中的均方估计误差作为代价函数，即

$$\begin{aligned} J_L(n) &= e_L(n) \\ &= x(n) - \boldsymbol{X}_L(n)\boldsymbol{W}_L^{\mathrm{T}}(n) \end{aligned} \tag{4.24}$$

式中：$\boldsymbol{W}_L(n)$ 和 $X_L(n)$ 分别为 $\boldsymbol{W}_{L+\Delta}(n)$ 和 $\boldsymbol{X}_{L+\Delta}(n)$ 矩阵中的前 L 部分，$\boldsymbol{\Delta}$ 为一

个整数常数。显然，$J_L(n)$为抽头长度L的函数，且最优抽头长度L_{opt}应当使$J_L(n)$的值达到最大。

为搜索最优抽头长度L_{opt}，在梯度搜索方案中，抽头长度沿着平滑后的代价函数梯度的正方向调整，即

$$L(i+1)=L(i)+\delta\operatorname{sign}(\bar{\nabla}J_{L(i)}(n)) \tag{4.25}$$

式中：i为迭代次数；$\delta<\Delta$，为整常数增量。平滑梯度定义如下：

$$\bar{\nabla}J_{L(i)}(n)=\frac{1}{T}\sum_{j=i-T+1}^{i}\nabla J_{L(j)}(n) \tag{4.26}$$

式中：T为平均因子。瞬时梯度的定义为

$$\nabla J_{L(i)}(n)=\frac{\partial e_{L(i)}(n)}{\partial L(i)}=\frac{e_{L(i)+\Delta}-e_{L(i)-\Delta}}{2\Delta}=-\frac{\boldsymbol{X}_{2\Delta}(n)\boldsymbol{W}_{2\Delta}^{\mathrm{T}}(n)}{2\Delta} \tag{4.27}$$

式中：$\boldsymbol{W}_{2\Delta}(n)$和$\boldsymbol{X}_{2\Delta}(n)$分别为矩阵$\boldsymbol{W}_{L+\Delta}(n)$和$\boldsymbol{X}_{L+\Delta}(n)$中最后$2\Delta$部分。

如图4.9所示，目标处于大运动状态时，两次进入指定的距离单元之间的时间间隔可能会非常长，这将导致目标回波样本对应的最优抽头长度可能会非常长，进而使得收敛非常耗时。因此，在利用式（4.25）调整抽头长度时，需要对抽头长度进行如下限制：

$$L(i+1)=\max\{\min\{L(i+1),L_{\max}\},L_{\text{ini}}\} \tag{4.28}$$

式中：$L_{\text{ini}}=\Delta+\delta$为$L$迭代的初始值。一旦平滑梯度符号从正变为负，即平滑梯度值达到了极大值，或者$L(i+1)$增加到了上限$L_{\max}$，就停止迭代搜索。

在实际的雷达系统中，回波不稳定性以及噪声的扰动等都会导致最优抽头长度的搜索收敛在局部最优值，而不是全局最优值。考虑到对噪声的抑制，式（4.25）抽头长度调整取决于平滑后的代价函数梯度，而不是瞬时梯度。但是，在选择平均因子T时，应当考虑样本之间的相关性，因此T应当小于采样保持数N_{s}。式（4.27）中，代价函数梯度的尺度从1放大到了2Δ，同样是为了降低陷入局部最优的可能性。但是，放大的梯度尺度可能会降低搜索最优梯度的精度。为减小这个副作用，抽头长度使用固定步长$\delta<\Delta$进行调整，由此保证以较高的精度收敛到最优的梯度长度[226]。

在式（4.28）中，L_{ini}和$L_{\max}$的选取对杂波抑制性能有很大的影响。对于杂波样本，考虑到使用L_{opt}时的背景更新速率，L_{ini}不应当超过采样保持数N_{s}。对于目标样本而言，$L_{\max}$应当足够长，以保证使用搜索到的L_{opt}时估计的背景

中必须包含杂波样本，进而降低背景中目标样本的比例。但是，若 L_{max} 过大，则可能会导致大运动目标样本的最优抽头长度搜索比较耗时。因此，L_{max} 应该由小运动的断续周期来决定。

使用梯度搜索法，图 4.9 标示了在 L_{ini} 和 L_{max} 限制下的最优抽头长度。第 n_2 次探测中得到的杂波样本的最优抽头长度 L_{opt,n_2} 被调整到了 L_{ini}；第 n_1 次探测中的大运动目标样本的最优抽头长度 L_{opt,n_1} 被减小到了 L_{max}，而 L_{max} 则等于小运动的一个断续周期。

穿墙人体目标探测时，杂波抑制滤波器性能主要受制于滤波器的抽头长度，因此我们主要集中在滤波器抽头长度的最优搜索，而不考虑滤波器系数 $\boldsymbol{W}_L(n)$ 的影响，只用 $1/L$ 做最简单的更新。

4.4　运动目标阴影杂波抑制

基于人体目标身上总存在一些运动（躯干四肢的运动、呼吸心跳等）的事实，穿墙雷达通常采用 CCD 或者 NCD 来抑制静态的强杂波。穿墙人体目标成像探测应用，面临着封闭建筑结构中人体目标在后墙上产生的电磁遮蔽效应干扰[178-179]。雷达发射的 EM 信号穿透前墙壁在室内传播的过程中，属于扩展目标的人体会遮挡住一部分 EM 信号的传播，导致部分后墙表面无法被 EM 信号照射，留下阴影。

当目标在原地处于小运动状态（心跳呼吸、原地踏步等）时，人体目标在后墙留下的阴影几乎不会发生变化，因此时域或者频域的杂波抑制处理很容易去除阴影部分，保留下小运动人体目标。然而，当人体目标处于大运动状态，跨越多个距离单元运动时，人体目标导致的阴影区域也会随之发生变化。常用的因果 CD，都是基于过去的探测数据估计背景，显然无法区分这两个同时变化的特征。因此，变化的阴影区域将会和运动人体目标一并出现在其杂波抑制结果中，进而可能会在后续的目标检测中引入虚警[116]。我们将和运动人体目标一同出现在杂波抑制结果中的变化阴影区域称为鬼影。显然，鬼影引入的虚警，有违 TWIR 提供未知区域精确情报信息的设计初衷，是不能忽略的。

本节我们将从扩展目标出发，分析不同阵列配置下的目标遮蔽效应特性，然后分析常见鬼影抑制方法的优缺点，最后给出一种基于相干因子和非因果CD的遮蔽效应抑制方法的详细实现过程。

4.4.1 扩展目标的遮蔽效应分析

当电磁波穿透前墙壁射向后墙时，扩展目标会部分阻挡电磁波的传播，导致后墙部分区域无法被照射，形成遮蔽区域。天线的收发方式不同，雷达的照射角度不同，遮蔽区域的形态也就不同。本节将简要地分析在MIMO阵列和顺序收发阵列下的扩展目标产生的遮蔽区域，并重点讨论MIMO阵列中的遮蔽效应特性。

考虑一个位于封闭房间中宽度为 $d_{P'}$ 人体目标 $P'(x_{P'},y_{P'})$，前后两堵墙壁与雷达之间的距离分别为 y_{fw} 和 y_{bw}。为简单起见，忽略前墙壁对电磁波传播的影响，忽略电磁波在房间内的多径效应，并假定墙壁表面光滑，电磁波在后墙表面发射镜面反射和透射，而在人体身上发生漫反射。

4.4.1.1 顺序收发阵列配置下的遮蔽效应

如图4.10所示的顺序收发阵列配置中，每个天线由开关控制实现收发共用，按照顺序从阵列左端到右端各个天线依次完成发射接收。顺序收发阵列成像[68]和SAR成像具有一定等效性。

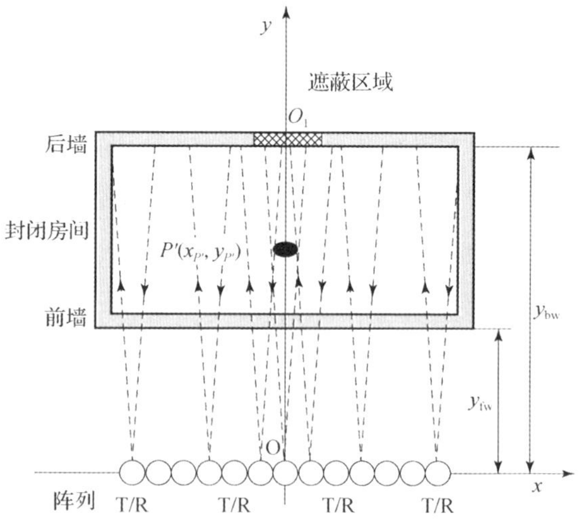

图4.10 顺序收发阵列下的遮蔽效应

从图 4.10 所示的成像几何可以看出，只有在人体目标 P' 正前方附近的几组收发天线产生了遮蔽。假定目标的宽度为 $d_{P'}$，则遮蔽区域面积宽度为

$$d_O = \frac{y_{bw}}{y_{P'}} d_{P'} = \frac{1}{\eta} d_{P'} \tag{4.29}$$

式中：$\eta = y_{P'}/y_{bw}$，为目标和雷达之间的垂直距离与后墙壁垂直距离的比值，其取值范围为 $[y_{fw}/y_{bw}, 1]$。

4.4.1.2 MIMO 阵列配置下的遮蔽效应

如图 4.11 所示的端发多收的 MIMO 阵列配置中发射和接收是分离的，因此 MIMO 阵列下的遮蔽效应更为复杂。

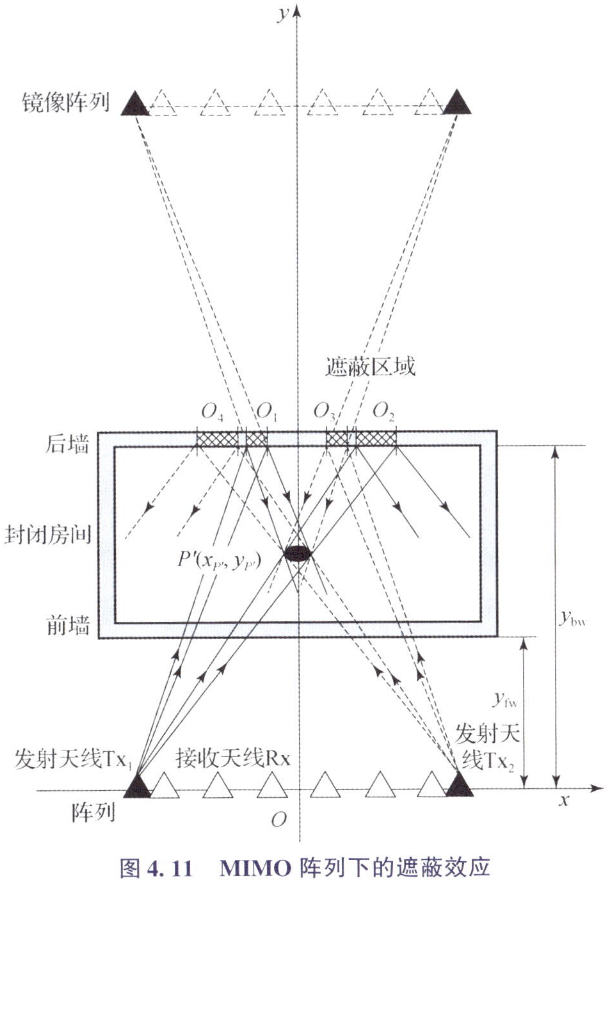

图 4.11 MIMO 阵列下的遮蔽效应

考虑发射天线 Tx_1，若某个收发通道存在扩展目标的遮蔽，则阻挡有可能存在两部分。一部分发生在反射路径上，产生图 4.11 中的遮蔽区域 O_1；而另一部分则发生在入射路径的路径上，产生图 4.11 中的遮蔽区域 O_2。

对于遮蔽区域 O_1，由以后墙为中心得到的镜像阵列，可得到遮蔽区域的大小和位置：

$$d_{O_1} = \frac{y_{\mathrm{bw}}}{2y_{\mathrm{bw}} - y_{P'}} d_{P'} = \frac{1}{2-\eta} d_{P'} \tag{4.30}$$

$$|x_{O_1} - x_{\mathrm{Tx}_1}| = \frac{y_{\mathrm{bw}}}{2y_{\mathrm{bw}} - y_{P'}} |x_{P'} - x_{\mathrm{Tx}_1}| = \frac{1}{2-\eta} |x_{P'} - x_{\mathrm{Tx}_1}| \tag{4.31}$$

而遮蔽区域 O_2 的大小和位置为

$$d_{O_2} = \frac{y_{\mathrm{bw}}}{y_{P'}} d_{P'} = \frac{1}{\eta} d_{P'} \tag{4.32}$$

$$|x_{O_2} - x_{\mathrm{Tx}_1}| = \frac{y_{\mathrm{bw}}}{y_{P'}} |x_{P'} - x_{\mathrm{Tx}}| = \frac{1}{\eta} |x_{P'} - x_{\mathrm{Tx}}| \tag{4.33}$$

当天线 Tx_2 发射时，遮蔽区域 O_3 和 O_4 可以得到类似的结果。

4.4.2 遮蔽效应特性

观察两种阵列配置产生的遮蔽区域我们可以发现，尽管遮蔽区域的宽度和位置与目标的尺寸和相对位置有关，总的来说遮蔽区域面积总和 d_O 是大于目标尺寸 $d_{P'}$ 的。当目标逐渐靠近后墙即 $\eta \to 1$ 时，分裂的遮蔽区域将重叠得越来越多，最终会合并成一个面积和目标一样的阴影区域。

1）通道分布不均衡性

虽然对于人体这样的扩展目标而言，目标的回波幅度往往随着观测角度变化而改变，不过在有限的观测孔径内，目标上的漫反射能够保证两种阵列中每个收发通道都能接收到目标回波，且目标回波起伏不会太大。在 MIMO 阵列中，由于发射和接收是分离的，遮蔽效应往往仅存在于部分收发通道中。尽管难以预测哪些通道中存在遮蔽，但是可以肯定的是各个收发通道中的遮蔽效应分布是不均匀的。

2）连续探测重叠率更高

若超宽带 MIMO 穿墙雷达事先已经得到了不存在目标的空背景数据，则通过减去空背景数据，就可以完成静态强杂波的抑制，目标和遮蔽区域对应的鬼影将会一并出现在成像平面中。雷达成像的扩展效应将会把目标和遮蔽区域一并放大，因此鬼影很有可能会合并成两部分甚至一部分。简单起见，我们把鬼影当作一个整体，认为其是目标在后墙上的投影。

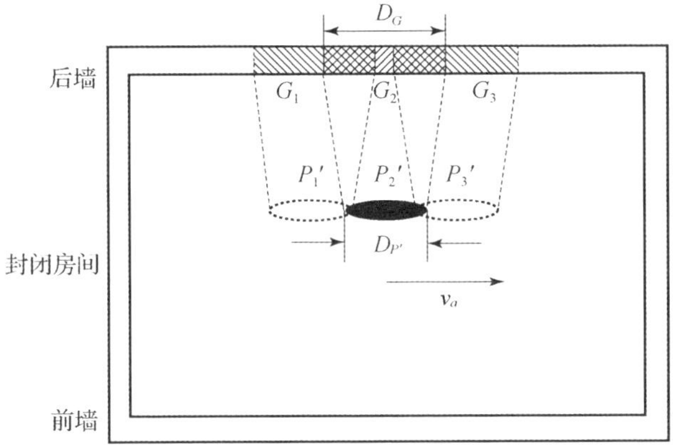

图 4.12 目标像和鬼影映射关系示意图

如图 4.12 所示，假定目标以方位向速度 v_a 运动，在连续的三次杂波抑制结果中分别出现在位置 P_1'、P_2' 和 P_3'，对应的鬼影分别用 G_1、G_2 和 G_3 表示。遮蔽区域更宽，距离越远雷达分辨率更差，以及雷达成像的扩展作用，使得鬼影比目标像更宽，继而在连续的杂波抑制结果中鬼影之间的重叠率更高。

3）与杂波抑制方法有关

一般情况下，穿墙探测应用很难获取不包含目标的空背景数据。因此，运动目标的 CD 通常利用先前的探测数据对背景进行估计。显然，不同的背景估计会产生不同的鬼影形态。SDLC 的背景更新率高，不会存在拖尾问题；而 AABS、MABS、EABS 等算法会使鬼影产生拖尾，进一步增加了鬼影的重叠率。

4.4.3 遮蔽效应抑制

4.4.3.1 基于几何关系的鬼影抑制方法

孙昕分析了鬼影和运动目标之间几何关系[117]，并基于这种几何关系提出了一种鬼影抑制方法，算法的流程如图 4.13 所示。

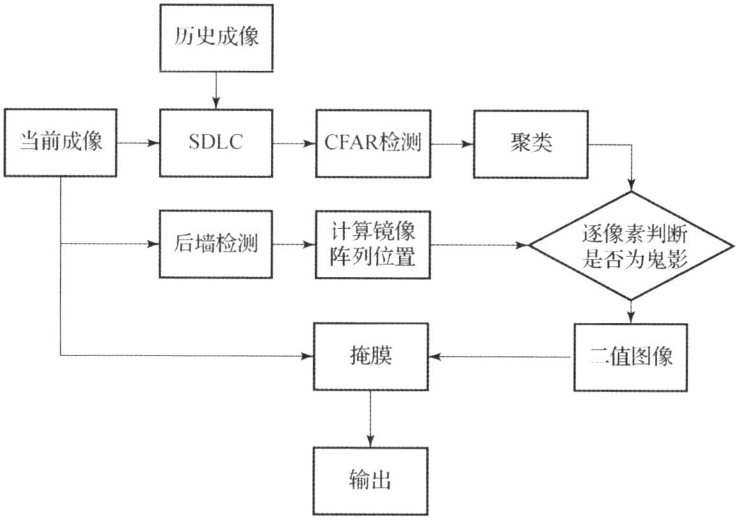

图 4.13　基于几何关系的鬼影抑制方法流程图

首先，利用高斯分布的恒虚警检测对 SDLC 杂波抑制后的图像，进行检测；其次，在检测结果中，利用聚类算法提取感兴趣区域（region of interest，ROI）的位置。最后，根据鬼影和目标之间的集合对应关系，进行鬼影判别。

在鉴别鬼影时，该算法首先在当前成像结果中，检测出后墙位置，计算出对称的镜像阵列位置；然后，判断是否存在和阵列或者镜像阵列中发射天线形成三点一线的 ROI，若存在，则距离较远的 ROI 为鬼影，ROI 内的像素值置零；最后，将鬼影鉴别后的二值图像与当前成像结果掩膜，即完成鬼影抑制。

显然，该算法要求非常稳定的目标和鬼影的检测，同时要求能够从雷达成像中精确提取后墙的位置。

4.4.3.2　MNCD 鬼影抑制方法

Martone 在文献［115］和［116］中提出的 MNCD 算法结合了 NCD、正阈值分割以及最小化旁瓣抑制操作，以识别运动目标，抑制鬼影、强残留杂波、旁瓣等引入的虚假像。MNCD 的算法流程如图 4.14 所示。

图 4.14 中 NCD 定义如下：

$$\Delta_r(x,y) = |I_r(x,y)| - |I_k(x,y)| \tag{4.34}$$

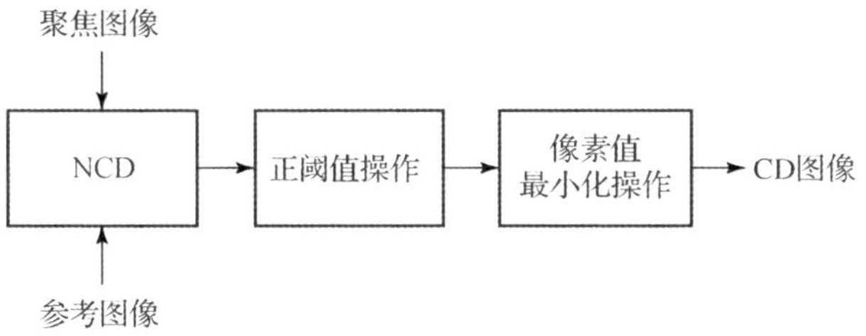

图 4.14 MNCD 算法流程图

式中：$I_r(x,y)$为聚焦的参考图像，$k \neq r$。首先，对于一个给定的参考图像帧，依据式（4.34）构造一个 NCD 图像集合：

$$\{\Delta_r(1,x,y),\cdots,\Delta_r(k,x,y),\cdots,\Delta_r(M,x,y)\} \tag{4.35}$$

式中：每个 NCD 图像包含正的和负的像素值，正像素值一般由参考图像$I_r(x,y)$产生，而负像素值则由$I_k(x,y)$产生。在 NCD 图像集中，所有的 NCD 图像都采用同一幅参考图像$I_k(x,y)$，因此 NCD 图像集中的运动目标特征具有正的像素值且位置不变。其次，假定参考图像$I_r(x,y)$中只有运动目标特征是感兴趣的，即 NCD 图像中具有正的像素值。选取正的阈值分割 NCD 图像，去除所有负的像素值，继而可以去除$I_k(x,y)$引入的运动目标、阴影以及旁瓣。最后，将所有阈值操作后的 NCD 图像组合为一个 CD 图像，即为参考图像$I_r(x,y)$最后的 CD 结果。由于运动目标特征来自同一幅参考图像，其像素值变化要小于旁瓣。因此，通过取阈值操作后 NCD 图像集中对应像素最小值的操作，实现 NCD 图像组合，可以很好地抑制旁瓣。

Martone 在文中分别使用仿真数据和 SIRE 雷达探测数据，对 MNCD 算法的性能进行了验证，取得了比较好的效果。但是应当注意到，该算法中 NCD 操作必须满足参考图像和测量图像之间运动目标特征的空间位置存在明显差异的条件，否则运动目标特征将会同静态杂波一并去除，因此该算法无法处理缓动目标。此外，MNCD 算法并未利用图像的相位信息，遮蔽效应产生的鬼影残留依旧很强。

4.4.3.3 基于相干因子和非因果 CD 的遮蔽效应抑制

基于相干因子和非因果 CD 的遮蔽效应抑制方案的流程如图 4.15 所示，共分为孔径域处理和非因果 CD 处理两部分。

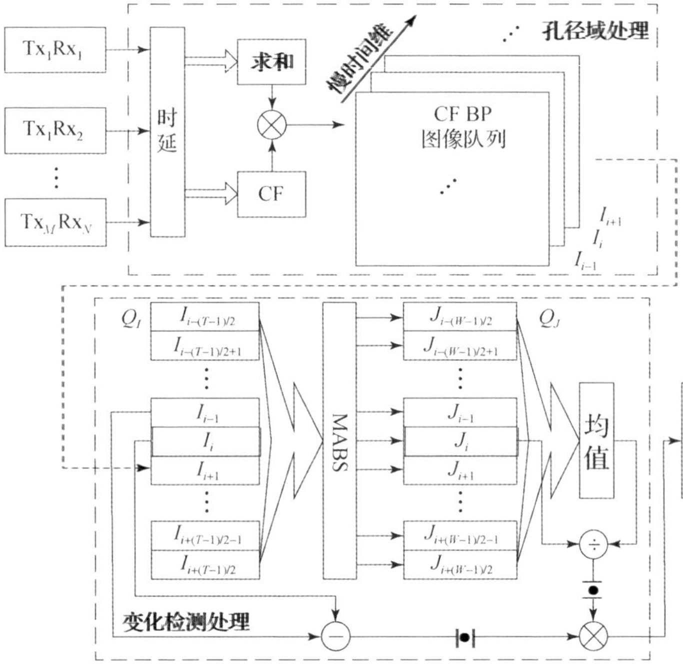

图 4.15　本书提出的遮蔽效应抑制方法流程图

1）孔径域处理

孔径域处理主要采用相干因子对 BP 成像进行加权处理。相干因子权值在 [0,1] 内变化，是不同收发通道之间信号相干性的一种简单度量。

一般来说，每个通道都能接收到目标的回波，而遮蔽效应只会存在部分通道。尽管通道间的目标回波存在起伏，但是相对于遮蔽效应而言，目标回波的起伏并不算大。因此，可以认为存在目标回波的通道数量 $M_{P'} \approx M$，目标处的 $\mathrm{CF}(x_{P'},y_{P'})$ 接近于1；尽管难以预测，但是遮蔽通道数量 $M_O < M$，因此鬼影处的 $\mathrm{CF}(x_O,y_O) \approx M_O/M < 1$。

如图 4.15 所示，通过相干因子权值用来和 BP 成像结果相乘完成对图像的校正，即

$$I(x,y) = \mathrm{CF}(x,y) \cdot \mathrm{BP}(x,y) \tag{4.36}$$

因此，相干因子加权不仅能抑制鬼影，而且对其他相干程度较低的杂波和多径也有很好的抑制作用。由于超宽带 MIMO 穿墙雷达中的 MIMO 阵列长度和通道数量都是非常有限的，因此通道之间目标回波和鬼影的差异性带来的收益

有限，相干因子对鬼影的抑制作用也是非常有限的，需要更进一步的抑制处理。

2）非因果 CD 处理

常见的杂波抑制方法，如 SDLC、AABS、EABS、MABS 等因果 CD，都是基于先前得到的探测数据对背景进行估计。显然，这些因果滤波器是无法区分同时变化的目标和遮蔽区域的。幸运的是，根据上一节的分析，我们发现在连续的杂波抑制探测结果中，鬼影之间的重叠程度比目标的更高。这使得综合利用先前的和将来的探测数据，构造非因果杂波抑制滤波器，抑制鬼影同时保留目标成为可能。图 4.15 所示的非因果 CD 处理流程如下。

第一步，在连续探测成像后，建议一个长度为 T（T 为奇数）的 CF_BP 图像队列 Q_I。

第二步，把队列 Q_I 中的第 i 帧作为当前帧。在队列 Q_I 上，执行滑动窗口宽度为奇数 K 的非因果 MABS，抑制静态强杂波，得到长度为 $W=T-K+1$ 杂波抑制结果队列 Q_J，即

$$J_j = I_j - \frac{1}{K-1}\sum_{k=j-(K-1)/2}^{j+(K-1)/2} I_k, k \neq j; j = i-(W-1)/2,\cdots,i+(W-1)/2 \tag{4.37}$$

非因果 MABS 中的背景估计不仅利用了当前帧 i 之前的成像结果，而且利用了当前帧 i 之后的成像结果。虽然非因果杂波抑制并不能直接去除遮蔽效应，但是非因果 MABS 利用了更多的过去和将来的探测信息。相对于 SDLC 而言，在杂波抑制队列 Q_J 中，遮蔽效应产生的鬼影之间将会获得更多的重叠区域，当前杂波抑制结果 J_i 中的鬼影就可以从其前后相邻的杂波抑制结果中估计出来；相对于 AABS 而言，非因果 MABS 背景估计的宽度较短，保证了背景的更新率，不会产生严重的拖尾模糊。

第三步，在杂波抑制结果队列 Q_J 上，根据

$$B_i = \frac{1}{W-1}\sum_{k=i-(W-1)/2}^{i+(W-1)/2} J_k, k \neq i \tag{4.38}$$

$$C_i = \frac{J_i}{B_i}$$

计算当前杂波抑制结果 J_i 对应的加权系数，其中 B_i 表示对当前杂波抑制结果 J_i

中鬼影的估计。B_i利用了J_i前后的杂波抑制结果，而将J_i排除，这就能保证J_i中的目标像不会被引入到鬼影估计中，而由于鬼影之间的高重叠率，B_i就能够包含J_i中的鬼影信息。因此，将J_i除以B_i，就可以得到一个在目标处系数很高，而鬼影处系数很低的权值系数C_i。

图4.16简单地描述了目标像和鬼影在连续杂波抑制结果中的更新。为简单起见，假定目标像的宽度$D_{P'}$、鬼影的宽度D_G以及二者的方位向速度v_a和幅度保持恒定不变。用$\alpha_{P'}$和α_G分别表示二者的更新率，即

$$\alpha_{P'}=v_a/(D_{P'}F),\alpha_G=v_a/(D_GF) \tag{4.39}$$

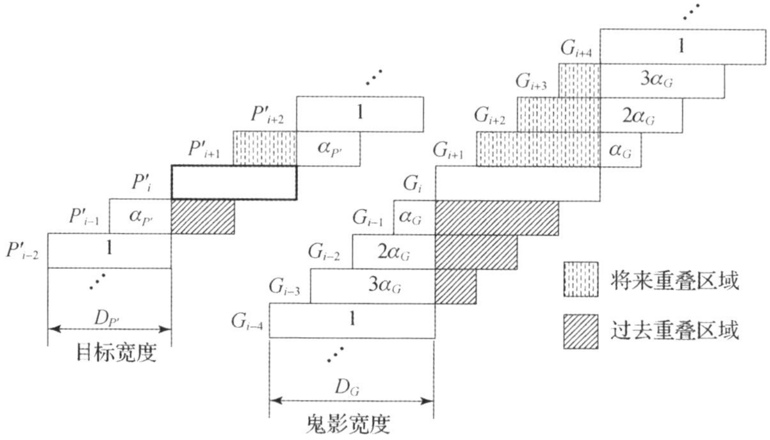

图4.16　目标像和鬼影在连续杂波抑制结果的更新示意图

则目标像和鬼影处的权值系数$C_{i,P'}$、$C_{i,G}$分别为

$$C_{i,P'}=\frac{W}{\dfrac{1}{\alpha_{P'}}-1},\ C_{i,G}=\frac{W}{\dfrac{1}{\alpha_G}-1} \tag{4.40}$$

当$v_a=0$时，目标无方位向速度，则更新率$\alpha_G=\alpha_{P'}=0$；当$v_a>0$且雷达的数据帧率$f_{PRF}\leqslant v_a/D_G$时，目标像和鬼影的更新率$\alpha_{P'}>\alpha_G\geqslant 1$，鬼影不存在重叠，表明雷达的$f_{PRF}$太低。当$v_a>0$且雷达的数据帧率足够高满足$f_{PRF}>v_a/D_G$时，鬼影重叠更多，对应的更新率$\alpha_G<\alpha_{P'}$，则鬼影处的权值系数$C_{i,P'}>C_{i,G}$。

第四步，考虑到SDLC杂波抑制的快速更新，我们用权值系数C_i对CF_BP图像队列Q_I中I_i和I_{i-1}的SDLC结果进行加权，完成鬼影的抑制，即

$$R_i = |C_i| \cdot (I_i - I_{i-1}) \tag{4.41}$$

在穿墙探测应用中，前墙壁的距离 y_{fw} 很容易从回波中计算得到，但是后墙壁的距离 y_{bw} 比较难精确得到。我们使用雷达系统，可以预先测量估计得到不同距离下标准人体目标的宽度，选择前墙壁距离对应的人体目标宽度 $D_{P',fw}$ 以及雷达最大作用距离 y_{max} 处人体目标的宽度 $D_{P',max}$，则在前墙壁到雷达最大探测范围内的鬼影宽度的变化范围即可确定为 $\left[\dfrac{D_{P',max}, y_{max}}{y_{fw} D_{P',fw}}\right]$，同时雷达的数据帧率必须满足

$$f_{PRF} > \frac{v_a}{D_G} > \frac{v_a}{D_{P',max}} \tag{4.42}$$

以保证连续的杂波抑制结果中鬼影之间存在重叠。在足够高的数据帧率 f_{PRF} 下，队列 Q_J 的长度 W 应当满足

$$W > \frac{2}{\alpha_G} - 1 > \frac{2 f_{PRF} D_{P',max}}{v_a} - 1 \tag{4.43}$$

以保证能够充分利用队列 Q_J 中鬼影之间的重叠。

在加权处理后的 SDLC 杂波抑制中，鬼影将会被很好地抑制而目标则得以保留。虽然本书提出的非因果鬼影抑制方法的输出存一定的滞后，但是该方法可以一幅一幅逐图像高效地执行。

4.5 运动目标指示实验结果

4.5.1 墙后运动目标指示

我们进行了三组穿墙探测实验，雷达脉冲重复频率 $f_{PRF} = 20\text{Hz}$。雷达在探测时保持不动，穿透的墙壁由砖块组成，厚度为 30cm。每组实验中雷达探测 200 次，分别采用 SLDC、AABS、EABS 以及本书提出的自适应方法进行了杂波抑制（由于 MABS 和 EABS 是等价的，因此未给出 MABS 的处理结果）。表 4.1 中列出了各个实验中不同杂波抑制方法处理 200 次探测数据所耗时间。

表 4.1 杂波抑制算法耗时

算法	实验一 耗时/s	实验二 耗时/s	实验三 耗时/s
SDLC	0.0023	0.0031	0.0021
AABS	0.0024	0.0025	0.0023
EABS	0.0030	0.0030	0.0027
自适应方法	0.0629($L_{max}=20$)	0.0607($L_{max}=20$)	0.0624($L_{max}=20$)
	0.0973($L_{max}=30$)	0.0103($L_{max}=5$)	0.0103($L_{max}=5$)

在 EABS 算法中，指数底数设为 $\alpha=0.95$，其性能相当于滑窗宽度 $L_{MABS}=20$ 的 MABS 算法。根据式（4.3）计算可得，在该雷达系统中，大运动目标的采样保持数 $N_s=5$。考虑到处理的精度，在本书提出算法中的相关参数设置如下：$\Delta=2$，$\delta=1$，$T=3$，$L_{ini}=3$。显然，梯度平均因子 T 和抽头初始值 L_{ini} 小于 N_s。由于小运动目标回波的频率通常分布在 0.2～1Hz 范围内，因此抽头长度的搜索的最大值上限设置为 $L_{max}=20$ 是合理的，也就是小运动目标在 $f_{PRF}=20$Hz 下的最小断续周期。同时，为了说明 L_{max} 对本书提出算法性能的影响，我们也给出了不同抽头长度搜索上限 L_{max} 下的实验结果。

4.5.1.1 墙后走动目标探测实验

在实验一中，单个人体目标在墙后 2～5m 范围内沿着径向来回走动。图 4.17（a）给出了杂波抑制前雷达接收到回波的 1D 距离像。由于回波中的杂波很强，目标被杂波掩盖而未显现。

如图 4.17（c）所示，经过 AABS 算法抑制杂波后，目标的轨迹清晰可见，但是轨迹存在很长的拖尾，尤其是在目标运动转向处。图 4.17（d）中显示的处理结果表明，AABS 算法所遭遇的拖尾问题在 EABS 算法处理中得到了一定程度的缓解，但是拖尾现象依旧存在。图 4.17（b）中的 SDLC 杂波抑制结果和图 4.17（e）中的本书提出算法杂波抑制结果均未出现拖尾效应。

仔细对比图 4.17（b）和图 4.17（e）可以发现，SDLC 的处理结果中，目标轨迹存在一定程度的断裂。这是由于运动目标在采样保持期间的回波基本不变，而 SDLC 仅仅取其前一次探测数据作为背景，致使背景和当前探测数据

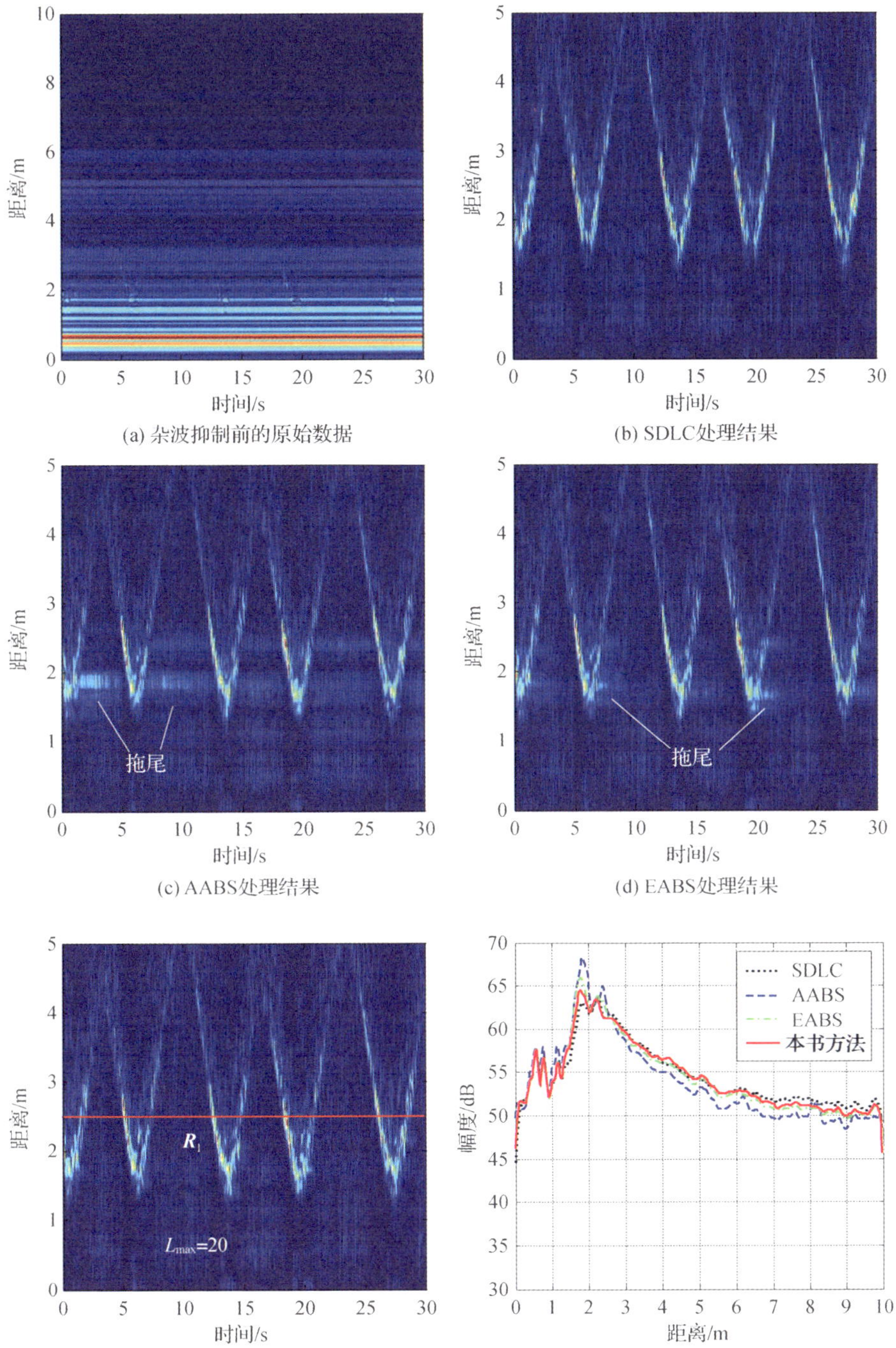

(a) 杂波抑制前的原始数据

(b) SDLC处理结果

(c) AABS处理结果

(d) EABS处理结果

(e) 本书算法处理结果(L_{max}=20)

(f) 以上算法处理结果的ARP分布

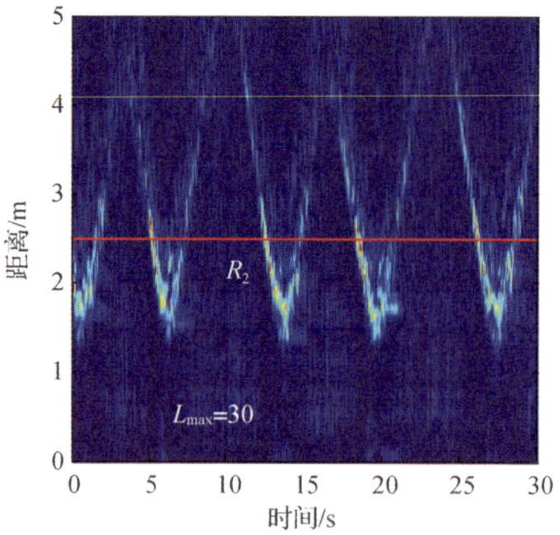

(g) 本书算法处理结果(L_{max}=30)

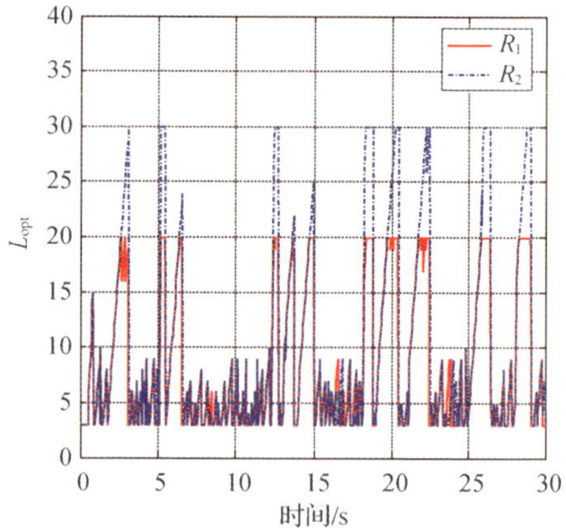

(h) 距离单元R_1和R_2处最优抽头长度分布

图 4.17　墙后人体目标径向走动处理结果

差别不大，杂波抑制输出值很小。图 4.17（g）中给出了 $L_{max}=30$ 时使用本书算法的处理结果，和图 4.17（e）比较发现，二者的杂波抑制结果区别很小。但是，对比表 4.1 中列出的二者耗时可以发现，抽头长度搜索上限设置的越大，本书算法就更耗时。图 4.17（f）画出了几种处理算法处理结果的平均距离像分布曲线（average range profile，ARP）（即沿着慢时间维对所有探测数据取平均）。在距离 1.8m 处，AABS 和 EABS 的 ARP 值相对更高，这是由拖尾效应导致的。图 4.17（h）中分别画出了图 4.17（e）中距离单元 R_1 和图 4.17（g）距离单元 R_2 各次探测中，搜索得到的最优抽头长度分布曲线。除了部分因噪声和不稳定回波导致的尖峰和毛刺，最优抽头长度分布曲线和目标的大运动慢时间分布非常吻合。在目标样本保持采样期间，最优抽头长度值很大，说明背景估计中充分利用了杂波样本，稀释了目标样本的比例，使输出 SCNR 达到最优；当探测回波是杂波样本时，最优抽头长度值很小，说明背景估计中排除了目标样本，仅仅包含杂波样本，同样使得杂波得到很好的抑制。当然，抽头长度搜索上限足够大时，背景估计中的目标样本比例会降到足够低，输出的 SCNR 会达到足够高。考虑时效，目标采样保持期间的最优抽头长度最大被限制在了 20，致使最优抽头长度分布曲线的尖峰被削掉。

4.5.1.2　墙后静止目标探测实验

在第二个实验中，单个人体目标静止站立在墙后 1.5m 处，保持均匀呼吸。在未经杂波抑制的图4.18（a）中，目标被强杂波遮蔽，无法显现。不幸的是，图4.18（b）中SDLC将呼吸目标和静态强杂波一并滤除了。相反，在图4.18（c）、（d）和（e）中，AABS、EABS以及本书提出的算法不仅有效地滤除了静态强杂波，而且将呼吸目标清晰地显现在1.5m处。在图4.18（c）AABS处理结果中，目标运动轨迹依旧存在拖尾引入的模糊问题；而在图4.18（d）和（e）中，EABS和本书算法（$L_{max}=20$）则均得到了更为清晰的处理结果。

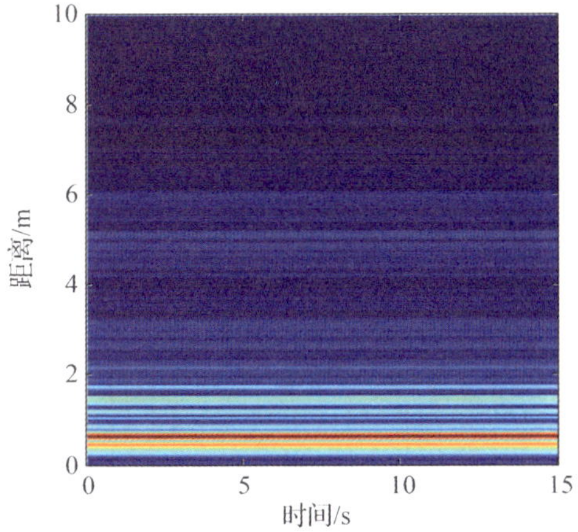

(a) 杂波抑制前的原始数据

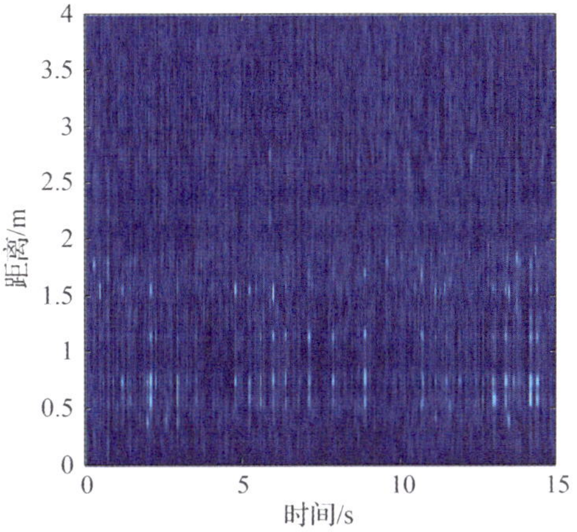

(b) SDLC处理结果

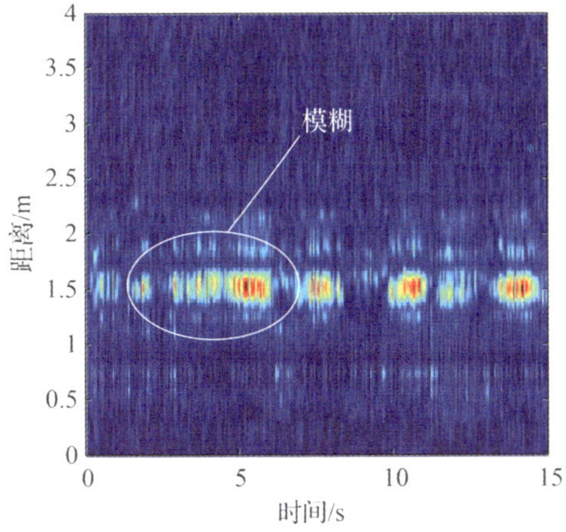

(c) AABS处理结果

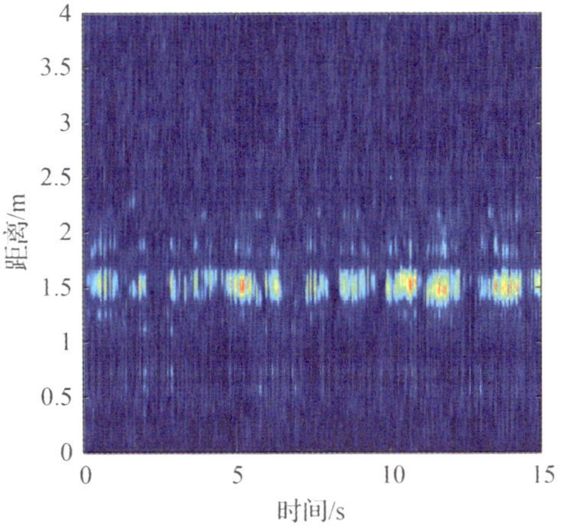

(d) EABS处理结果

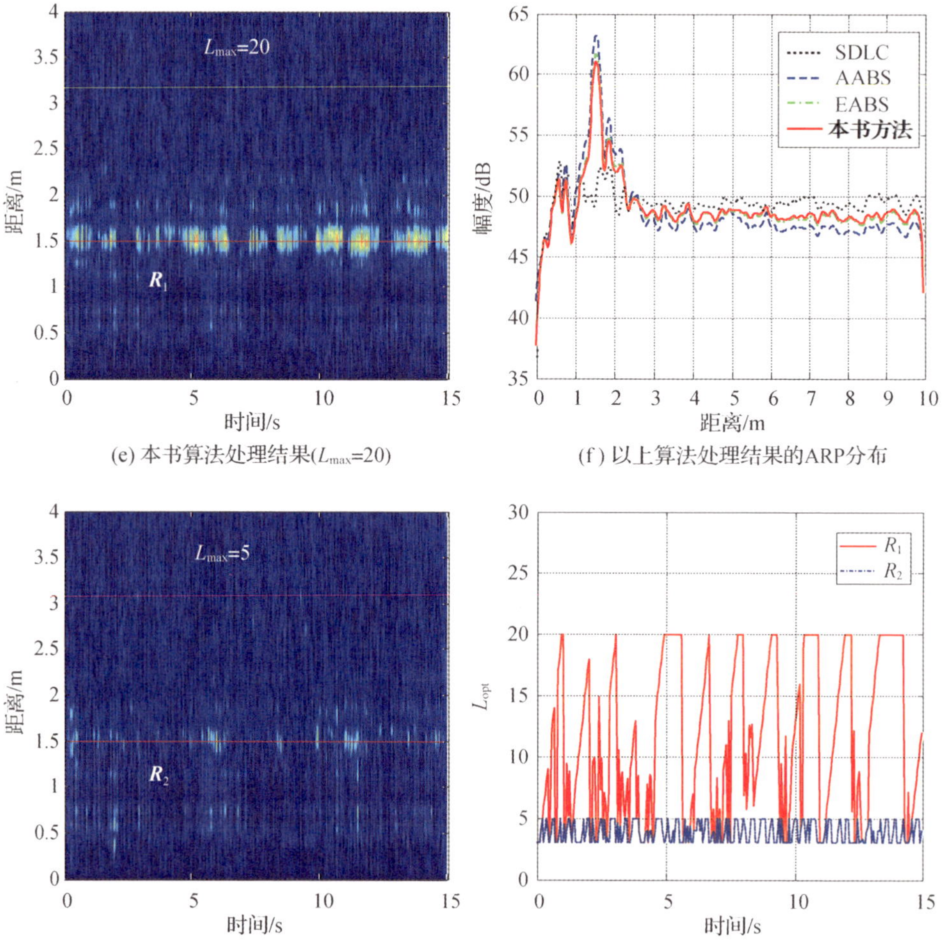

(e) 本书算法处理结果(L_{max}=20)　　(f) 以上算法处理结果的ARP分布

(g) 本书算法处理结果(L_{max}=5)　　(h) 距离单元R_1和R_2处最优抽头长度分布

图 4.18　墙后人体目标静止站立处理结果

从二者的处理结果中，很容易估计出目标的呼吸频率大约在 0.8Hz。这和图 4.18（f）中四种算法的 ARP 分布是一一对应的，1.5m 处 AABS 的值最大，SDLC 值最小（下降了将近 14dB，和图 4.18 中 SDLC 在 0.8Hz 处的衰减值理论预测基本一致），EABS 和本书算法相差无几。但是，使用本书算法时，将抽头长度搜索上限调整为 $L_{max}=5$ 时，算法的性能急剧下降，图 4.18（g）中目标的回波几乎不可见。从图 4.18（h）中的最优抽头长度分布曲线可以看出，R_1 的分布曲线和呼吸的节奏非常吻合。但是，由于目标呼吸运动的回波更为微弱，导致噪声的影响更为明显，分布曲线的毛刺也就更多更强。

4.5.1.3 墙后微动目标探测实验

在实验三中，单个人体目标在墙后 2.5m 处以正常的频率做原地踏步运动。尽管在图 4.19（a）中强杂波依旧掩盖了目标的回波，但是从图 4.19（b）、图 4.19（c）、图 4.19（d）、图 4.19（e）和图 4.19（g）中可以看出，每种方法都成功地将目标从杂波处凸显。在图 4.19（b）中，SDLC 滤除了更多的低频成分，运动回波只有部分高频成分被保留下来；而在图 4.19（c）和（d）中，AABS 和 EABS 则保留了更多的低频成分。这同样反映在图 4.19（f）中几种算法处理结果的 ARP 分布曲线上。相对而言，图 4.19（e）中本书算法（$L_{max}=20$）得到了更为清晰的目标回波，目标的运动细节（譬如手臂的摆动和腿部的运动）甚至都能区分出来。从处理结果中，同样可以很容易地估计出原地踏步的频率大约为 1Hz。

但是当 L_{max} 将为 5 时，和图 4.19（b）中 SDLC 的处理结果类似，图 4.19（g）中本书算法也过滤掉了低频成分，丢失了运动细节。图 4.19（h）中 R_1 处最优抽头长度分布曲线出现的三角波峰表明，当前目标样本估计的背景利用了和上一次出现目标回波之间的全部杂波样本，使得输出的 SCNR 达到了最优；一旦目标回波消失，最优抽头长度 L_{opt} 随即就降到了 L_{ini}，说明杂波样本的背景估计中很好地排除了目标样本。从表 4.1 中可以看出，相对于其他算法而言，本书提出的算法耗时更长，这是因为在单次探测回波中每个距离单元都要搜索其最优抽头长度。

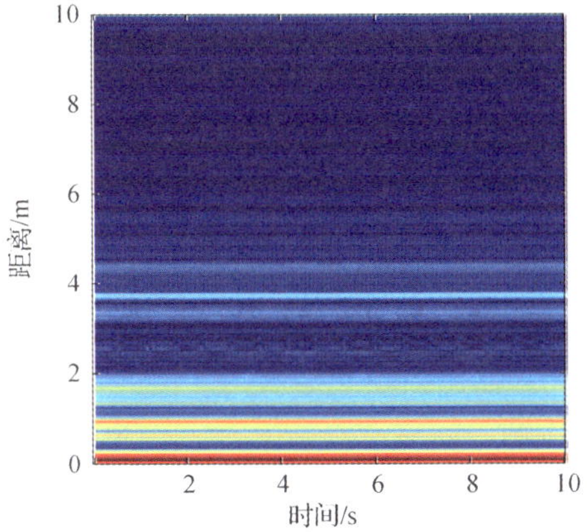

(a) 杂波抑制前的原始数据

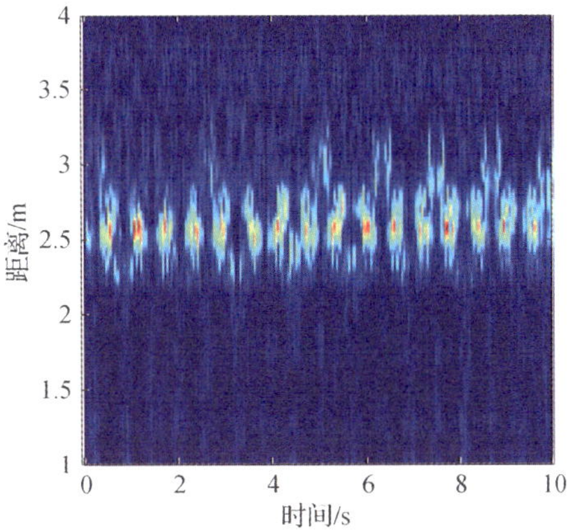

(b) SDLC处理结果

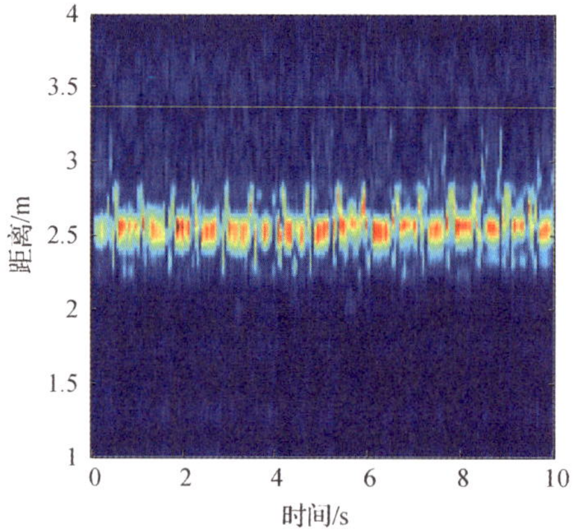

(c) AABS处理结果

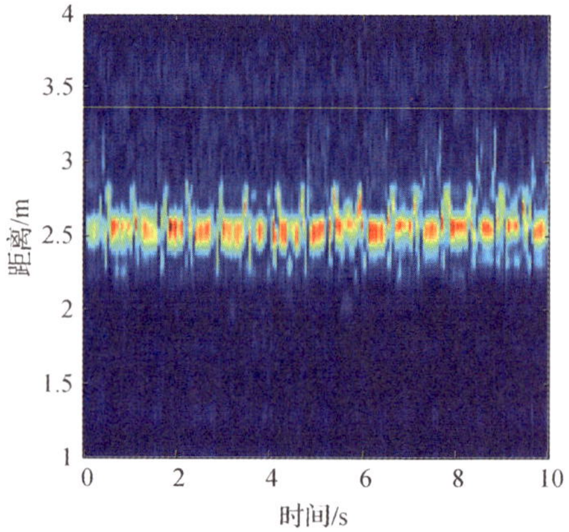

(d) EABS处理结果

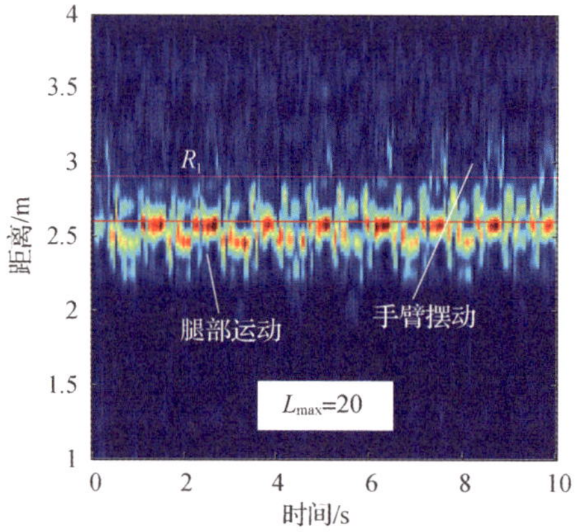

(e) 本书算法处理结果(L_{max}=20)

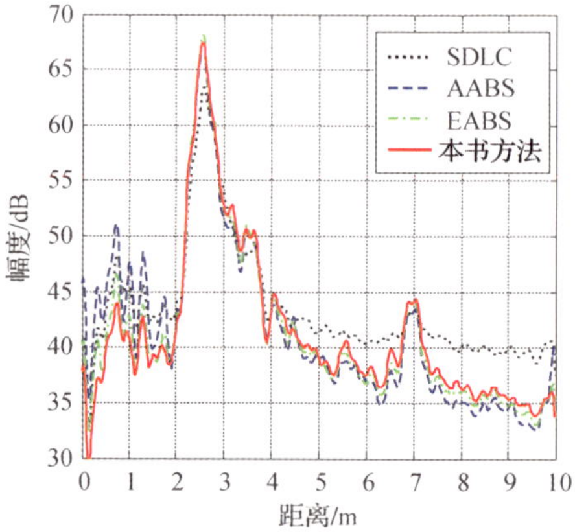

(f) 以上算法处理结果的ARP分布

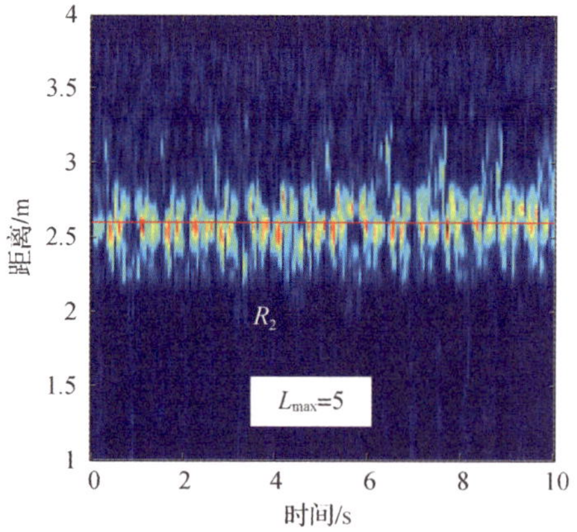

(g) 本书算法处理结果(L_{max}=5)

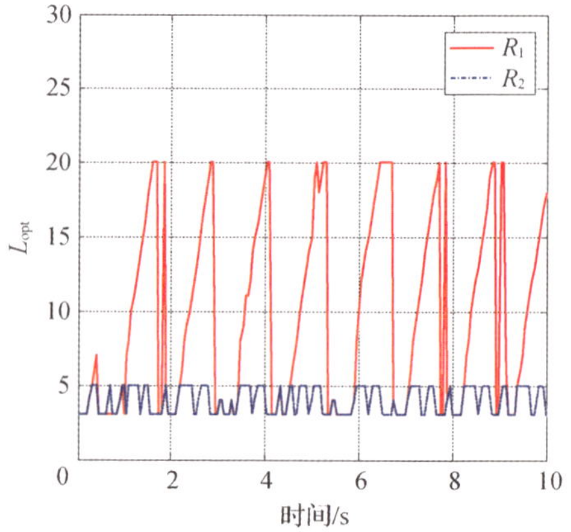

(h) 距离单元R_1和R_2处最优抽头长度分布

图 4.19　墙后人体目标原地踏步处理结果

此外，处理耗时和L_{max}的选取以及目标的运动状态有关。当L_{max}偏大，运动目标回波断续周期较长时，本书算法的处理时间就会增加。应当注意到，每个距离单元的处理是互不相关的，因此本书算法可以通过并行处理，改善执行效率。

观察上述几组实验中的最优抽头长度L_{opt}分布曲线（$L_{max}=20$），我们可以发现杂波样本对应的L_{opt}很短，降低了背景估计包含目标样本的风险，避免了拖尾的产生；而目标样本的L_{opt}相对较长，其背景估计将会包含尽可能多的杂波样本，以稀释背景估计中的目标样本比例，能够提高杂波抑制输出的SCNR。目标小运动杂波抑制时，三角波峰的出现表明，相邻采样保持周期之间的杂波样本得到了充分地利用，以估计背景；而目标处于大运动时，受L_{max}的限制只有部分杂波样本在背景估计中得到了利用，但是权衡杂波抑制的输出和计算效率，这是可以接受的。

4.5.2 阴影杂波抑制结果

4.5.2.1 实验场景和配置

在穿墙探测实验中，我们选择了一幢8m高的两层砖混结构小楼，其中高层是空房间，人体目标在低层的房间内走动，运动速度大约为1.2m/s，低层的建筑结构布局平面图如图4.20所示。雷达平行于前墙壁放置在离墙8.5m处，第一堵后墙和第二堵后墙距离雷达分别为13m和18.5m。雷达探测距离为$y_{max}=20$m时，人体目标像的宽度大约为$D_{P',max}\approx 0.8$m。通常情况下，室内人员的运动速度满足$v_a\leqslant 2$m/s。而雷达探测的数据帧率$f_{PRF}\approx 7$Hz，满足式(4.42)的要求。非因果MABS滑动窗口的宽度和队列的Q_J长度均设置为$K=W=21$，满足式(4.43)的条件。

为验证算法的性能，我们分别对人体目标平行于墙壁和垂直于墙壁行走的两种运动状态进行了探测实验。定义目标像和鬼影之间的对比度为目标像区域中最大值和鬼影区域中最大值的比值，表4.2列出了人体目标平行于墙壁运动时，不同处理方法得到的目标像鬼影对比度。实验忽略前墙壁的影响，因此实验结果中目标像位置存在一定的后移。

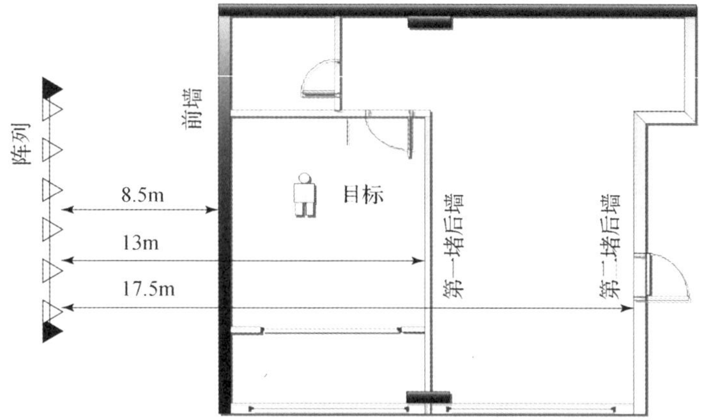

图 4.20　建筑结构布局平面图

表 4.2　不同处理方法下的目标鬼影对比度

对比度	原始 BP 的 SDLC/dB	CF BP 的 SDLC/dB	本书方法的 SDLC/dB
P'/G_1	2.38	5.51	24.16
P'/G_2	1.48	6.84	21.22

4.5.2.2　目标平行于墙壁走动

在该实验中，人体目标 P' 在距离雷达 9.5m 处，与后墙平行行走。图 4.21（a）是当前帧原始 BP 图像的 SDLC 结果；而图 4.21（b）则是 CF_BP 图像的 SDLC 结果。经过杂波抑制之后，目标在图像中显现，但是第一堵后墙和第二堵后墙上也出现了鬼影 G_1 和 G_2。对比二者的杂波抑制结果，可以看出相干因子进一步抑制了相干程度低的杂波，极大地改善了图像的动态范围。不幸的是，从表 4.2 中可以看出，相干因子对鬼影 G_1 和 G_2 抑制带来的改善分别只有 3dB 和 5dB，非常有限。图 4.21（c）给出了基于非因果 MABS CD 的 CF_BP 图像杂波抑制结果。

与图 4.21（b）相比，可以看出非因果 MABS 的杂波抑制结果与 SDLC 的杂波抑制结果很不相同，前者产生了更大面积的鬼影，这与前文中有关鬼影形态因杂波抑制方法不同而不同的分析是一致的。图 4.21（d）描述了非因果 MABS 杂波抑制结果队列 Q_J 中杂波抑制结果积累 B 的图像，目标和鬼影的轨迹

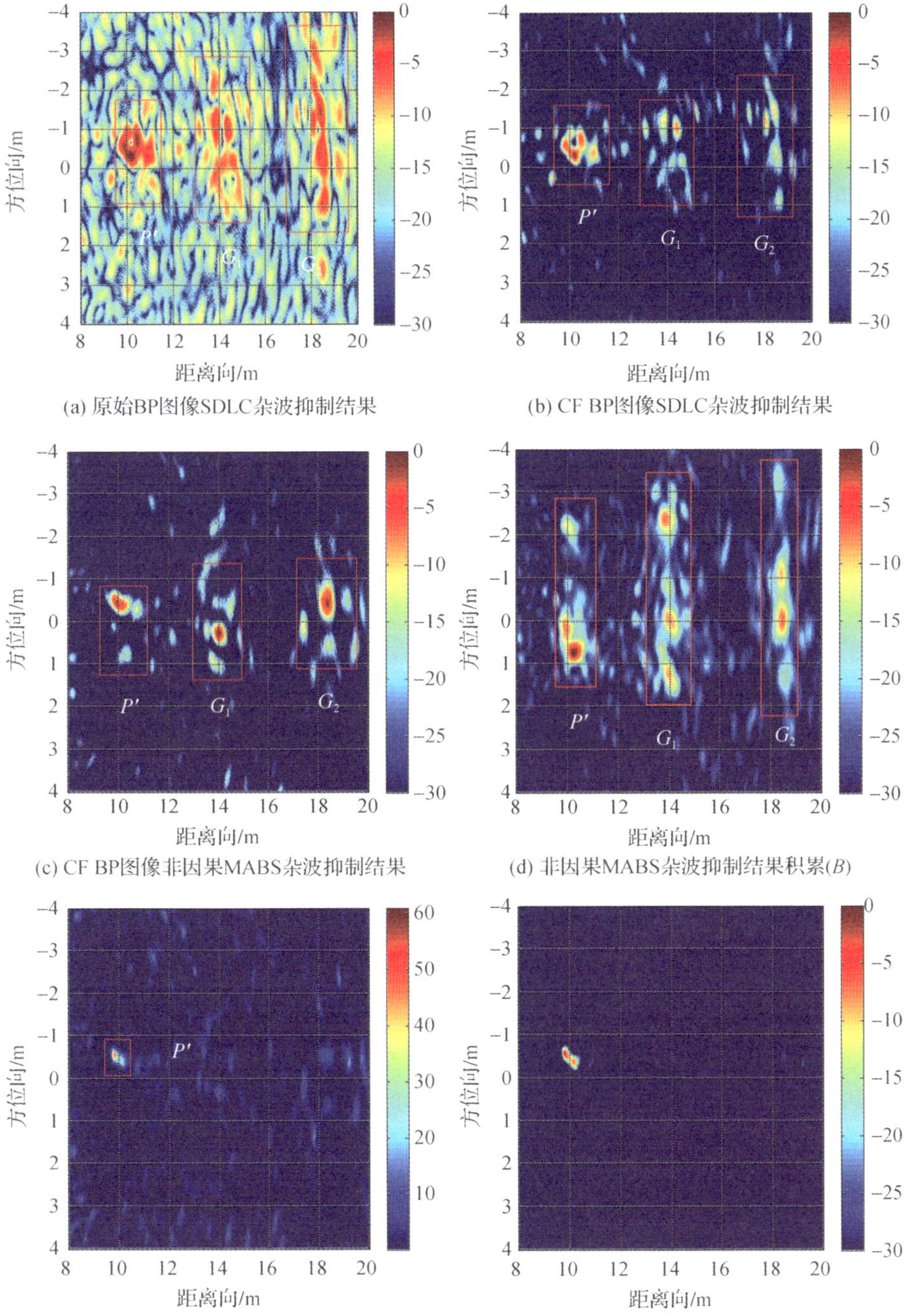

(a) 原始BP图像SDLC杂波抑制结果
(b) CF BP图像SDLC杂波抑制结果
(c) CF BP图像非因果MABS杂波抑制结果
(d) 非因果MABS杂波抑制结果积累(B)
(e) 权值系数(C)
(f) 本书方法鬼影抑制结果

图 4.21　目标平行于墙壁走动的实验结果

在图像中清晰可辨。在当前帧目标 P' 位置处，目标轨迹出现了凹槽；尽管图 4.21（c）和（d）中鬼影 G_1 和 G_2 处的幅度都很强，但是图 4.21（c）中的鬼影在图 4.21（d）中都对应的存在。因此，二者相除得到的权值系数（如图 4.21（e）所示）中，当前帧目标 P' 处的值达到了最大，大约为 $C_{P'}\approx 60$，而鬼影处的权值系数则很小。进而，图 4.21（a）中 SDLC 杂波抑制结果，加权后获得了很好对比度改善，如图 4.21（f）所示。如表 4.2 所示，相对于原始 BP 图像的以及 CF_BP 图像的 SDLC 杂波抑制结果，本书提出的算法分别改善了大约 20dB 和 15dB。

4.5.2.3 目标垂直于墙壁走动

图 4.22 给出了人体目标垂直于墙壁走动的处理结果。

从图 4.22（a）、（b）和（c）中的原始 BP 和 CF_BP 的 SDLC 杂波抑制结果以及非因果 MABS 杂波抑制结果，都可以看出杂波抑制中鬼影并未出现。这是因为目标垂直后墙壁运动，相邻多帧成像中的遮蔽效应变化很小，常规的杂波抑制方法就可以很好地抑制遮蔽鬼影。这三种处理结果中，目标像均由相邻的两个集合组成，尽管图 4.22（c）中的一个集合较弱。

遮蔽效应微小的变化以及目标的运动轨迹，在图 4.22（d）所示的非因果 MABS 杂波抑制结果积累图像中得以显现。从图中可以看出，目标的两处鬼影和目标的轨迹非常对应，鬼影类似于目标在后墙壁上的被放大了的投影。仔细观察图 4.22（d），我们可以发现在目标运动轨迹中，当前帧目标 P' 位置处同样出现了凹槽。因此，图 4.22（c）的结果除以图 4.22（d），就可以在前帧目标 P' 位置处得到很高的权值系数 $C_{P'}\approx 34$，同时鬼影处的权值非常小，如图 4.22（e）所示。很明显，图 4.22（f）中，加权后的 SDLC 杂波抑制结果中不存在鬼影的干扰，而且图像只保留了一个目标集。

从两组实验中，我们可以看出遮蔽效应鬼影的形态与多种因素有关。MIMO 阵列中遮蔽效应的分布是不均匀的，但是 MIMO 阵列的通道数量非常有限，导致相干因子对鬼影的抑制并不明显。同时，不同杂波抑制方法也会得到不同鬼影形态，常规的因果杂波抑制方法不能抑制遮蔽效应，尤其是在目标存在一定方位向运动速度的情况下。本书提出的结合相干因子以及非因果 MABS - CD 杂波抑制的方法，能够很好地抑制人体目标不同运动情况下的鬼影，具有很好的适应能力。

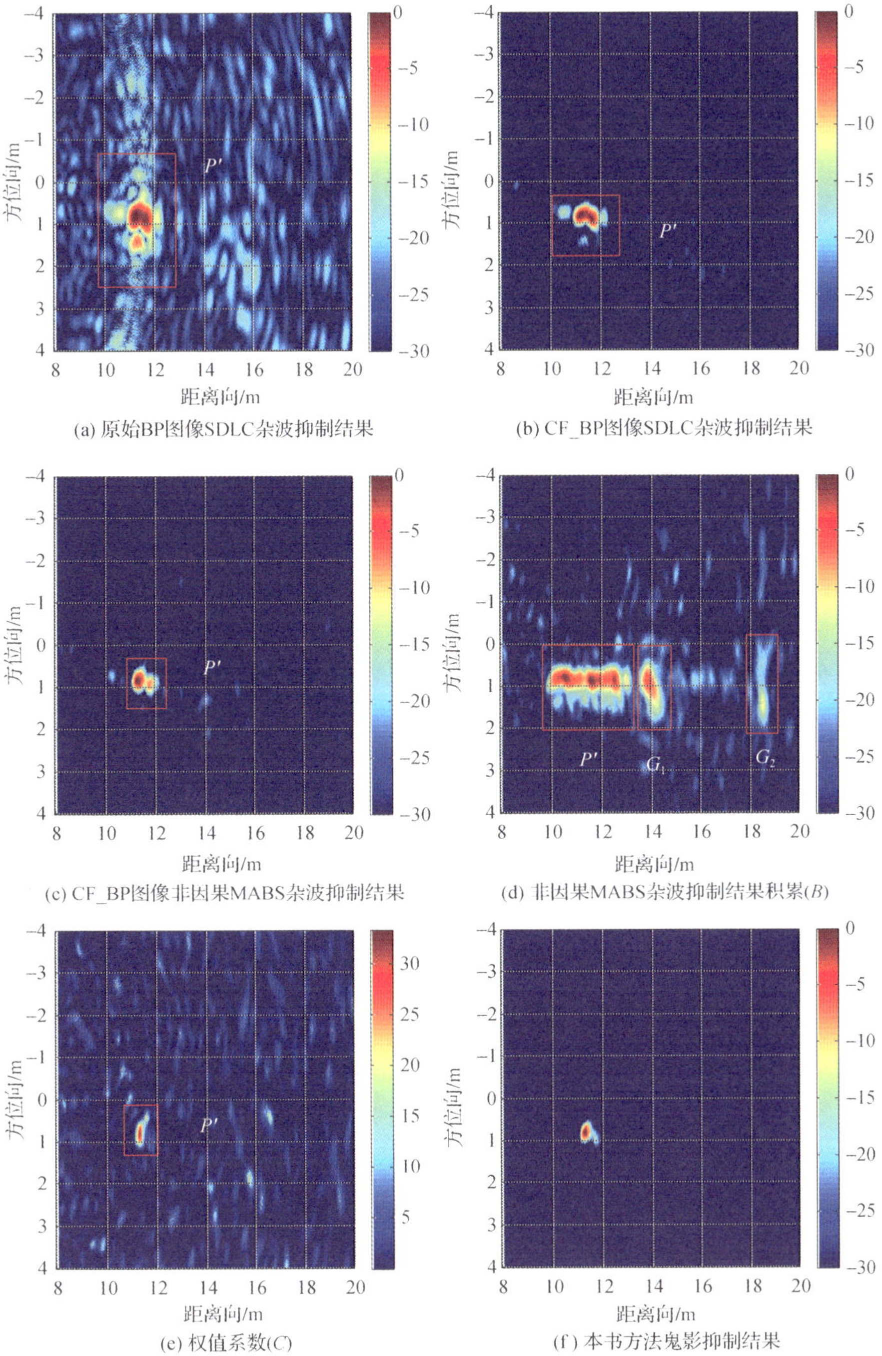

(a) 原始BP图像SDLC杂波抑制结果

(b) CF_BP图像SDLC杂波抑制结果

(c) CF_BP图像非因果MABS杂波抑制结果

(d) 非因果MABS杂波抑制结果积累(B)

(e) 权值系数(C)

(f) 本书方法鬼影抑制结果

图 4.22 目标垂直于墙壁走动的实验结果

4.6 本章小结

针对穿墙人体目标成像探测应用中，雷达回波极低的SCNR和人体目标非合作时变的运动状态，本章提出了一种基于回波数据域的自适应人体目标运动变化的杂波抑制方法，以适应目标运动状态的变化，改善杂波抑制输出的SCNR。

在人体目标运动状态分析中，本章首先分析了人体目标的回波，以及墙壁双程衰减对接收回波SCNR的影响；然后，依据人体目标运动时是否跨距离单元，将人体目标的运动分为大运动和小运动；最后，将大运动和小运动统一在一起，建立了目标运动回波分布的断续模型。

在回顾常见杂波抑制方法时，本章重点论述了时域杂波抑制方法，推导了常用时域杂波抑制方法（如SDLC、AABS、MABS、EABS）的统一表达形式。在频域分析比对了它们的相关特性，指出了各自存在的优缺点，并结合运动目标回波在慢时间维的分布特性，指出了杂波抑制滤波器的抽头长度是影响杂波抑制性能的关键。

在自适应人体目标运动的杂波抑制算法研究中，本章定义了最优杂波抑制性能下的最优抽头长度，提出了一种基于抽头长度梯度控制的最优抽头长度搜索方案，实现对人体目标运动自适应的杂波抑制方法，并分析了该方法的性能，详细讨论了相关参数的选取和配置。

实际的穿墙探测实验表明，本章提出的算法对不同运动状态下的人体目标具有良好的适应性，杂波抑制能够获得很好的SCNR输出。

同时，本章还针对穿墙人体目标成像探测应用中，运动人体目标遮蔽效应引入的鬼影问题进行了研究。首先分析了超宽带MIMO穿墙雷达的点目标成像模型，指出了MIMO阵列中各个通道接收到的目标回波与观测角度有关。超宽带MIMO穿墙雷达阵列有限的孔径，较低的工作频段，限制了雷达的方位向分辨性能，致使目标成像存在扩展。此外，实际存在的目标都有一定的尺寸，将会进一步扩展目标成像的尺寸。

对扩展目标导致的遮蔽效应进行分析的结果表明，不同阵列中扩展目标的遮蔽效应具有不同的特性。这些特性主要与通道分布不均衡性、连续探测结果中遮蔽效应鬼影重叠区域更大且其形态与杂波抑制的方法有很大关系。

本章分析了基于成像几何关系的鬼影抑制方法和 MNCD 鬼影抑制方法，指出了两种算法存在的问题和缺陷，并基于鬼影通道分布不均衡、重叠区域更大且与杂波抑制相关的特性，提出了一种结合相干因子的非因果 CD 的鬼影抑制方法。

最后，本章利用超宽带 MIMO 穿墙雷达进行了两组穿墙探测实验。实验结果表明，本书提出的鬼影抑制方法，不仅能够很好地抑制遮蔽效应引入的鬼影，而且能够很好地保留人体目标，改善了成像的 SCNR，具有很强的适应能力。

第 5 章

超宽带MIMO穿墙雷达运动目标多脉冲联合成像

当目标满足最大速度限制时，根据统计信号处理的结论[180]，目标经 BP 算法处理获得的最大相干积累增益为 MK（其中 M 为有效带宽内的频域采样数目，K 为超宽带 MIMO 雷达虚拟通道数目）。最终的相干积累增益来源于两方面，一方面是超宽带信号在距离向上进行一维脉冲压缩带来的 M，另一方面是回波通道间的相参处理带来的 K。例如当 $M=748$、$K=22$ 时，理想情况下，成像将为目标带来额外约 42dB 的相干积累增益。然而实际上，由于墙体效应、目标运动效应、系统通道均衡性差异等多种因素的影响，实际探测中目标并不能获得如此高的相干积累增益。

在经典雷达信号处理中，回波在经 MTI 处理之后往往还需要级联 MTD 处理来提高目标的检测性能。理想情况下，对于 CPI 长度为 N_{CPI} 的回波进行 MTD 处理后，目标能够获得的相干积累增益为 MN_{CPI}。在这一过程中，对目标在慢时间上的相干处理贡献了另外 N_{CPI} 倍的相干积累增益。如果能将 MIMO 成像与慢时间相干处理结合，则有可能获得高达 MKN_{CPI} 的相干积累增益。

虽然人体目标本身属于低速目标，但由于超宽带信号的距离分辨单元往往以厘米为单位计算，目标在穿墙探测中会产生明显的跨距离单元现象，此外受观测视角影响，目标在不同回波中的多普勒效应也存在差异，由此导致超宽带 MIMO 穿墙成像雷达中的运动目标类似于传统雷达中的高速微弱目标。二者都具有低信噪比、低信杂比以及跨距离单元、跨波束等行为。这种情况下，提高人体目标的成像性能，等价于提高系统对目标的相干积累性能。传统雷达中，致力于提高目标相干积累性能的技术方案莫过于检测前聚焦（focus before detection，FBD）[227-229]，这是一种更一般的 MTD 方案，通过设计更加贴近真实目标运动规律的相干积累模型，将原始回波投影到运动模型所对应的高维参数空间，从而实现目标聚焦。而 MIMO 雷达 BP 成像，也同样是将散落在各个通道中的目标样本通过相干累加投影到目标的高维参数空间（$X-Y$ 平面）

中，因此，FBD 与 MIMO 雷达成像本质上是相同的，差异只是 FBD 强调慢时间上的相干积累，MIMO 成像强调空间上的相干积累。

本章我们将穿墙人体运动目标成像问题转化为更一般的 MIMO 雷达高速运动目标的 FBD 问题，并从大带宽大时宽信号体制下运动目标的脉冲压缩问题入手，讨论目标速度超过传统 BP 成像最大速度约束时，MIMO 雷达对运动目标的多脉冲联合成像问题。

5.1 MIMO 穿墙雷达运动目标成像与 FBD 的关系

在式（2.3）中增加变量 k 作为回波通道序号，从而将单通道的运动直线目标回波模型推广到 MIMO 形式，简单起见，考虑单个目标的情况，于是有

$$S(m,n,k)=\alpha\exp\left(-\mathrm{j}2\pi\frac{f_m}{c}(r_{\mathrm{tar}}(n,k)+v_{\mathrm{tar}}(n,k)m\Delta\tau)\right) \tag{5.1}$$

式中：$S(m,n,k)$为第 k 个回波通道在脉冲 n 中关于$f(m)$的回波样本；$r_{\mathrm{tar}}(n,k)$为第 n 个脉冲初始时刻，目标在回波通道 k 中的双程径向位置；$v_{\mathrm{tar}}(n,k)$为对应通道中对应脉冲时刻下目标的双程径向速度。目标被假设为在整个脉冲时间内保持匀速直线运动，然而实际上，对于 MIMO 系统的不同回波通道来说，如果脉冲重复周期过长，目标速度过大，这一假设很难成立。但考虑到穿墙探测环境中，室内人体目标运动速度非常有限，雷达系统的 PRT 也往往低于秒级，因此这里假设目标在我们设定的相干处理时间内投影到每个回波通道中的径向速度都近似保持不变（但目标投影到不同的回波通道的速度却可以不相同）。

以二维成像为例，BP 成像是将回波投影到 $X-Y$ 空间中，从而得到目标的空间估计位置。为了获得更好的空间成像性能，雷达系统的扫频数目与回波通道数目在不断加大，伴随着脉冲重复周期增加，距离分辨率增大，目标发生跨距离单元的概率被不断加大，运动对成像的影响也越来越大，因此在成像时需要考虑补偿目标的运动效应。

考虑目标运动的情况下，目标位置与速度信息的组合将是一个四维向量，即$(x_{\mathrm{tar}},y_{\mathrm{tar}},u_{\mathrm{tar}},\theta_{\mathrm{tar}})$，如图 5.1 所示，目标在第 n 个脉冲的初始时刻二维空间位置坐标为$(x_{\mathrm{tar}},y_{\mathrm{tar}})$，二维速度矢量则为$(u_{\mathrm{tar}},\theta_{\mathrm{tar}})$，即运动的速度值大小为

u_{tar}，运动速度与 X 轴之间的夹角为 θ_{tar}。此时获得的成像结果代表了目标后向散射强度在 $X-Y-U-\theta$ 空间中的分布。

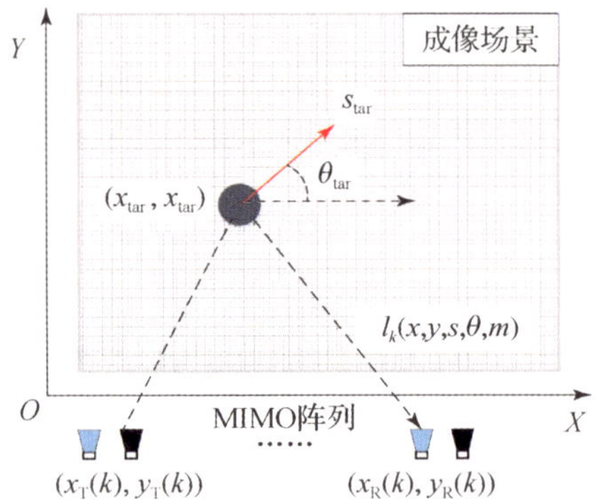

图 5.1　匀速直线运动目标成像场景示意

假设在某一段时间内，目标投影到各个回波通道中的运动模型均可以近似为匀速直线运动模型，根据逆傅里叶变换的基本原理，运动目标成像处理应为

$$I(x,y,u,\theta,n)=\frac{1}{MK}\sum_{k=0}^{K-1}\sum_{m=0}^{M-1}S(m,n,k)\exp\left(\mathrm{j}2\pi f(m)\frac{l_k(x,y,u,\theta,m)}{c}\right) \tag{5.2}$$

式中：$I(x,y,u,\theta,n)$ 为第 n 个脉冲时刻，成像场景中 (x,y) 坐标处速度矢量为 (u,θ) 的点目标的成像结果；$l_k(x,y,u,\theta,m)$ 为目标在第 k 个回波通道中与对应收发天线单元在 $m\Delta\tau$ 时刻的距离和，其中 $\Delta\tau$ 为步进频率信号体制中单个频点的持续扫描时间。以自由空间下的信号传播模型为例，$l_k(x,y,u,\theta,m)$ 为

$$\begin{aligned} l_k(x,y,u,\theta,m)=&\sqrt{(x+um\Delta\tau\cos\theta-x_{\text{Tx}}(k))^2+(y+um\Delta\tau\sin\theta-y_{\text{Tx}}(k))^2}+\\ &\sqrt{(x+um\Delta\tau\cos\theta-x_{\text{Rx}}(k))^2+(y+um\Delta\tau\sin\theta-y_{\text{Rx}}(k))^2} \end{aligned} \tag{5.3}$$

对于固定的成像场景参数，即使提前计算出 $l_k(x,y,u,\theta,m)$ 对应的每一个相位补偿因子，根据式（5.2），$I(x,y,u,\theta,n)$ 中的每一个像素点也还需要进行约 MK 次复数乘法与 MK 次复数加法。某个脉冲时刻，完成场景中全部像素的成像将共计消耗 $MKN_xN_yN_uN_\theta$ 次复数乘法以及同等次数的复数加法，其中 N_x、N_y、N_u、N_θ 分别为 X 轴、Y 轴、U 轴、以及 θ 轴上的采样数目。而为了记录 $l_k(x,y,u,\theta,m)$ 对应的相位补偿因子，还需要消耗 $MKN_xN_yN_uN_\theta$ 个复数存

储单元。运动目标成像将会给信号处理系统造成极大的计算与存储压力，虽然式（5.2）可能使运动目标获得的相干积累增益逼近理论上的 MK，但代价过于高昂，难以实际应用。

为了在 MK 的基础上进一步提高目标的相干积累增益，多脉冲联合成像势在必行。由 FBD 技术的基本原理[228]来看，多脉冲联合成像的结果其实是将多脉冲多通道数据投影到高维数据空间。假设目标在 N_{CPI} 个脉冲的时间内均可以近似为匀速直线运动，则由式（5.2）可进一步得到多脉冲联合时的运动目标成像结果为

$$I_{N_{\mathrm{CPI}}}(x,y,u,\theta)=\frac{1}{MKN_{\mathrm{CPI}}}\sum_{n=0}^{N_{\mathrm{CPI}}-1}\sum_{k=0}^{K-1}\sum_{m=0}^{M-1}S(m,n,k)\exp\left(\mathrm{j}2\pi f_m\frac{l_k(x,y,u,\theta,m,n)}{c}\right) \tag{5.4}$$

式中：$I_{N_{\mathrm{CPI}}}(x,y,u,\theta)$ 为 N_{CPI} 个脉冲的联合成像结果。展开 $l_k(x,y,u,\theta,m,n)$ 有

$$\begin{aligned}l_k(x,y,u,\theta,m,n)=&\\ &\sqrt{(x+u(nT+m\Delta\tau)\cos\theta-x_{\mathrm{Tx}}(k))^2+(y+u(nT+m\Delta\tau)\sin\theta-y_{\mathrm{Tx}}(k))^2}+\\ &\sqrt{(x+u(nT+m\Delta\tau)\cos\theta-x_{\mathrm{Rx}}(k))^2+(y+u(nT+m\Delta\tau)\sin\theta-y_{\mathrm{Rx}}(k))^2}\end{aligned} \tag{5.5}$$

式中：T 为脉冲重复周期。相比于式（5.2），式（5.4）所需要的计算量是前者的数倍，达到 $N_{\mathrm{CPI}}MKN_xN_yN_uN_\theta$ 次复数乘法与同等次数的复数加法，因此这一方案更加难以为实际系统采用。

理想情况下，式（5.4）带给目标的相干积累增益高达 MKN_{CPI}，高相干积累增益意味着系统能够稳定工作在更恶劣的电磁环境下，对于穿墙探测以及类似的微弱目标探测极为有利。因此，研究式（5.4）的高效实现方案将有助于提高雷达系统对墙后运动目标的探测性能。

从上述分析结果中也可以看出，MIMO 穿墙雷达对室内人体运动目标的成像问题是一个推广了的 FBD 问题，而与一般意义上 FBD 所描述的问题差别是，后者往往更加关注目标运动状态随时间的变化，主要讨论如何利用傅里叶变换（radon fourier transform，RFT）与广义 RFT（generalized RFT，GRFT）实现对具有时变特征的运动目标进行聚焦[230-232]；而前者观察到的目标，在不同的回波通道中具有不同的运动变化特性，因此 MIMO 雷达成像还要关注目标

运动的空变特性。本章的后续内容将首先讨论单通道单脉冲中人体运动目标的FBD问题，并逐步过渡到对多通道多脉冲运动目标成像问题的讨论中去。

5.2 单通道中的距离-速度投影

如果仅有单个回波通道，那么除了应用场景（穿墙探测）以及探测信号（超宽带）之外，与传统雷达相比，穿墙雷达并没有其他任何非常特殊的地方。单通道模式下，运动目标的FBD是由RFT或GRFT实现的，理论上，GRFT可以实现任意运动模式的目标聚焦，但是GRFT需要根据预设的运动模型将回波投影到一个高维空间，当运动模型非常复杂时，投影空间的维度也会非常高，对应的计算复杂度往往是我们无法接受的。RFT则只考虑匀速直线运动的目标，并且已经发展出基于CZT的快速频域RFT实现方法。RFT可视作传统MTD方法的延伸，MTD将回波投影到距离-多普勒数据空间，而RFT则将回波投影到距离-速度（range-velocity，R-V）数据空间，因此我们也可以将RFT称为R-V投影。本节我们将以超宽带步进频信号为例，分析穿墙探测中，单通道内部，单脉冲回波与多脉冲回波的R-V投影问题。

5.2.1 单脉冲R-V投影

首先将式（5.1）简化到单通道的情况，假设场景中仅有一个运动点目标，并且目标在单个脉冲中可近似为匀速直线运动，此时目标的回波可表述为

$$S(m)=\alpha\exp\left(-\mathrm{j}2\pi\frac{f_m}{c}(r_{\mathrm{tar}}+v_{\mathrm{tar}}m\Delta\tau)\right) \tag{5.6}$$

常规的脉冲压缩是沿着 m 对式（5.6）进行IDFT变换，这一过程可简单表述为

$$S_{\mathrm{Range}}(r)=\frac{1}{M}\sum_{m=0}^{M-1}S(m)\exp(\mathrm{j}2\pi f_m r/c) \tag{5.7}$$

式中：$S_{\mathrm{Range}}(r)$ 为脉冲压缩后的回波在距离 r 处的样本。对比式（5.7）与式（5.6）可以发现，式（5.7）中的相位补偿因子并没有考虑目标的速度问题，当 $r=r_{\mathrm{tar}}$ 时，式（5.7）可化简为

$$S_{\text{Range}}(r_{\text{tar}}) = \frac{1}{M}\alpha\sum_{m=0}^{M-1}\exp\left(-\text{j}2\pi\frac{f_m}{c}v_{\text{tar}}m\Delta\tau\right) \tag{5.8}$$

目标位置处依然残留有伴随频率变化的相位，如果变化程度较大，目标将可能无法在正确位置处聚焦。

但如果我们直接在脉冲压缩的过程中考虑速度的影响，则脉冲压缩的过程其实是将一维回波 $S(m)$ 投影到 R－V 二维平面的过程，此时式（5.7）将转化为

$$S_{\text{R-V}}(r,v) = \frac{1}{M}\sum_{m=0}^{M-1}S(m)\exp\left(\text{j}2\pi\frac{f_m}{c}(r+vm\Delta\tau)\right) \tag{5.9}$$

式中：$S_{\text{R-V}}(r,v)$为回波经 R－V 投影后坐标(r,v)处的样本。进一步展开式（5.9）可以得到

$$S_{\text{R-V}}(r,v) = \frac{1}{M}\sum_{m=0}^{M-1}S(m)\exp\left(\text{j}2\pi\frac{f_m}{c}vm\Delta\tau\right)\exp\left(\text{j}2\pi\frac{f_m}{c}r\right) \tag{5.10}$$

式（5.10）中第一个指数项与距离采样 r 无关，因此可以先对特定的速度进行补偿，记

$$S_{\text{F-V}}(m,v) = S(m)\exp\left(\text{j}2\pi\frac{f_m}{c}vm\Delta\tau\right) \tag{5.11}$$

式中：$S_{\text{F-V}}(m,v)$为回波在频率－速度（frequency－velocity，F－V）平面上的分布，之后式（5.10）可以化简为

$$S_{\text{R-V}}(r,v) = \frac{1}{M}\sum_{m=0}^{M-1}S_{\text{F-V}}(m,v)\exp\left(\text{j}2\pi\frac{f_m}{c}r\right) \tag{5.12}$$

从而$S_{\text{R-V}}(r,v)$可由$S_{\text{F-V}}(m,v)$经频率维的 IFFT 快速得到，相比于直接将原始一维回波投影到 R－V 空间，消耗的计算量从 N_vM_rM 次复数乘法与加法，下降到 $N_vM+N_v(M_r/2)\log_2M_r$ 次复数乘法，以及 $N_vM_r\log_2M_r$ 次复数加法。需要提前存储的相位补偿因子数目也从 N_vM_rM 个复数单元下降到 N_vM 个复数单元。

式（5.11）与式（5.12）能够高效的获得目标在 R－V 空间中的分布，此时目标在 R－V 空间中的坐标是目标在脉冲初始时刻的位置，即按照式（5.11）与式（5.12）处理后，我们能够获得目标的起点。考虑到系统接收到回波时，目标已经离开了其初始位置，因此本书推荐用终点来描述目标信息，即将式（5.9）变换为

$$S_{\mathrm{R-V}}(r,v) = \frac{1}{M}\sum_{m=0}^{M-1} S(m)\exp\left(\mathrm{j}2\pi\frac{f_m}{c}(r - vT + vm\Delta\tau)\right) \tag{5.13}$$

从而回波的 F－V 空间分布被表达为

$$S_{\mathrm{F-V}}(m,v) = S(m)\exp\left(\mathrm{j}2\pi\frac{f_m}{c}v(m\Delta\tau - T)\right) \tag{5.14}$$

无论选择将目标聚焦于起点还是聚焦于终点，二者的计算量是相同的。终点能够更为准确地反映目标的最新位置。

图 5.2 给出了一个理想点目标，以 1m/s 的径向速度远离雷达时，采用 R－V投影与一维脉冲压缩处理结果。仿真实验中雷达系统采用步进频超宽带信号，扫频范围为 0.5～2GHz，扫频间隔为 2MHz，系统 PRT 为 200ms。脉冲初始时刻目标位于 10m 处，结束时目标位于 10.2m 处，图 5.2 (a) 和 (b) 给出了起点模式下，目标的 R－V 投影结果，可见目标在预设起点位置处得到

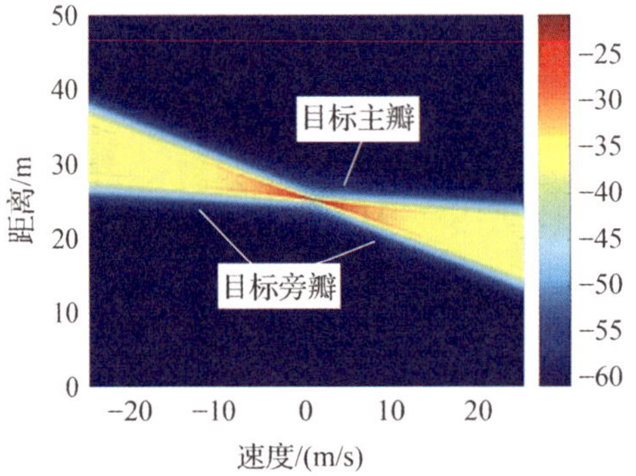

(a) 起点模式下的R－V投影

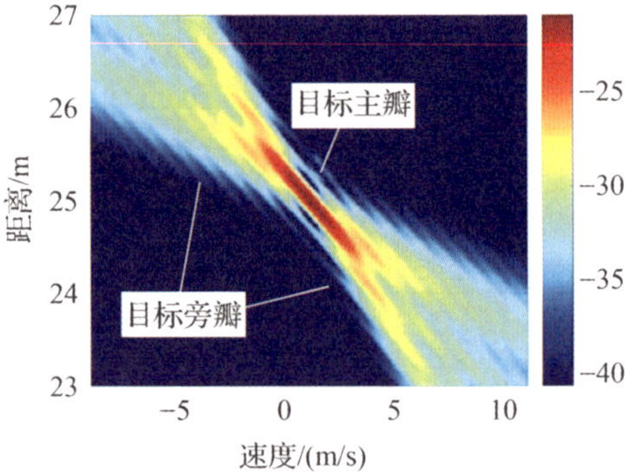

(b) 起点模式下R－V投影结果的主瓣

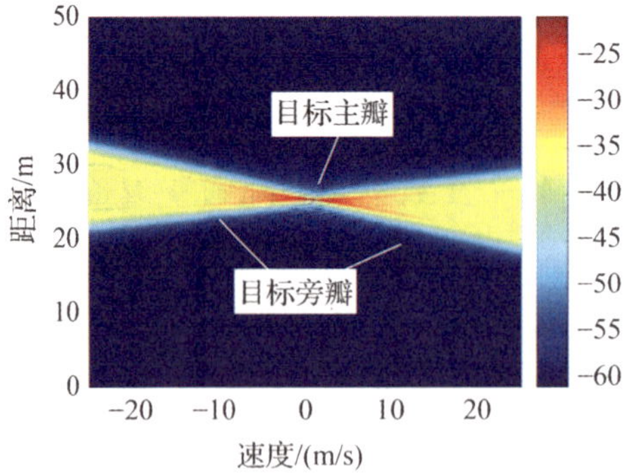

(c) 终点模式下的R－V投影

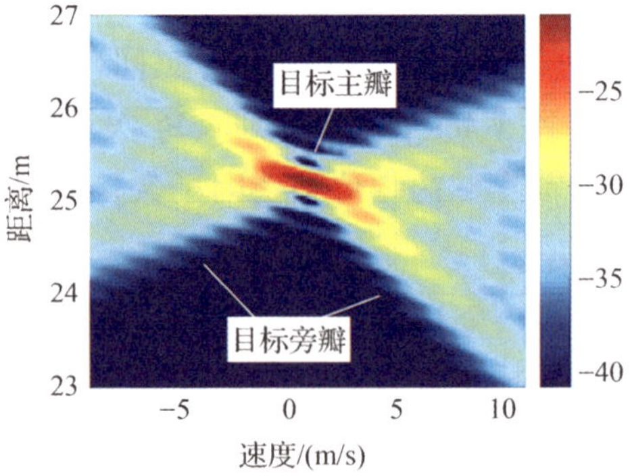

(d) 终点模式下R－V投影结果的主瓣

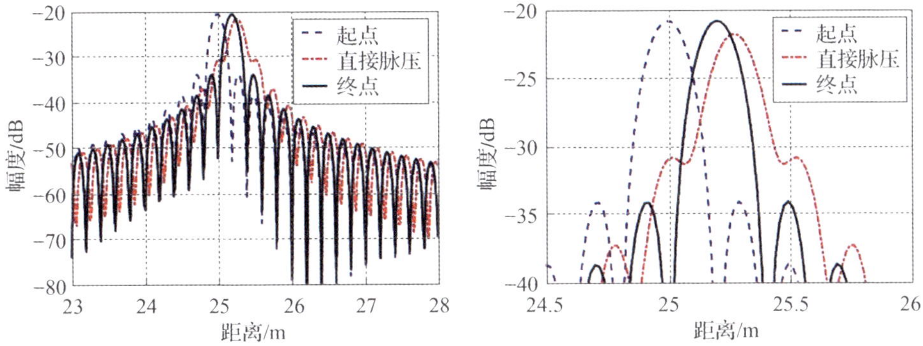

(e) R−V投影与直接脉冲压缩结果对比　　(f) R−V投影与直接脉冲压缩结果的主瓣

图 5.2　匀速直线运动的点目标 R－V 投影与一维脉冲压缩结果对比

了聚焦。由于单脉冲的持续时间仅200ms，因此目标在速度域上的分辨率很有限，同时也存在影响范围很大的旁瓣；图 5.2（c）和（d）所示的终点模式下的 R－V 投影也取得了类似的结果，目标主峰出现在(10.2m,1m/s)处，与起点模式的结果相比，差异只在于主瓣的坐标以及主瓣与水平线之间的倾斜角度。

直接进行脉冲压缩相当于只进行起点模式下，$v=0$m/s 的 R－V 投影，因此直接进行脉冲压缩的结果与图 5.2（a）中 $v=0$m/s 的一维距离像是一致的。

图 5.2（e）～（f）给出了直接脉冲压缩以及两种模式下 R－V 投影在 $v=1$m/s 时的结果，可见此时运动已经足够引起脉内距离走动，直接脉冲压缩的结果中目标像已经发生较大形变，同时主峰值点的位置也并不对应于目标的真实位置。

虽然 R－V 投影可以在单脉冲下同时实现测距与测速，但相关参数的估计性能依然受限于傅里叶变换的基本性质，即距离分辨率取决于信号带宽，速度分辨率取决于测量时长。R－V 投影虽然可以补偿目标的运动效应，但并不代表因此可以无限制降低雷达系统硬件参数指标。

对于匀速直线运动目标，获得 R－V 分布的更一般方法为 RFT，其基本原理与式（5.11）相同，都是将不同时间相同频率的回波样本对齐（补偿）到同一速度单元，从而在距离向上利用 IFFT 实现快速脉冲压缩。RFT 往往针对的是多脉冲数据，在频域沿着慢时间利用 CZT 技术可以快速实现多速度分量的同时对齐。对于单脉冲数据，上述过程等价于将回波数据重排为一对角矩阵

$$\boldsymbol{S}_{\mathrm{F-FT}}=\begin{bmatrix} S(0) & 0 & \cdots & 0 \\ 0 & S(1) & \cdots & 0 \\ \vdots & \vdots & & \vdots \\ 0 & 0 & \cdots & S(M-1) \end{bmatrix}_{M\times M} \tag{5.15}$$

式中：下标 F－FT 为频率－快时间（frequency－fast Time，F－FT）的缩写；$S_{\mathrm{F-FT}}$的行号为频率序号，列号为快时间序号。从这个角度来看，步进频连续波信号中单个频点的扫描对应于传统脉冲雷达的单次脉冲，完成一次全部频点扫描的时间对应于传统雷达信号处理中的 CPI。因此，对于具有大带宽大时宽的超宽带步进频信号来说，其系统其实具有超高的 PRT 与超低的 CPI，理论上不会存在测速模糊的问题[233]。

按照式（5.15）重排单脉冲回波数据之后，就可以直接进行 RFT 处理。按照频域快速 RFT 算法的思路，首先沿着 $S_{\mathrm{F-FT}}$的每一行利用 CZT 将不同频点对齐到同一速度，这一过程等价于

$$S_{\mathrm{F-V,CZT}}(m,v)=\sum_{i=0}^{M-1}S_{\mathrm{F-FT}}(m,i)\exp(\mathrm{j}2\pi f_m vm\Delta\tau/c) \tag{5.16}$$

由于矩阵 $S_{\mathrm{F-FT}}(m,i)$中，仅有 $m=i$ 时的元素不为 0，因此式（5.16）可化简为

$$S_{\mathrm{F-V,CZT}}(m,v)=S(m)\exp(\mathrm{j}2\pi f_m vm\Delta\tau/c)=S_{\mathrm{F-V}}(m,v) \tag{5.17}$$

从而 $S_{\mathrm{F-V,CZT}}(m,v)$与式（5.11）中的 $S_{\mathrm{F-V}}(m,v)$是相同的。但相比后者来说，$S_{\mathrm{F-V,CZT}}(m,v)$的计算过程包括为 M 次 CZT 运算（输入长度为 M 且输出长度为 N_v），产生的计算量约为 $1.5M(J\log_2 J+J+M+N_v)$次复数乘法与 $2M^2\log_2(J)$复数加法，其中 J 为大于 $M+N_v-1$ 的最小 2 的整数幂，超过后者所需的 MN_v 次复数乘法。因此在单脉冲中进行基于 CZT 的 RFT 处理并不如直接补偿速度效应高效。

综上所述，对于步进频连续波信号来说，式（5.11）或式（5.14）所示的速度补偿是 RFT 中速度对齐环节的一种简化实现方式，将一维回波投影到二维 R－V 空间的过程本质上就是在执行 RFT 处理。这里仅补偿了速度分量，没有考虑更为复杂的加速度以及加加速度，对于大部分的穿墙雷达系统来说，由于关注的人体目标运动较为缓慢，完成一次全频点扫描的时间内，假定室内人体目标的速度不会发生明显改变是合理的。退一步来说，即使目标的速度变

化可能并不能完全忽略，但采用 R－V 投影至少也补偿了一阶运动效应，相比于传统的一维距离向脉冲压缩，依然会有更好的目标聚焦性能。

5.2.2　多脉冲滑动 R－V 投影

在处理运动目标回波时，R－V 投影表现出比直接进行一维脉冲压缩更好的聚焦性能，但其性能依然受傅里叶变换的各种性质制约，当雷达系统参数确定后，想要进一步提高目标探测性能只有提高目标的相干积累时长。假设目标能够在不止一个脉冲的时间内保持匀速直线运动的状态不变，或者加速度在上述时间内引起的位移量不足以跨越距离单元，则在多个脉冲间采用 R－V 投影依然能够持续对目标进行增强。

假设目标能够在 N_{CPI} 个脉冲内满足 R－V 投影的要求，则终点模式下，将多脉冲投影到 R－V 数据空间的过程可描述为

$$S_{\mathrm{R-V}}(r,v) = \frac{1}{MN_{\mathrm{CPI}}}\sum_{n=0}^{N_{\mathrm{CPI}}-1}\sum_{m=0}^{M-1}R(m,n)\exp\left(\mathrm{j}2\pi\frac{f_m}{c}(r+v(nT+m\Delta\tau-N_{\mathrm{CPI}}T))\right) \tag{5.18}$$

按照式（5.14）补偿回波样本中的运动效应本质上是对频域回波样本沿着慢时间进行 DFT 处理，当 N_{CPI} 与 N_v 较大时，直接 DFT 处理的效率会低于 CZT，因此多脉冲情况下，直接采用 CZT 完成 R－V 投影是更为明智的做法。

RFT 采用 CZT 实现多脉冲的速度对齐，其计算效率媲美于采用 FFT 的 MTD 技术[232]，如果我们将所有回波划分为若干不重叠的 CPI 独立处理，直接进行 RFT 处理无疑是最优的选择。但 CPI 间的不重叠加大了目标检测结果之间的孤立性，特别是当单个 CPI 的持续时间较长时，同一目标在不同 CPI 中的关联性较低，无形中为后续的跟踪处理环节增加了难度。有鉴于此，我们需要将 RFT 处理以重叠滑窗的形式进行，如图 5.3 所示，为了最大限度的保持目标信息的连续性，我们甚至需要逐脉冲地移动 RFT 滑窗。

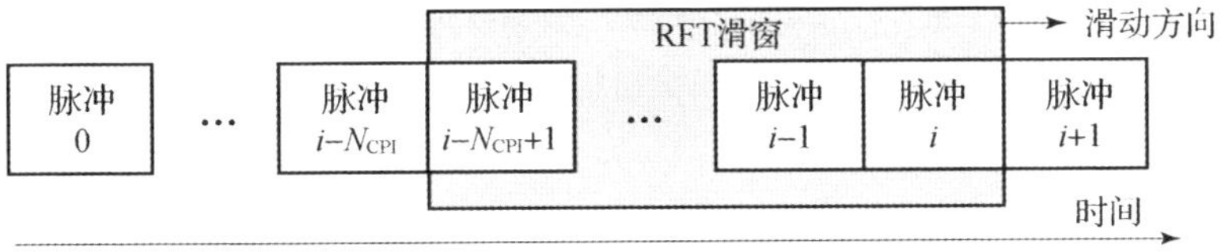

图 5.3　滑动 RFT 示意

滑窗操作将带来大量重叠数据，如果依然在每个滑窗中独立进行 RFT 处理，重叠数据将产生极大的冗余计算。为了提高滑动 R－V 投影的可用性，我们必须设法去除滑动过程的冗余计算。

首先将式（5.18）中的脉冲序号 n 替换成 i，以防止 CPI 内的脉冲序号与全局脉冲序号相混淆，并考虑对图 5.3 所示的第 $n-N_{\mathrm{CPI}}+1$ 到 n 的脉冲进行 RFT 变换，交换频率与脉冲的累加顺序有

$$S_{\mathrm{R-V}}(r,v,n)=\frac{1}{MN_{\mathrm{CPI}}}\cdot\sum_{m=0}^{M-1}\sum_{i=n-N_{\mathrm{CPI}}+1}^{n}S(m,i)\exp\left(\mathrm{j}2\pi\frac{f_m}{c}(r+v_r((i+N_{\mathrm{CPI}}-1-n)T+m\Delta\tau-N_{\mathrm{CPI}}T))\right)\tag{5.19}$$

式中：$R_{\mathrm{R-V}}(r,v_r,n)$为由脉冲 $n-N_{\mathrm{CPI}}+1$ 到脉冲 n 组成的 CPI 时间内回波的 R－V 分布。对式（5.19）化简有

$$S_{\mathrm{R-V}}(r,v_r,n)=\frac{1}{MN_{\mathrm{CPI}}}\cdot\sum_{m=0}^{M-1}\sum_{i=n-N_{\mathrm{CPI}}+1}^{n}S(m,i)\exp\left(\mathrm{j}2\pi\frac{f_m}{c}(r+v_r(iT+m\Delta\tau-T))\right)\exp\left(-\mathrm{j}2\pi\frac{f_m}{c}vnT\right)\tag{5.20}$$

于是记

$$S_{\mathrm{F-V}}(m,v_r,n)=R(m,n)\exp\left(\mathrm{j}2\pi\frac{f_m}{c}v_r(nT+m\Delta\tau-T)\right)\tag{5.21}$$

$$P_{\mathrm{F-V}}(m,v,n)=\exp\left(-\mathrm{j}2\pi\frac{f_m}{c}vnT\right)\tag{5.22}$$

则式（5.20）可化简为

$$S_{\mathrm{R-V}}(r,v,n)=\frac{1}{MN_{\mathrm{CPI}}}\sum_{m=0}^{M-1}\left\{P_{\mathrm{F-V}}(m,v,n)\sum_{i=n-N_{\mathrm{CPI}}+1}^{n}S_{\mathrm{F-V}}(m,v,i)\right\}\exp\left(\mathrm{j}2\pi\frac{f_m}{c}r\right)\tag{5.23}$$

由此可见，计算 $S_{\mathrm{R-V}}(r,v,n)$时，滑窗移动过程中产生的重叠回波样本涉及的计算为滑窗内 $S_{\mathrm{F-V}}(m,v,i)$的累加，$S_{\mathrm{F-V}}(m,v,i)$为脉冲 i 进行速度补偿的结果，如式（5.14）所示，式（5.14）与式（5.21）的差别只在于相位中的对齐时间。因此，去除 $S_{\mathrm{F-V}}(m,v,i)$累加过程中的冗余计算就可以提高滑动 R－V 投影的计算效率。

注意到，伴随着 RFT 滑窗的移动，对于 $\sum_{i=n-N_{\mathrm{CPI}}+1}^{n}S_{\mathrm{F-V}}(m,v,i)$ 而言，每次

发生改变的只有两个脉冲的数据，即将滑入窗口的第 $n+1$ 个脉冲的数据，以及即将滑出窗口的第 $n-N_{\mathrm{CPI}}+1$ 个脉冲的数据，如图 5.3 所示，这一变化规律符合数据结构中队列的先进先出特性，因此可以利用队列数据的计算特性对滑动 RFT 进行加速。

采用循环队列的思想，记 $\boldsymbol{Q}_{N_{\mathrm{CPI}}}$ 为一长度为 N_{CPI} 的队列，$\boldsymbol{Q}_{N_{\mathrm{CPI}}}$ 内的每一个元素为 $M\times N_v$ 的复数矩阵，又记 $\boldsymbol{S}_Q$ 为 $\boldsymbol{Q}_{N_{\mathrm{CPI}}}$ 内所有元素的和，$\boldsymbol{S}_Q$ 为一 $M\times N_v$ 的复数矩阵，$\boldsymbol{Q}_{N_{\mathrm{CPI}}}$ 与 $\boldsymbol{S}_Q$ 的初始值可以通过传统的 RFT 处理第一个 CPI 内的数据得到，之后每次移动 RFT 滑窗时，按顺序做如下的更新

$$\boldsymbol{S}_Q=\boldsymbol{S}_Q-\boldsymbol{Q}_{N_{\mathrm{CPI}}}^{\mathrm{mod}(n,N_{\mathrm{CPI}})}+[S_{\mathrm{F-V}}(m,v,n)] \tag{5.24}$$

$$\boldsymbol{Q}_{N_{\mathrm{CPI}}}^{\mathrm{mod}(n,N_{\mathrm{CPI}})}=[S_{\mathrm{F-V}}(m,v,n)] \tag{5.25}$$

式中：$\boldsymbol{Q}_{N_{\mathrm{CPI}}}^{\mathrm{mod}(n,N_{\mathrm{CPI}})}$ 为队列的第 $\mathrm{mod}(n,N_{\mathrm{CPI}})$ 个元素，$\mathrm{mod}(n,N_{\mathrm{CPI}})$ 为 n 对 N_{CPI} 取余，$[S_{\mathrm{F-V}}(m,v,n)]$ 为由 $S_{\mathrm{F-V}}(m,v,n)$ 构成的矩阵，且有

$$[S_{\mathrm{F-V}}(m,v,n)]=\begin{bmatrix} S_{\mathrm{F-V}}(0,v_0,n) & S_{\mathrm{F-V}}(0,v_1,n) & \cdots & S_{\mathrm{F-V}}(0,v_{N_v-1},n) \\ S_{\mathrm{F-V}}(1,v_0,n) & S_{\mathrm{F-V}}(1,v_1,n) & \cdots & S_{\mathrm{F-V}}(1,v_{N_v-1},n) \\ \vdots & \vdots & & \vdots \\ S_{\mathrm{F-V}}(M-1,v_0,n) & S_{\mathrm{F-V}}(M-1,v_1,n) & \cdots & S_{\mathrm{F-V}}(M-1,v_{N_v-1},n) \end{bmatrix} \tag{5.26}$$

式中：v_h 为第 h 个速度采样，$h=0,1,\cdots,N_v-1$。

因此，式（5.23）可进一步化简为

$$S_{\mathrm{R-V}}(r,v,n)=\frac{1}{MN_{\mathrm{CPI}}}\sum_{m=0}^{M-1}\{P_{\mathrm{F-V}}(m,v,n)\boldsymbol{S}_Q(m,v)\}\exp\left(\mathrm{j}2\pi\frac{f_m}{c}r\right) \tag{5.27}$$

式中：$\boldsymbol{S}_Q(m,v)$ 为矩阵 $\boldsymbol{S}_Q$ 中坐标 (m,v) 对应的元素，将 $\{P_{\mathrm{F-V}}(m,v,n)\boldsymbol{S}_Q(m,v)\}$ 视作整体，则式（5.27）是关于 $\{P_{\mathrm{F-V}}(m,v,n)\boldsymbol{S}_Q(m,v)\}$ 的距离向逆傅里叶变换，因此可以利用 IFFT 快速实现。

综上所述，采用循环队列的形式实现滑动 RFT 时，移动一次滑窗所涉及的运算主要包括式（5.21）与式（5.22）在对回波样本进行速度补偿以及生成相位因子，式（5.24）与式（5.25）循环队列的更新操作，以及最后式（5.27）中的距离向脉冲压缩。由此带来的运算量约为 $(3+0.5\log_2 M)MN_v$ 次复数乘法，以及 $(3+\log_2 M)MN_v$ 次复数加法，采用循环队列的另一个好处是

计算量与队列长度无关，即使 RFT 滑窗所包含的回波脉冲数目很多，滑动 RFT 处理所需的计算量也并不会改变，只是长队列意味着更多的存储消耗。

5.2.2.1 盲速旁瓣

对于单频或者窄带信号而言，RFT 与 MTD 的结果是一样的，不过当作用于超宽带信号时，二者会产生较大差异。对于工作频点 f_m 而言（$m=0,1,\cdots,m-1$），收发双程对应径向速度为 v 的目标所产生的多普勒频率为

$$f_d(m)=v/\lambda_m \tag{5.28}$$

式中：λ_m 为第 m 个工作频率对应的波长。可以发现，同一速度在越高的工作频率中会产生越大的多普勒频移，因此对于超宽带信号而言，目标在 F－V 空间中的分布如图 5.4 所示，由于 MTD 处理得到的是目标的频率－多普勒（frequency－Doppler，F－D）分布，因此目标在 F－D 空间中表现为一斜率为 c/v 的斜线（多普勒频率为自变量时），RFT 处理是将该斜线缩放（而非旋转）到与频率轴平行的方向上，图中远离被定义为速度的正方向，因此速度与多普勒的符号相反，即正多普勒频率对应负速度。

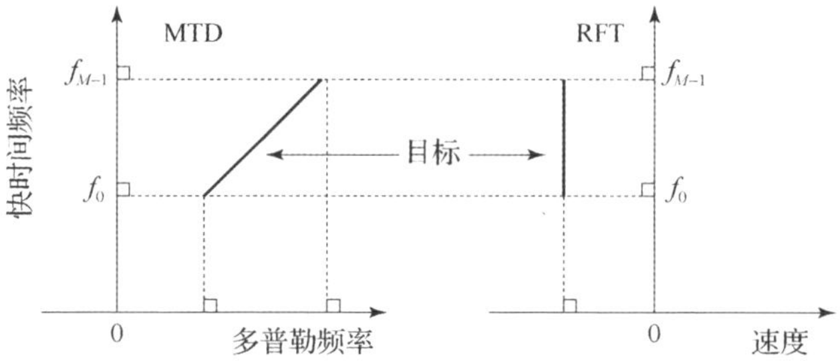

图 5.4　MTD 与 RFT 的关系

仍以图 5.2 中的仿真参数为例，考虑目标初始位置为 10m，并以 1m/s 的速度沿径向远离雷达系统，对回波数据分别进行 MTD 与滑动 RFT 处理，设 $N_{CPI}=5$，第 1 秒的回波处理结果如图 5.5 所示，所有结果均做归一化并以分贝形式显示，显示动态范围为 30dB。

滑动 RFT 的速度分析范围设为[－5m/s,5m/s]，由于雷达系统最高频率为 2GHz，在 5Hz 系统重频下允许的最大不模糊径向速度仅约 0.75m/s，因此[－5m/s,5m/s]将包含约 13 个多普勒模糊区间（对最高工作频率而言），如

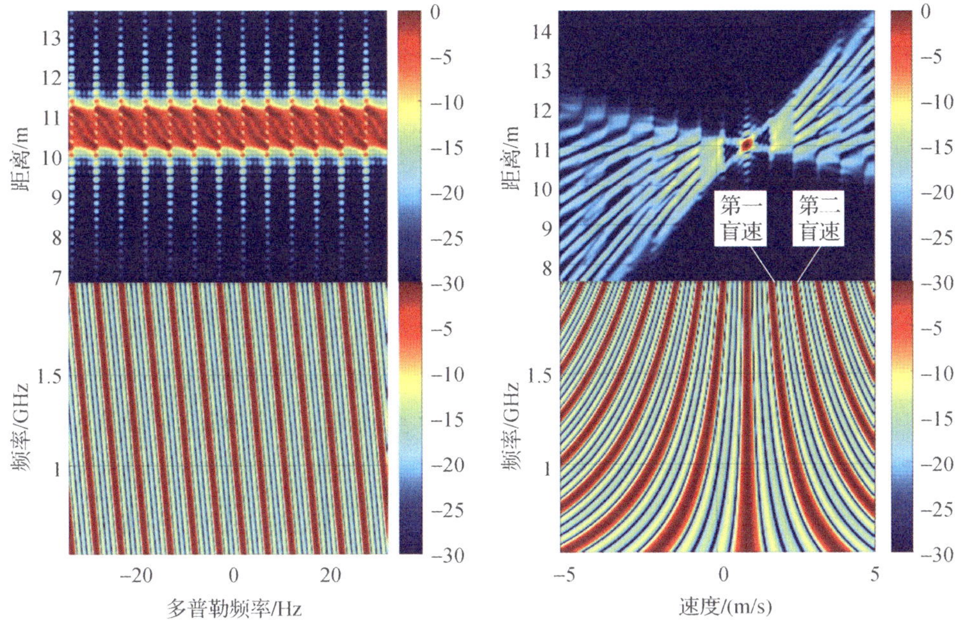

(a) 距离–多普勒(上)与频率–多普勒(下)　　(b) 距离–速度(上)与频率–速度(下)

图 5.5　MTD 与 RFT 处理结果差异

图 5.5（a）下半部分所示，每一条红色斜线代表了目标投影到频率 – 多普勒数据空间中的分布，斜线的斜率取决于目标的径向速度，由于多普勒模糊，目标在每一个多普勒模糊区间内都会重复出现一次，为了解决多普勒模糊现象，传统雷达系统中会引入多重频技术来解模糊。由于跨距离单元与多普勒模糊现象，目标的 MTD 结果并不理想，如图 5.5（a）上半部分所示，距离向的脉冲压缩对沿着频率 – 多普勒空间中的每一条多普勒线进行 IFFT 处理，但由于目标斜线并不平行于频率轴，因此某个多普勒值对应的频率线上，仅有少量样本与目标斜线相交，最终导致脉冲压缩处理后目标散焦。目标散焦与多普勒模糊是传统脉冲压缩技术处理运动目标回波时普遍存在的问题。

当采用滑动 RFT 处理后，对应目标真实速度的多普勒斜线被缩放到与频率轴平行的地步，如图 5.5（b）下半部分所示，只有 1m/s 的速度线与频率轴完全平行，因此沿着频率轴的 IFFT 处理能够实现目标聚焦，如图 5.5（b）上半部分所示，目标主峰出现在正确的位置处。但也应注意到，正是由于利用 RFT 实现速度对齐的方式是将图 5.5（a）的下半部分进行缩放而非旋转，导致目标在频率-多普勒空间的斜线变成了上（高频部分）窄下（低频部分）宽的不规则形状。然而，虽然旋转可以不改变目标分布的形状，但却只能对齐特定的速度，RFT 采用的缩放策略虽然会导致目标分布畸变，但却能实现所有速度的对齐。采用 RFT 处理大时宽步进频超宽带信号的另一个好处是，多普勒模糊造成的虚假目标会因为缩放效应畸变到无法形成能够与主瓣竞争的地步，如图 5.5（b）上半部分所示，目标的盲速分量形成了真实目标的旁瓣，因此目标不再存在速度模糊的现象，这一点也在文献［233］中被特别强调，步进频连续波也因此被定义为合成宽带信号。

虽然目标在 R-V 数据空间中不存在速度模糊现象，但旁瓣的强度以及分布范围却远比传统意义上的二维 sinc 函数严重的多，系统的 PRF 越低，发射信号带宽越大，旁瓣就会越严重。图 5.6 给出了图 5.5（b）中目标在不同速度处的分布曲线，由图 5.5（b）的上半部分可知，目标在约 0.137m/s 处存在较强的非常集中的旁瓣，在 -3.235m/s 及更远处形成了较弱但分布范围很广的旁瓣，截取这两处速度的频域及距离域分布曲线分别如图 5.6（a）与图 5.6（b）所示，作为对比，目标真实速度 1m/s 处的曲线也绘制在一起。

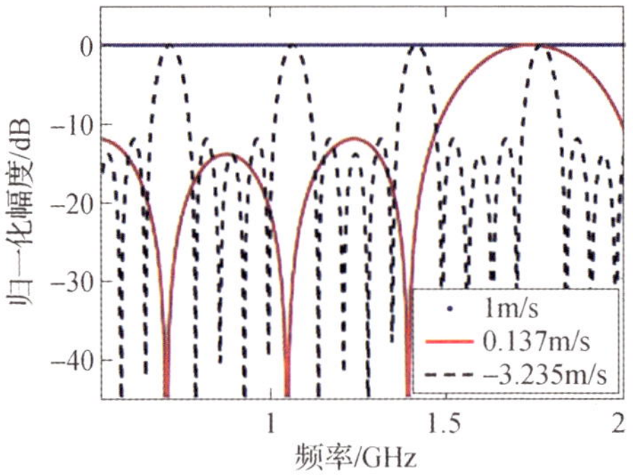

(a) 不同速度处的频域分布

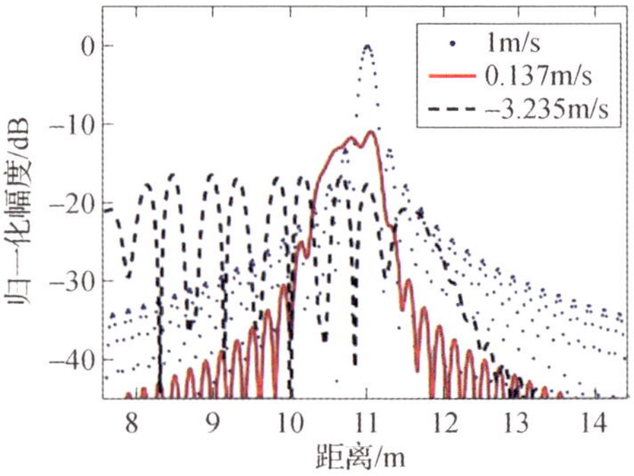

(b) 不同速度处的距离域分布

图 5.6　不同速度处目标的分布

RFT 中较为集中的旁瓣主要是由目标在第一盲速上的高频分量生成，这是由于越靠近真实速度，RFT 带来的伸缩效应越不明显，而高频分量的畸变也越轻微，因此如图 5.6（a）中的红色实线所示，高频区域存在大片连续的强样本，因此对应生成了较集中的峰值，如图 5.6（b）中的红色实线所示，此类旁瓣容易被系统误判为弱目标；而对于 3.235m/s 速度处的目标样本来说，由于远离真实速度，同一个盲速分量中已经难以出现大片连续的样本，因此降低了样本之间的相干性。但同时，多个不同的盲速分量会出现在同一条速度线中，如图5.6（a）中的黑色实线所示，共计出现4个尖峰，表明该速度线与4个盲速分量相交，此时旁瓣经距离向脉冲压缩后虽然不会形成单独集中的峰值，如图5.6（b）中的黑色虚线所示，但会保持一定强度持续出现多个距离单元中，因此容易污染其他目标。

然而传统的窗函数方法，以损失分辨率为代价，却并不能实现盲速旁瓣的抑制。如图5.7（a）与图5.7（b）所示，在标准RFT处理过程中分别沿着慢时间与频率叠加汉宁窗函数，得到的结果表明盲速旁瓣反而变强了。如图5.5（b）上半部分中某些旁瓣相对分散的区域，如0m/s附近，在图5.7（a）与图5.7（b）中形成了类似弱目标主瓣的分布，旁瓣的危害变大了。

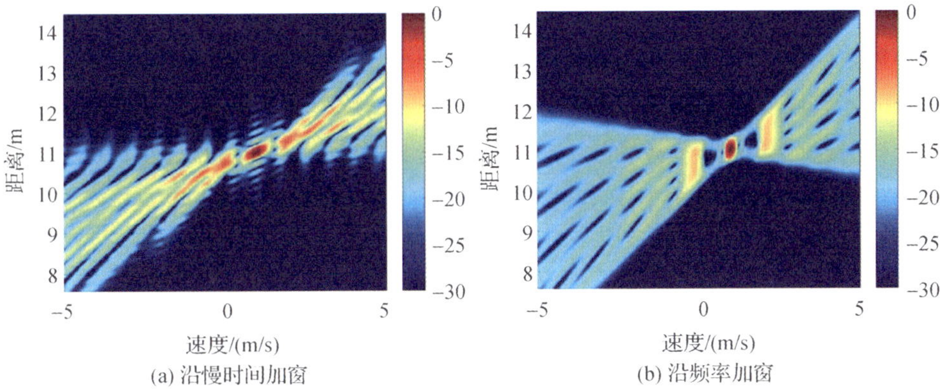

图5.7　汉宁窗函数处理后的R–V分布

这是由于目标在R–V中的旁瓣主要来源于目标自身的多普勒模糊现象，因此盲速旁瓣本身属于某个脉冲中目标的主瓣，从这一点来看，盲速旁瓣与距离向旁瓣并不相同，盲速旁瓣更加类似于MIMO成像中的栅瓣。此时，无论是沿着慢时间加窗，还是沿着距离向加窗，都会导致目标主瓣展宽，进而提高了F–V空间中目标盲速分量的重叠概率，变相增加了强旁瓣的分布范围，因此传统的窗函数法不能有效抑制盲速旁瓣。另外，慢时间上的窗函数会破坏式（5.23）中可以进行循环队列处理的数据结构，因而只能采用标准RFT的形式实现回波向R–V空间的投影，降低了大规模数据的处理效率。虽然已经有多重频非线性处理技术来实现抑制盲速旁瓣抑制[231]，但对于大时宽信号来说，增加不同的 PRF 不仅意味着硬件成本的增加，也对目标运动状态提出了更苛刻的要求，即要求目标在更长的时间内保持径向匀速直线运动，这一点对于 MIMO 系统来说更加难以满足，目标在某个通道内保持匀速直线运动，往往意味着在其它通道内目标是变速运动，相干处理的时间越长，运动状态的不确定性就越大。

5.2.2.2 变时长处理

从前述结果来看，增加 PRF、增加相邻工作频点之间的差异（即增大扫频步进量）、增加工作频率波长（即降低工作频率）等措施有助于改善盲速旁瓣的分布。不过上述系统参数往往与雷达技战指标耦合，一般难以在线修改。在接收端的信号处理环节增加相干处理时长，即 N_{CPI}，通过减小目标盲速分量的主瓣宽度来降低旁瓣的影响范围，无疑是最具性价比的方案。增加 N_{CPI} 意味着目标运动模型失配的风险加大，不过应当注意到，低频信号对目标运动状态变化的容忍度要优于高频信号，即相同 N_{CPI} 的情况下，目标需要有更大的加速度才会引起低频信号多普勒效应的改变，因此低频信号往往可以拥有更长的相干处理时间。可以在 RFT 中引入变时长机制，从而改善目标在 R－V 数据空间中的分辨率与旁瓣效应。

RFT 遵从于傅里叶变换的基本性质，对于单频信号而言，有限时长的 RFT 变换得到的结果中，点目标的速度分辨率取决于同等时长的 MTD 结果，因此当处理 N_{CPI} 个脉冲时，工作频点 f_m 对应的点目标多普勒分辨率 δ_{d} 为

$$\delta_{\mathrm{d}}=\frac{1}{N_{\mathrm{CPI}}T} \tag{5.29}$$

将式（5.29）代入式（5.28），得到 RFT 对应的速度分辨率为

$$\delta_{\mathrm{v}}(m)=\delta_{\mathrm{d}}\lambda_m=\frac{\lambda_m}{N_{\mathrm{CPI}}T}=\frac{c}{N_{\mathrm{CPI}}Tf_m} \tag{5.30}$$

相同时长下，低频对应的速度分辨率更低，亦即 RFT 处理之后，目标在低频区域的速度主瓣要宽于高频区域。这一点也与图 5.5（b）的结果一致，目标在不同工作频率下的速度域主瓣宽度随频率成反比，与波长成正比。这一现象缓解了目标盲速分量的畸变效应，盲速分量畸变越快，不同频点上回波样本的相干性就越弱，盲速旁瓣聚焦的概率就越低，反之出现强盲速旁瓣的可能

性就越大。因此，低频信号对速度主瓣的展宽，最终导致目标盲速旁瓣覆盖范围的扩大。

增加 N_{CPI} 是降低目标速度域主瓣最直接的手段，然而正如前文所述，N_{CPI} 越大，目标加速度引起的速度变化就越大，目标与匀速直线运动模型之间的失配就越严重，最终目标在 R－V 空间中的聚焦性能也越差。假设目标进行匀加速直线运动，欲使目标在长度为 N_{CPI} 的 RFT 处理中能够聚焦（不同脉冲中的目标最后能够对齐到同一个速度单元），对应时长内目标的速度变化量应不超过一个速度单元，即目标不会发生跨越速度单元的现象，因此有

$$|a_{\mathrm{tar}}|N_{\mathrm{CPI}}T<\delta_{\mathrm{v}}(m) \tag{5.31}$$

式中：a_{tar} 为目标的径向加速度，由于高频对应的速度分辨率更高（δ_{v} 的数值更小），因此最高工作频率允许的目标加速度最小。以最高工作频率为参考，则系统的相干处理脉冲数目应满足

$$N_{\mathrm{CPI}}<\frac{\lambda_m\delta_{\mathrm{v}}(M-1)}{\lambda_{M-1}|a_{\mathrm{tar}}|T} \tag{5.32}$$

由式（5.31）可知，相同的相干处理时长下，不同工作频率所允许的目标最大加速度是不同的。而反过来说，对于同一个加速度，不同工作频率所允许的相干处理时长是不同的，如式（5.32）所示。

如果设 $N_{\mathrm{CPI,max}}(m)$ 为第 m 个工作频点允许的最大相干处理脉冲数，则由式（5.32）可知：

$$\frac{N_{\mathrm{CPI,max}}(m)}{N_{\mathrm{CPI,max}}(M-1)}=\frac{\lambda_m}{\lambda_{M-1}}=\frac{f_{M-1}}{f_m} \tag{5.33}$$

因此，如果对于最高工作频率 f_{M-1}，假设目标能够进行 RFT 处理的脉冲数目为 $N_{\mathrm{CPI,max}}(M-1)$，则对于另一个工作频率 f_m 而言，目标能够进行 RFT 处理的脉冲数目将达到前者的 f_{M-1}/f_m 倍，例如对于图 5.5 中的系统参数而言，最低频率（0.5GHz）允许的相干处理时长将达到最高频率（2GHz）的 4 倍。工作频率与最大允许相干处理时长的关系如图 5.8 中的蓝色实线所示，二者成反比关系。由于实际的相干处理时长由一个个脉冲时间组成，虽然可以采用插值的方式来保证时间变化的连续性，但插值无疑会增加系统实现成本，因此采用阶梯状的离散量来表示二者的关系更利于实现，如图 5.8 中的虚线所示。

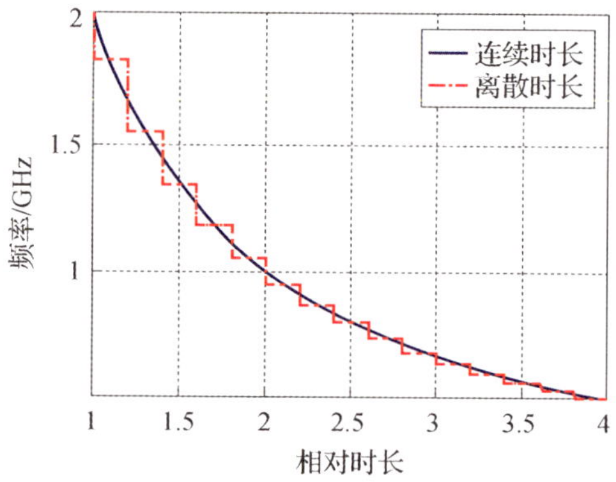

图 5.8　相干处理时长与工作频率的关系

采用图 5.8 所示的变时长相干积累处理能够将图 5.5（b）中低频部分的速度主瓣宽度缩放到与高频部分相同的尺度上，所有盲速分量的主瓣宽度也被缩放到同一尺度，此时目标在 R－V 空间的速度主瓣宽度取得最小值，盲速旁瓣的分布范围也因此被降低。

变时长技术可以与循环队列技术相结合，方法是将式（5.24）中的队列 $\boldsymbol{Q}_{N_{\mathrm{CPI}}}$ 修改为 M 个子队列，每个子队列只存储对应工作频率的 $S_{\mathrm{F-V}}(m,v,n)$ 样本，子队列的长度取决于图 5.8 中的虚线，即有

$$\boldsymbol{Q}=\{\boldsymbol{Q}_0,\boldsymbol{Q}_1,\cdots,\boldsymbol{Q}_{M-1}\} \tag{5.34}$$

式中：$\boldsymbol{Q}$ 为所有子队列构成的集合，$\boldsymbol{Q}_m$ 指对应于频率 f_m 的子队列，子队列长度为

$$N_{\mathrm{CPI}}(m)=\mathrm{round}(N_{\mathrm{CPI}}(M-1)f_{M-1}/f_m) \tag{5.35}$$

子队列 $\boldsymbol{Q}_m$ 中包含 $N_{\mathrm{CPI}}(m)$ 个长度为 N_v 的复向量。系统只需要根据实际目标的可能参数设置最高工作频率所能容忍最大相干处理脉冲数即可进行变时长滑动 RFT 处理。每个子队列以及子队列的和依然按照式（5.24）与式（5.25）的关系进行更新即可。虽然变时长情况下，循环队列的长度发生了变化，但每次队列更新时涉及的计算量却并不会因此而改变。

唯一需要注意的是，由于不同工作频率对应的子队列长度不同，因此不同子队列的和源自不同数目元素的累加结果，这会改变系统在频域中的幅度响应。为了保证系统在距离域上的冲激响应符合 sinc 函数的特性，还需要根据队列长度在式（5.27）中进行幅度归一化操作，即将式（5.27）改写为

$$S_{\mathrm{R-V}}(r,v,n) = \frac{1}{MN_{\mathrm{CPI}}(M-1)}\sum_{m=0}^{M-1}\{P_{\mathrm{F-V}}(m,v,n)\bar{\boldsymbol{S}}_Q(m,v)\}\exp\left(\mathrm{j}2\pi\frac{f_m}{c}r\right) \tag{5.36}$$

式中：$\bar{\boldsymbol{S}}_Q(m,v)$为

$$\bar{\boldsymbol{S}}_Q(m,v) = \frac{N_{\mathrm{CPI}}(M-1)}{N_{\mathrm{CPI}}(m)}\boldsymbol{S}_Q(m,v) \tag{5.37}$$

如果不进行式（5.37）中的幅度归一化，则相当于在频域额外增加了一个与频率成反比的窗函数，该窗函数的形状如图5.8中红色虚线所示，由于系统在不同频点上的幅度系数不再相同，理想点目标在距离向上的主旁瓣也不再符合sinc函数特性。

不进行幅度归一化，脉冲压缩时低频分量的比重将被加大。由于R－V投影时，低频部分的畸变程度大于高频部分，如图5.5（b）的下半部分所示，相比于高频部分，同一盲速分量中的低频部分与速度线的重合度更小，相干性更差，加大低频分量在脉冲压缩时的比重，有助于进一步降低目标在R－V空间中的盲速旁瓣。因此，如果系统能够允许目标的主旁瓣分布在距离向上存在一定变形，那么不进行幅度归一化，甚至额外叠加其他的分布类似图5.8中蓝色实线那样的非对称窗函数（而不是传统的诸如汉宁、汉明等对称窗函数）来进一步增加低频分量的比重，将有助于进一步改善盲速旁瓣现象。

图5.9给出了变时长下的滑动R－V投影结果，各数据依然归一化并以分贝形式显示，显示动态范围为30dB。变时长处理时，最高工作频率对应的$N_{\mathrm{CPI}}(M-1)$依然设置为5，于是按照图5.8的结果，最低工作频率对应的$N_{\mathrm{CPI}}(0)$则为20，因此我们至少需要4秒钟的回波数据才能完整填满循环队列，此时目标将运动到14m处，如图5.9（a）与图5.9（b）的上半部分所示，目标在(14m,1m/s)处得到了有效聚焦。相比于图5.5（b）的结果，变时长处理后目标在不同频点上的速度主瓣被缩放到相同的尺度，不再具有图5.5（b）下半部分那样上窄下宽的分布，因此距离向脉冲压缩之后，目标的速度分辨率得到了提高，旁瓣的分布范围变窄，强度变低。

图5.9（a）与（b）的区别仅在于前者在进行距离向脉冲压缩之前进行了幅度归一化处理，而后者则直接将变时长循环队列的和进行了脉冲压缩。对比二者可见，幅度归一化可以使不模糊速度之内目标的R－V分布非常接近二

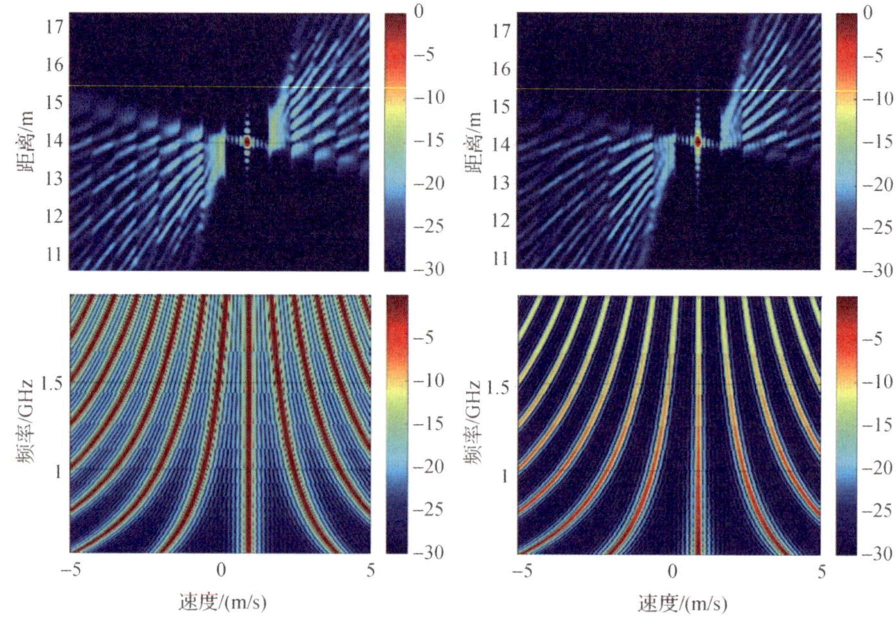

(a) 变时长幅度归一化　　(b) 变时长幅度不归一化

图 5.9　变时长下的滑动 RFT 处理

维 sinc 函数，但第一盲速附近的旁瓣依然较为强烈；而如果不进行幅度归一化，低频部分的信号幅度明显强于高频部分，盲速旁瓣因此被进一步压制，如图 5.9（b）下半部分所示，但作为代价，目标在距离向邻近主瓣的位置处出现较强旁瓣。上述结果证实了我们此前的理论分析。

进一步将等时长、变时长幅度归一化、变时长幅度不归一化这三种滑动 RFT 的结果中，目标主瓣附近的 R – V 分布放到一起进行对比，结果如图 5.10 所示。可见，变时长处理能够显著改善目标的分布特性，目标主瓣与第一盲速之间原本交叉状的旁瓣分布得到有效抑制，因此形成了相对干净的目标探测区。由于室内不同人体目标的走动速度较为接近，形如图 5.10（b）、（c）的干净区域有利于控制不同目标旁瓣的相互污染。

变时长处理中，幅度不归一化相对于幅度归一化，等价于在频域叠加了一个非对称的窗函数（该窗函数在低频区域的系数大，在高频区域的系数小），提高了低频分量在距离向脉冲压缩时的比重，从而以牺牲距离向主旁瓣性能为代价来改善盲速旁瓣。如图 5.10（b）、（c）所示，对于相同位置处的盲速旁瓣，后者普遍低约 3dB 以上，但后者在距离向上的旁瓣也明显高于前者。

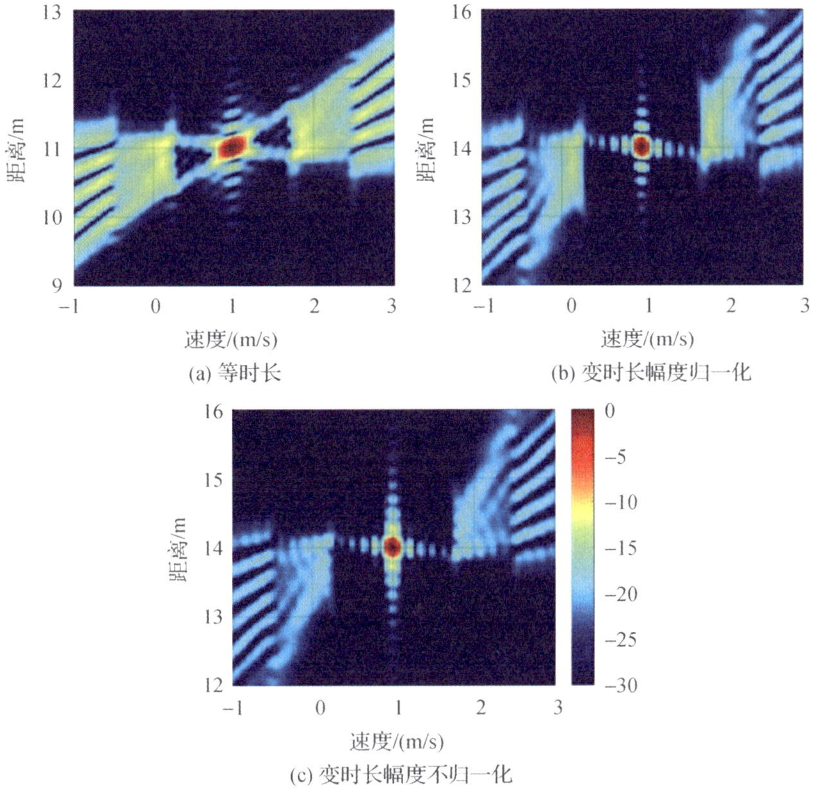

图 5.10　等时长与变时长下滑动 RFT 处理结果中目标主瓣区域的 R - V 分布

由于目标真实速度与第一盲速之间的距离取决于系统的 PRF，因此在可能的情况下，提高 PRF 从而扩大干净探测区域的范围，是改善目标在 R - V 数据空间中可探测性能的最稳定手段。而如果系统的 PRF 受限，则应当考虑牺牲一定的距离向主旁瓣分布性能来减少强目标在 R - V 空间中的盲速旁瓣污染，毕竟对于超宽带信号而言，系统在距离向上具有极高的分辨率，能够容忍一定程度的恶化。出于方便对比的需要，本书默认变时长滑动 RFT 是进行了幅度归一化的情况，而将幅度不归一化的情况归类为一种特别的频域窗函数方法。

5.3　MIMO 穿墙雷达多脉冲联合成像

式（5.4）给出了针对匀速直线运动目标的多脉冲联合 MIMO 成像方法，

其基本原理是利用逆傅里叶变换将三维回波矩阵 $[S(m,n,k)]$ 映射成四维图像矩阵 $[I_{N_{\mathrm{CPI}}}(x,y,u,\theta)]$，对于式（5.4）而言，即使假设所涉及的相位补偿因子已经提前存储，所需的计算量也高达 $N_{\mathrm{CPI}}MKN_xN_yN_uN_\theta$ 次复数乘法与加法，无论是在线实时处理，还是离线回放，这一计算复杂度都是难以接受的。

让我们将注意力转回传统的 MIMO 雷达 BP 成像，由于只考虑将单脉冲的二维回波（代表频率 – 通道数据空间的二维矩阵）在 $X-Y$ 空间中的投影，因此式（5.2）被简化为

$$I(x,y,n)=\frac{1}{MK}\sum_{k=0}^{K-1}\sum_{m=0}^{M-1}S(m,n,k)\exp\left(\mathrm{j}2\pi f_m\frac{l_k(x,y)}{c}\right) \tag{5.38}$$

式中：$l_k(x,y)$ 为场景中坐标为的像素 (x,y) 到收发天线的距离和，且有

$$l_k(x,y)=\sqrt{(x-x_{\mathrm{Tx}}(k))^2+(y-y_{\mathrm{Tx}}(k))^2}+\sqrt{(x-x_{\mathrm{Rx}}(k))^2+(y-y_{\mathrm{Rx}}(k))^2} \tag{5.39}$$

如果直接按照式（5.38）进行成像，假设所有的 $l_k(x,y)$ 均以提前存储，则完成一个脉冲回波的成像需要消耗 N_xN_yKM 次复数乘法与同等次数的复数加法运算。

而由于 $l_k(x,y)$ 与 m 无关，所以可以先将 $S(m,n,k)$ 提前变换到距离域完成脉冲压缩，这一步可以通过 IFFT 与频谱搬移技术快速实现：

$$S_{\mathrm{R-ST}}(m_r,n,k)=\frac{1}{M}\exp\left(\mathrm{j}2\pi f_0\frac{m_rR_u}{M_rc}\right)\sum_{m=0}^{M-1}S(m,n,k)\exp(\mathrm{j}2\pi mm_r/M) \tag{5.40}$$

式中：下标 R – ST 为距离 – 慢时间（range – slow time，R – ST）的缩写；$S_{\mathrm{R-ST}}(m_r,n,k)$ 为第 n 个脉冲时刻第 k 个回波通道经脉冲压缩后的一维距离域回波；$m_r=0,1,\cdots,M_r$ 为数字距离；M_r 为距离单元总数；$R_u=c/\Delta f$ 为系统的双程不模糊距离；c 为光速；Δf 为系统扫频步进量。

距离向的脉冲压缩结束后，再通过延迟叠加的方式可以得到 $X-Y$ 空间中的成像结果[234]：

$$I(x,y,n)=\frac{1}{K}\sum_{k=0}^{K-1}S_{\mathrm{R-ST}}\left(\frac{l_k(x,y)}{R_u}M_r,n,k\right) \tag{5.41}$$

式中：延迟操作可以由常见的插值，如就近邻插值、线性插值、样条插值等算法快速实现。此时 BP 成像消耗的总运算量，只包括在距离向脉冲压缩时所需

的 $1.5KM_r\log_2 M_r$ 次复数乘法与 $KM_r\log_2 M_r$ 复数加法，延迟叠加阶段所消耗约 N_xN_yK 次复数插值以及 N_xN_yK 次复数加法运算。式（5.41）也是多数穿墙雷达系统实现 BP 算法的主流方案。相比于式（5.38），采用延迟叠加结构的 BP 成像方法消耗的计算量减少了约 1 个数量级。

先完成单通道内部目标的聚焦（脉冲压缩），再利用延迟叠加的方式实现多通道的信息融合，这一简化结构是实现 BP 成像方法加速的关键。基于同样的思想，式（5.4）所示的多脉冲联合成像的计算量也可能被降低。

当接收到第 n 个回波脉冲时，变时长的情况下，我们假设 N_{CPI} 是最高工作频率对应的相干处理脉冲数目，因此实际上共计有 $N_{\mathrm{CPI}}(0)=\mathrm{round}(N_{\mathrm{CPI}}f_{M-1}/f_0)$ 个脉冲的数据参与成像，脉冲序号为 $i=n-N_{\mathrm{CPI}}(0)+1,n-N_{\mathrm{CPI}}(0)+2,\cdots,n$，出于简单起见，我们仍称其为长度为 N_{CPI} 的多脉冲联合成像，并将成像结果记作 $I_{N_{\mathrm{CPI}}}(x,y,u,\theta,n)$，虽然成像结果中存在 5 个变量，但对于某一个脉冲而言，$I_{N_{\mathrm{CPI}}}(x,y,u,\theta,n)$ 是一个四维向量。

假设已完成射频干扰抑制、静止杂波抑制等前序处理，然后将上述脉冲数据逐通道投影到 R－V 数据空间中，考虑多通道的情况，我们将式（5.36）进一步写作

$$S_{\mathrm{R-V}}(r,v,n,k)=\frac{1}{MN_{\mathrm{CPI}}}\sum_{m=0}^{M-1}\{P_{\mathrm{F-V}}(m,v,n)\bar{S}_Q(m,v,k)\}\exp\left(\mathrm{j}2\pi\frac{f_m}{c}r\right) \tag{5.42}$$

式中：$S_{\mathrm{R-V}}(r,v,n,k)$ 指第 k 个回波通道关于第 n 个回波脉冲的 R－V 分布，$\bar{S}_Q(m,v,k)$ 则是对应通道对应时刻幅度归一化的循环队列和。式（5.42）代表的依然是距离向脉冲压缩的过程，因此依然可以仿照式（5.40），利用 IFFT 与频谱搬移技术快速实现：

$$S_{\mathrm{R-V}}(m_r,v,n,k)=\frac{1}{MN_{\mathrm{CPI}}}\exp\left(\mathrm{j}2\pi f_0\frac{m_rR_u}{M_rc}\right)\sum_{m=0}^{M-1}\{P_{\mathrm{F-V}}(m,v,n)\bar{S}_Q(m,v,k)\}\cdot\exp(\mathrm{j}2\pi mm_r/M) \tag{5.43}$$

利用滑动 RFT 完成多通道的 R－V 投影可以得到目标在单通道内的聚焦结果。而由 $S_{\mathrm{R-V}}(m_r,v,n,k)$ 进一步得到多通道的成像结果 $I_{N_{\mathrm{CPI}}}(x,y,u,\theta,n)$，还必须借助后向投影的原理完成目标的径向位置－径向速度（R－V）到空间位置与空间速度（$U-\theta$）的映射。传统的 BP 算法完成了径向位置（R）到空间位

置($X-Y$)的映射，在这一过程中，二者的映射关系建立在目标与收发天线的几何关系之上。

采用同样的理念可以实现径向速度到空间速度的映射。首先在 R－V 投影中采用终点模式，因此 R－V 数据在空间位置上的投影结果代表了目标运动的终点，亦即坐标为(x,y,u,θ)的像素点，代表了以空间速度(u,θ)，经过 $N_{\mathrm{CPI}}T$ 的时间，运动到空间位置(x,y)的目标。对于一个匀速直线运动的目标，此次运动的起点应为$(x-uN_{\mathrm{CPI}}T\cos\theta,y-uN_{\mathrm{CPI}}T\sin\theta)$，因此$(x,y,u,\theta)$位置上目标对应于回波通道 k 的径向速度 $v_k(x,y,u,\theta)$为

$$v_k(x,y,u,\theta)=\frac{l_k(x,y)-l_k(x-uN_{\mathrm{CPI}}T\cos\theta,y-uN_{\mathrm{CPI}}T\sin\theta)}{N_{\mathrm{CPI}}T} \tag{5.44}$$

式中：$l_k(x,y)$为终点坐标(x,y)到回波通道 k 收发天线的距离和；$l_k(x-uN_{\mathrm{CPI}}\cdot T\cos\theta,y-uN_{\mathrm{CPI}}T\sin\theta)$为起点坐标$(x-uN_{\mathrm{CPI}}T\cos\theta,y-uN_{\mathrm{CPI}}T\sin\theta)$到回波通道 k 收发天线的距离和，其计算方法如式（5.39）所示。

当得到(x,y,u,θ)处的目标在不同回波通道 R－V 空间中位置后，式（5.4）对应的成像过程亦可通过延迟－叠加的方式实现：

$$I_{N_{\mathrm{CPI}}}(x,y,u,\theta,n)=\frac{1}{K}\sum_{k=0}^{K-1}S_{\mathrm{R-V}}\left(\frac{l_k(x,y)}{R_u}M_r,v_k(x,y,u,\theta),n,k\right) \tag{5.45}$$

只不过此时的延迟不再是式（5.41）中所执行的距离向延迟，而是距离与速度的二维延迟。同样，$S_{\mathrm{R-V}}\left(\frac{l_k(x,y)}{R_u}M_r,v_k(x,y,u,\theta),n,k\right)$可以通过 R－V 矩阵$[S_{\mathrm{R-V}}(m_r,v,n,k)]$中与之相邻的样本插值得到。

由此可见，延迟－叠加模式下，完成一次长度为 N_{CPI} 的多脉冲联合成像，包括两个阶段，一是 K 个回波通道的变时长滑动 R－V 投影处理，产生的计算量约为$(3+0.5\log_2M_r)M_rKN_v$ 次复数乘法以及$(3+\log_2M_r)M_rKN_v$ 次复数加法；二是将 K 个回波通道的 R－V 分布插值到对应的 $X-Y-U-\theta$ 空间并进行通道累加，因此会产生 $KN_xN_yN_uN_\theta$ 次二维复数插值以及 $KN_xN_yN_uN_\theta$ 次复数加法。对比（5.4）所需的 $N_{\mathrm{CPI}}MKN_xN_yN_uN_\theta$ 次复数乘法与同等次数的复数加法，延迟－叠加模式解除了多脉冲成像过程中计算量与脉冲数目以及频点数目的关系，平均到单个像素的运算量接近 K 次复数乘法与复数加法，平均计算复杂度与传统的单脉冲二维 BP 成像类似，只是单个脉冲时刻对应的像素数目远超

传统单脉冲二维 BP 成像。另外，采用循环队列结构的滑动 $R-V$ 投影的计算量与队列长度无关，最终的成像运算也并不会因改变相干处理脉冲数目（队列长度）而改变运算量。

由于采用了变时长的处理机制，最终完成一次长度为 N_{CPI} 的多脉冲联合成像所实际涉及的回波样本数目为 $K\sum_{m=0}^{M-1}N_{\text{CPI}}(m)$，由于 N_{CPI} 对应于最高工作频率的相干处理脉冲数目，即 $N_{\text{CPI}}=N_{\text{CPI}}(M-1)$，因此总有

$$K\sum_{m=0}^{M-1}N_{\text{CPI}}(m) > N_{\text{CPI}}KM \tag{5.46}$$

经长度为 N_{CPI} 的多脉冲联合成像处理之后，目标能够得到的相干积累增益上限为 $K\sum_{m=0}^{M-1}N_{\text{CPI}}(m)$，超过传统单脉冲 BP 成像所能给予目标的最大相干积累增益，额外增益达到 $\frac{1}{M}\sum_{m=0}^{M-1}N_{\text{CPI}}(m)$。

5.4 实验验证

本节将利用 3 个不同方向的室内人体目标走动实验，来详细对比传统 BP 成像方法与本书提出的多脉冲联合成像方法的性能差异，实验场景布局如图 5.12 所示，三次实验中，目标分别横向（平行于阵列）走动、斜线（与阵列之间的夹角约为 135°）走动、以及纵向（垂直于阵列）走动，雷达系统参数与 5.2.2.1 节中的仿真参数一致，即工作频率为 0.5 ~ 2GHz，扫频间隔为 2MHz，系统 PRT 为 200ms，雷达系统如图 5.11 所示，阵列长度 3m，2 发 11 收共计 22 个回波通道。

成像时以平行于阵列方向为 X 轴，垂直于阵列方向为 Y 轴，阵列中心为原点，如图 5.12 左半部分所示。多脉冲联合成像时，我们选择 8 个方向作为成像时目标可能的运动方向，即设 $N_\theta=8$，如图 5.12 右半部分所示，速度值 u 则设置为闭区间[0m/s,1.5m/s]上的 11 个均匀采样，即 $N_u=11$。为便于观察目标的变化，我们只对第一个房间内的区域进行成像处理，成像场景在 X 轴上的采样设置为 $x\in[-2\text{m},2\text{m}]$，在 Y 轴上的采样则设置为 $y\in[9.5\text{m},13.5\text{m}]$，

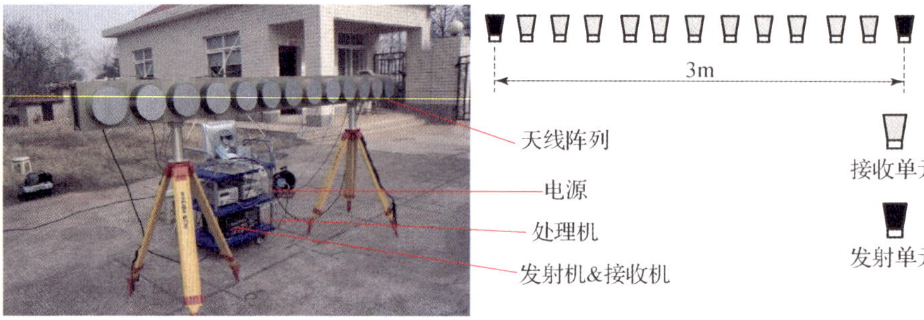

图 5.11 超宽带 MIMO 穿墙雷达系统

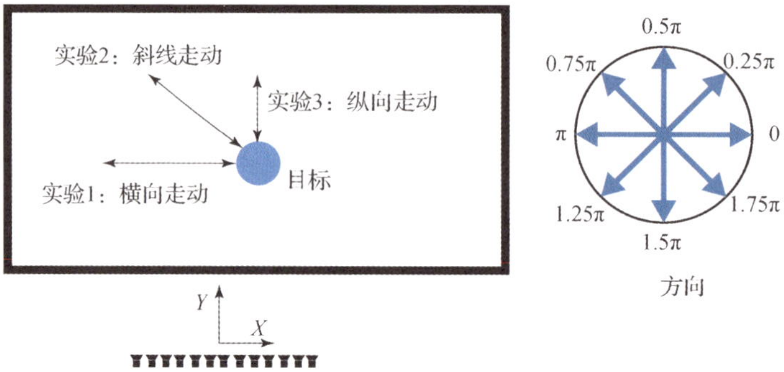

图 5.12 多脉冲联合成像试验布局示意

$X-Y$ 平面上的图像大小设置为 160×160，多脉冲联合成像时，$X-Y-U-\theta$ 上总的成像尺寸为 $160\times160\times11\times8$，直接 BP 成像时的成像网格设置与前者在 $X-Y$ 平面上的设置一样，即尺寸为 160×160。由此可见，虽然 5.3 节已尽力将多脉冲联合成像时单个像素的计算量降低到与传统 BP 成像接近的水平，但多维空间投影导致的网格数目急速增加，却是多脉冲联合成像始终无法回避的问题。

由于 $X-Y-U-\theta$ 对应的成像结果高达四维（如果联合慢时间，将达到五维），已经无法直接显示，因此这里并不直接展示高维空间的成像结果，而是通过目标最终的检测结果中，目标在 $X-Y$ 平面上的位置、目标运动速度（大小与方向）、目标的信噪比与图像熵等参数随慢时间的变化，以及目标在某一脉冲时刻高维成像结果的剖面来评估多脉冲联合成像方法的性能。

每种实验中，我们将给出 2 种不同相干处理时长的多脉冲联合成像结果，分别是 1 脉冲联合成像（$N_{\mathrm{CPI}}=1$，注意这里的单脉冲是指对应于最高工作频率是一个脉冲，但由于变时长处理的特性，最低工作频率对应的不止一个脉冲）以及5脉冲联合成像（$N_{\mathrm{CPI}}=5$）。采用变时长技术，由式（5.46）可知，上述参数的多脉冲联合成像，相比于传统BP成像，带来的理论额外增益为 $\frac{1}{M}\sum_{m=0}^{M-1}N_{\mathrm{CPI}}(m)$，代入雷达系统参数，得到的具体的数值如表5.1所示。

表5.1　不同长度的多脉冲联合成像带来的理论额外增益

额外增益/dB	
1脉冲联合成像	5脉冲联合成像
2.52	9.61

表5.1是最理想情况下的收益，此时BP成像与多脉冲联合成像均假设达到各自的性能极限，BP成像的极限增益为 MK，多脉冲联合成像的极限增益则为 $K\sum_{m=0}^{M-1}N_{\mathrm{CPI}}(m)$，实际环境下二者都不见得能够取得各自的最大值。我们将在后续的实验结果中看到，虽然不见得能够取得理论最大值，但多脉冲联合成像依然能够有效改善人体运动目标的二维成像结果。

考虑到实验场景中只有一个目标，并且信噪比能够保证目标通过检测，因此为便于操作，后续所有实验中均抽取成像结果中的最大值所在的位置作为目标位置的估计，取最大值的平方作为目标的功率估计，又取 $y\in[9.5\mathrm{m},10.5\mathrm{m}]$ 区间上成像结果的平均功率作为噪声功率的估计（实验预设的人体目标行走路径不包含该区域，因此可以获得相对纯净的噪声样本）。以目标峰值功率与噪声平均功率之比作为信噪比的估计，会导致估计出信噪比与实际环境中的信噪比相比偏高，但依然可以作为衡量不同成像方法性能的指标。

5.4.1　横向走动实验

本次实验中，目标沿平行于阵列方向来回走动，因此目标运动方向主要为0与π，如图5.12右半部分所示。

5.4.1.1　1脉冲联合成像

首先给出传统BP成像结果与多脉冲联合成像结果最终提取到的目标轨迹，如图5.13（a）和图5.13（b）所示。由于变时长技术，1脉冲联合成像实际上需要直到输入第 4 个脉冲时，才能完成循环队列的初始化，因此在图 5.13 中，0.8s 时刻多脉冲联合成像才开始输出结果。

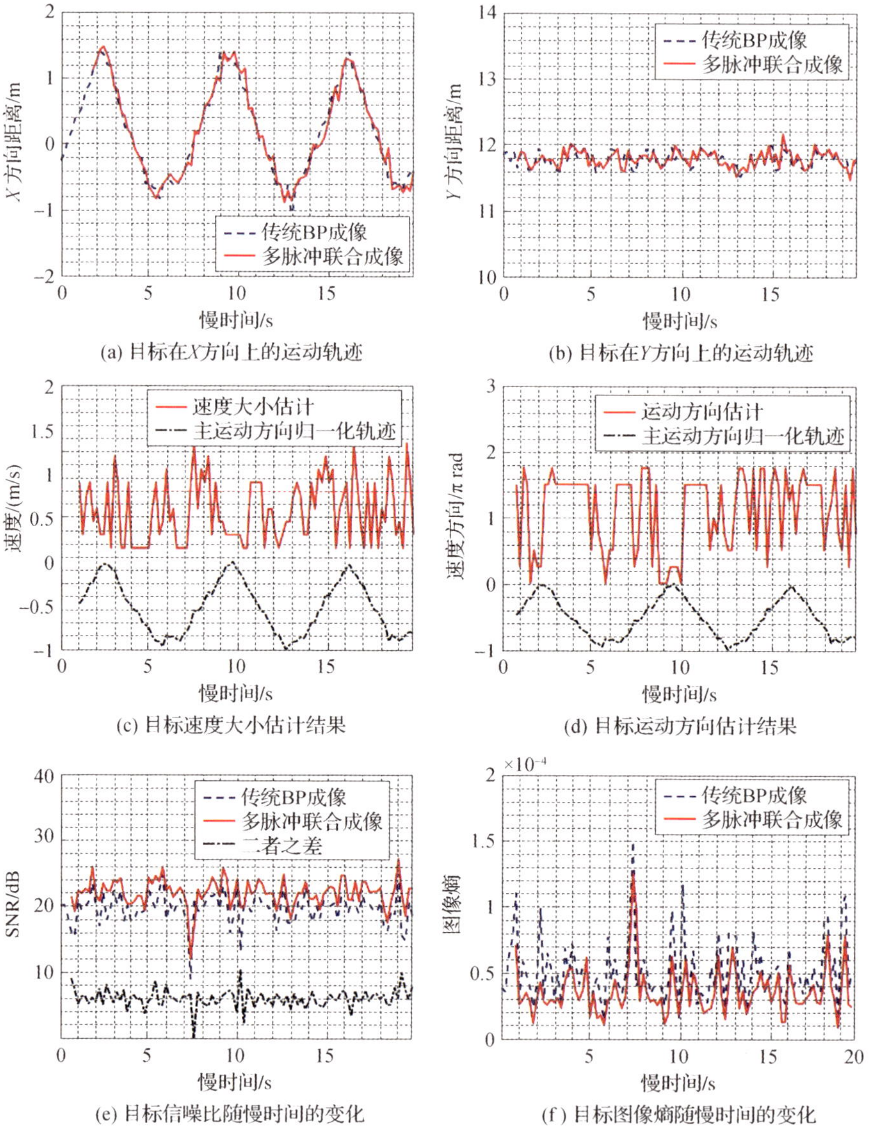

(a) 目标在X方向上的运动轨迹　(b) 目标在Y方向上的运动轨迹

(c) 目标速度大小估计结果　(d) 目标运动方向估计结果

(e) 目标信噪比随慢时间的变化　(f) 目标图像熵随慢时间的变化

图 5.13　横向走动时，1 脉冲联合成像结果

由于人体属于扩展目标，成像结果中不同时刻的最大值可能来自不同的肢体位置，运动轨迹并不严格重合于方向 0 与方向 1，会存在一定抖动。

仅从目标投影到 X 轴与 Y 轴上的运动轨迹，我们很难评估传统 BP 算法与多脉冲联合成像算法的性能差异。传统的 BP 成像无法直接获得目标速度大小与运动方向的信息，除非结合后续的检测与目标匹配操作。多脉冲联合成像可以直接从当前时刻的成像结果中获得上述信息，如图 5.13（c）和图 5.13（d）所示，虽然速度大小与运动方向存在较大振荡，但仍表现出一些与运动形式相符的规律，例如目标转身时，运动方向较稳定地开始出现跳变现象。

目标平稳走动阶段也出现了突然的方向翻转现象，这可能是由于人走动时双手前后摆臂恰好形成相反的运动方向导致。信噪比与图像熵的估计结果中，多脉冲联合成像方法表现出比传统 BP 成像方法更加优秀的性能，前者的信噪比几乎始终高于同时刻 BP 成像的结果，而图像熵则稳定低于后者，这表明多脉冲联合成像的结果目标聚焦性能更好。图 5.14（a）和图 5.14（b）给出了

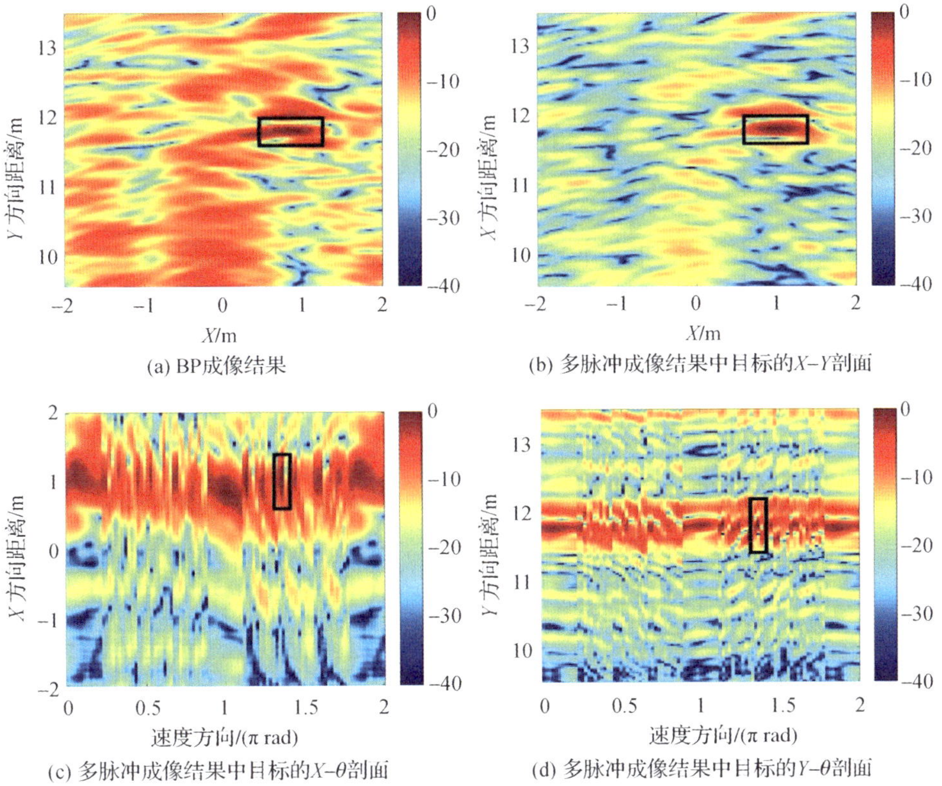

图 5.14　横向走动时，BP 与 1 脉冲联合成像结果对比

多脉冲联合成像与 BP 成像在信噪比相差最大时刻各自的成像结果，可见 BP 成像结果中目标与大片强噪声样本毗连，而多脉冲联合成像结果中目标的周围则干净很多，显然后者会有更稳定的检测结果。图 5.14（c）和图 5.14（d）的结果表明，1 脉冲情况下，系统对目标速度的分辨能力很差，无论是距离向，还是方位向，速度的剖面都存在较强的毗连性。

5.4.1.2　5 脉冲联合成像

进一步将相干处理时长加大到原来的 5 倍，结果如图 5.15 所示。可见，加大相干处理时长之后，多脉冲联合成像获得了更高的信噪比收益，同时 N_{CPI} 变大，也意味系统的速度分辨率上升，因此速度估计的结果更加准确，如图 5.15（c）、（d）所示，目标转身时，速度大小降低到最低点，因为此时目标基本是位于原地。而运动方向为 0 时，目标在 X 轴上的轨迹变大，即沿着 X 轴的正向运动，反之则反。

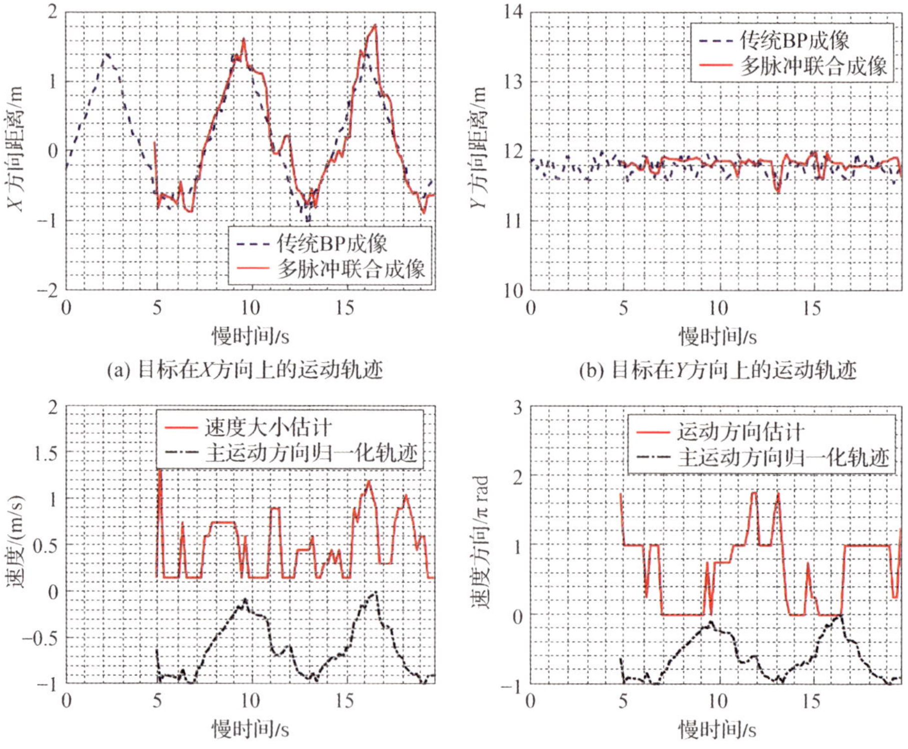

(a) 目标在X方向上的运动轨迹　(b) 目标在Y方向上的运动轨迹

(c) 目标速度大小估计结果　(d) 目标运动方向估计结果

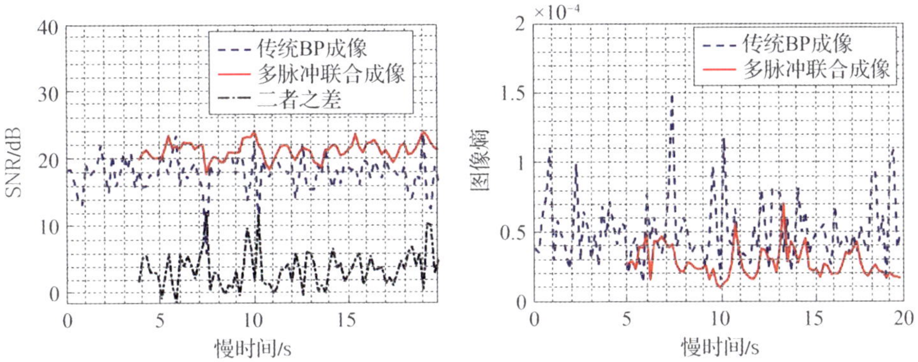

(e) 目标信噪比随慢时间的变化　　(f) 目标图像熵随慢时间的变化

图 5.15　横向走动时，5 脉冲联合成像结果

对比图 5.15（d）与图 5.13（d）可以发现，加大相干处理时间后，目标走动的平稳阶段中的方向翻转现象大为减少，这是由于相干积累时间加大后，目标的主体运动被有效增强，而肢体的往复运动却由于相干积累路径与速度参数的失配被弱化。

同样给出 5 脉冲时，BP 成像与多脉冲联合成像在信噪比相差最大时刻目标的成像结果，如图 5.16（a）和图 5.16（b）所示，可见直接 BP 成像的结果中目标几乎与强干扰重合，而多脉冲联合成像依然使目标具有良好的信噪比。图 5.16（a）和图 5.16（b）关于速度的剖面结果则表明加大相干积累时长，可以有效改善速度分辨率。

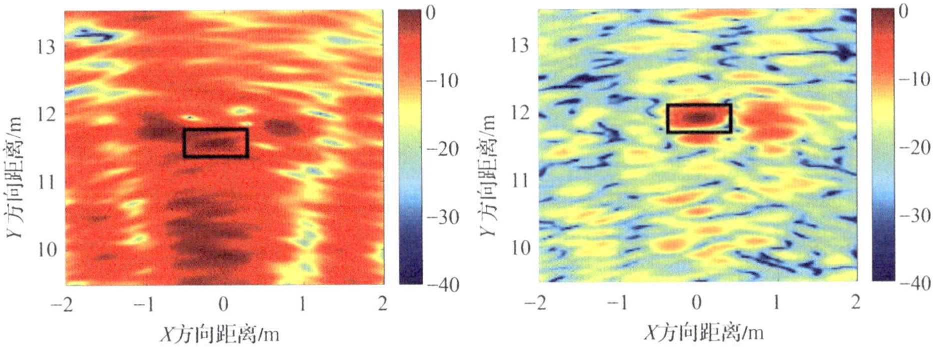

(a) BP成像结果　　(b) 多脉冲成像结果中目标的X−Y剖面

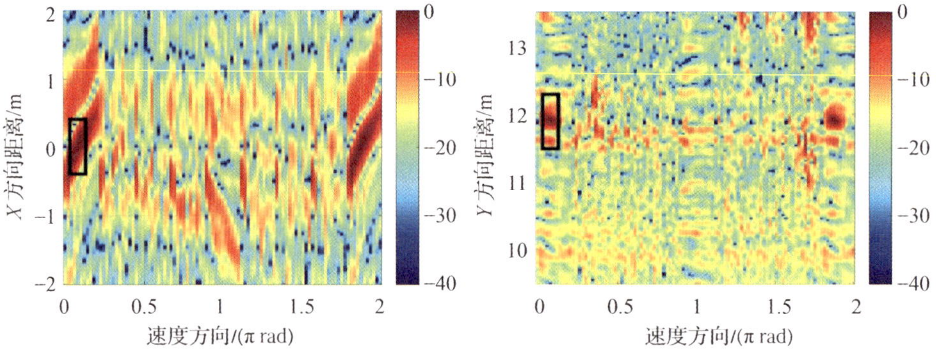

(c) 多脉冲成像结果中目标的 X–θ 剖面　　(d) 多脉冲成像结果中目标的 Y–θ 剖面

图 5.16　横向走动时，BP 与 5 脉冲联合成像结果对比

5.4.2　斜线走动实验

本次实验中，目标沿斜线来回走动，目标运动方向主要为 0.75π 和 1.75π，如图 5.12 右半部分所示。

5.4.2.1　1 脉冲联合成像

先进行 1 脉冲联合成像，结果如图 5.17 所示，其中的主运动方向指目标位置变化更为剧烈的方向，可见，此时目标沿 Y 轴的运动被判定为主运动方向，从两种成像方法得到的运动轨迹来看，本次试验中多脉冲联合成像得到的轨迹更加稳定，BP 成像的结果中出现了两处明显的野值，说明对应两个脉冲的 BP 成像结果中，我们用最大值估计出的并不是真是目标，即 BP 成像中出现了目标比噪声弱的情况。多脉冲联合成像则不存在对应野值，获得的目标轨迹保持了良好的连贯性。

不过速度的估计结果中，速度大小、运动方向与目标转向之间的关系没有图 5.15 那样明显，存在更大的抖动。信噪比与图像熵的估计结果表明，多脉冲联合成像的性能依然优于传统 BP 成像，图 5.18 中成像结果的直接对比也再次验证了这一观点。从图 5.18（c）和图 5.18（d）的速度剖面图来看，单脉冲联合成像可以实现运动目标聚焦，但由于相干积累时长较短，速度分辨率有限，因此目标在其他速度区域的成像结果并没有远低于正确位置处的结果，大部分差异保持在 6dB 以内。

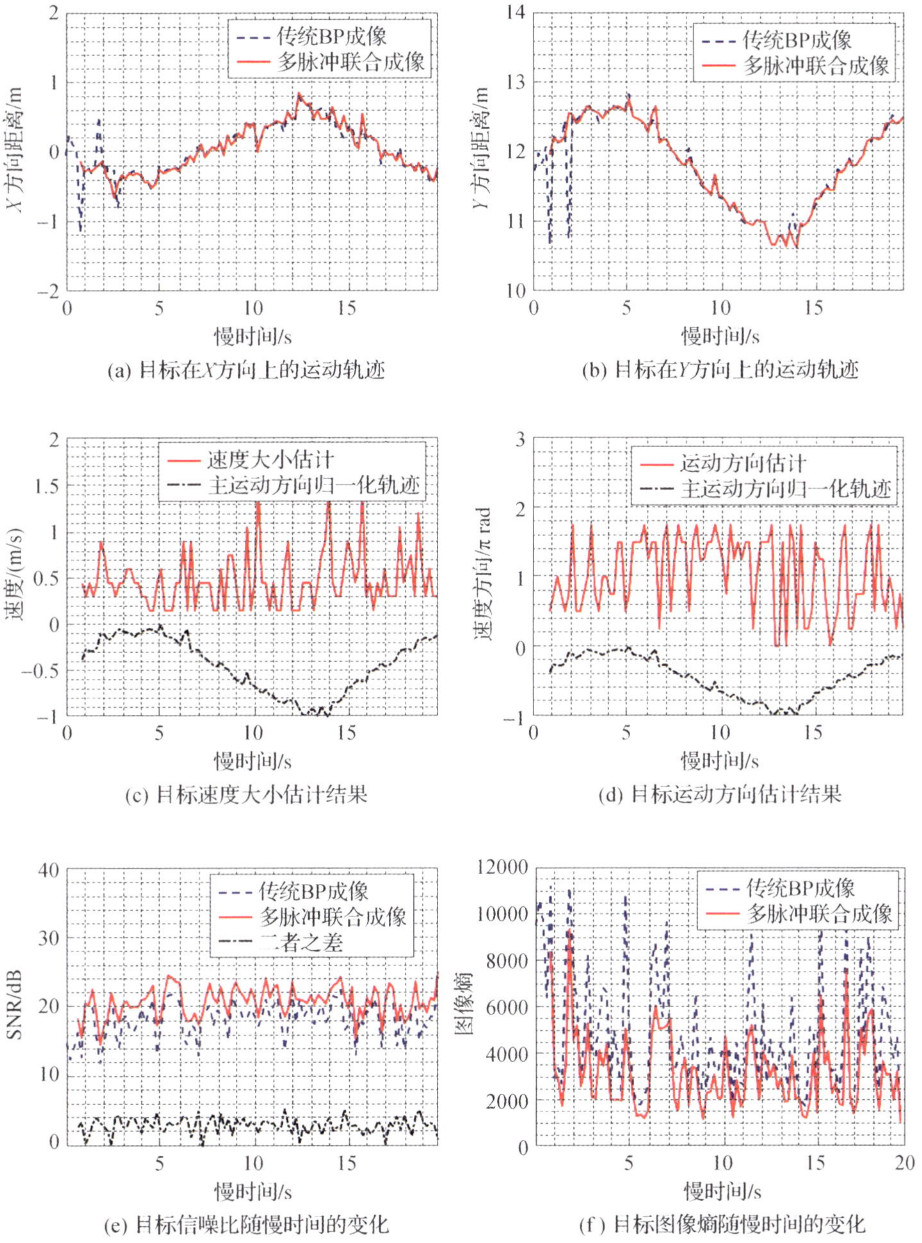

(a) 目标在X方向上的运动轨迹　(b) 目标在Y方向上的运动轨迹

(c) 目标速度大小估计结果　(d) 目标运动方向估计结果

(e) 目标信噪比随慢时间的变化　(f) 目标图像熵随慢时间的变化

图5.17　斜线走动时，1脉冲联合成像结果

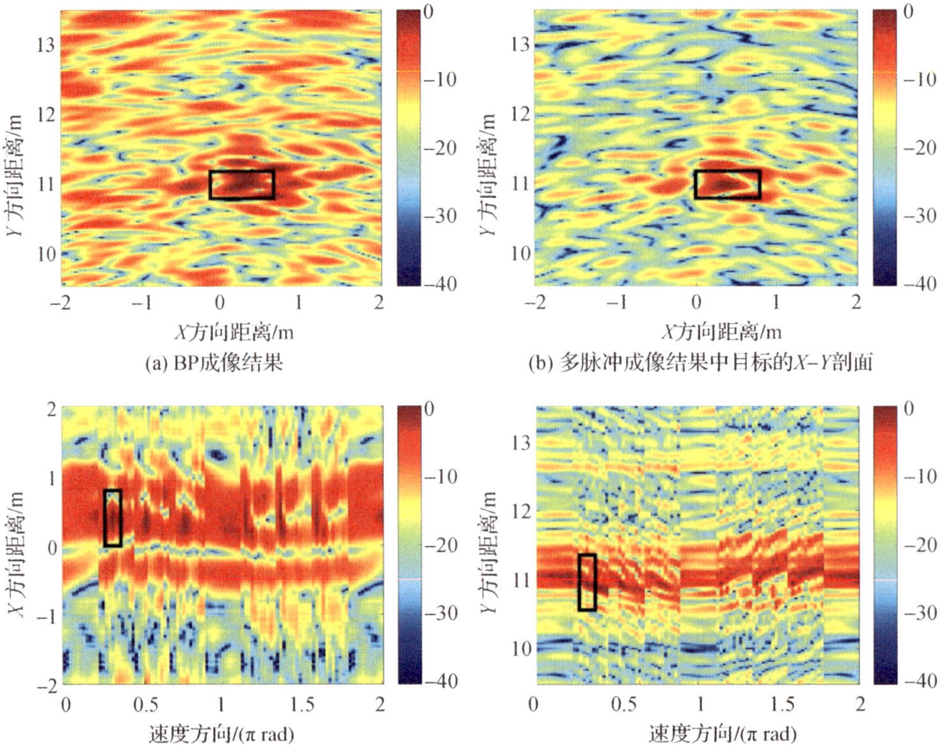

(a) BP成像结果　(b) 多脉冲成像结果中目标的X–Y剖面

(c) 多脉冲成像结果中目标的X–θ剖面　(d) 多脉冲成像结果中目标的Y–θ剖面

图 5.18　斜线走动时，BP 与 1 脉冲联合成像结果对比

5.4.2.2　5 脉冲联合成像

将脉冲数增加到 5，多脉冲联合成像的结果中反而出现了野值，如图 5.19（b）红色实线的末端所示，目标被定位到约 13.5m 处，显然与前后时刻的轨迹都不匹配。考虑到该时刻接近目标开始准备从最远端转向往回走，此时目标的运动状态不能再用匀速直线运动模型描述，因此导致性能下降。

虽然存在野值，但从速度参数的估计结果来看，大部分时刻速度参数都能够与运动轨迹匹配，特别是运动方向与运动轨迹的符合度非常高，当目标在 Y 轴方向上远离雷达时（由于目标按照预设斜线运动，此时目标将沿 X 轴负方向运动），速度方向稳定在 0.75 附近；当目标在 Y 轴方向上靠近雷达时，则稳定在 1.75 附近。两种情况均与真实情况匹配。

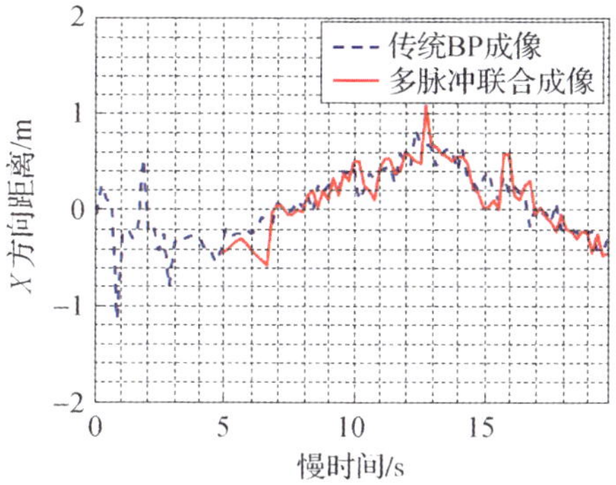

(a) 目标在X方向上的运动轨迹

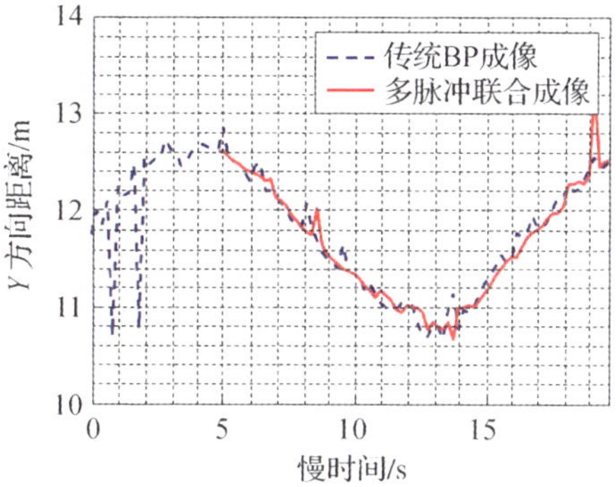

(b) 目标在Y方向上的运动轨迹

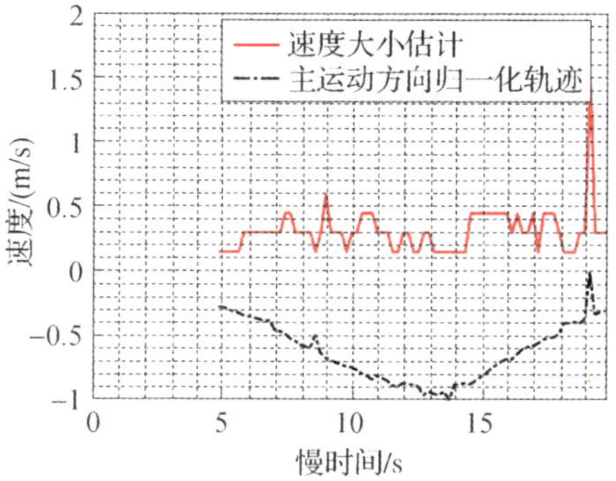

(c) 目标速度大小估计结果

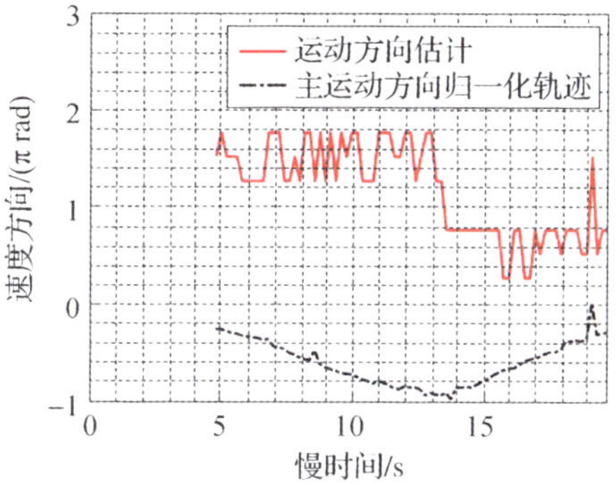

(d) 目标运动方向估计结果

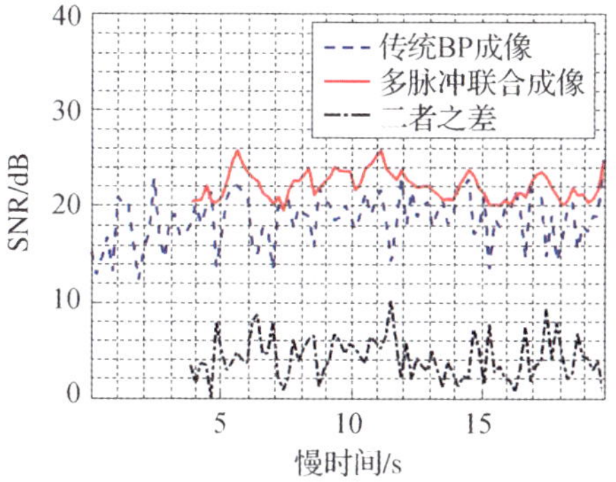

(e) 目标信噪比随慢时间的变化

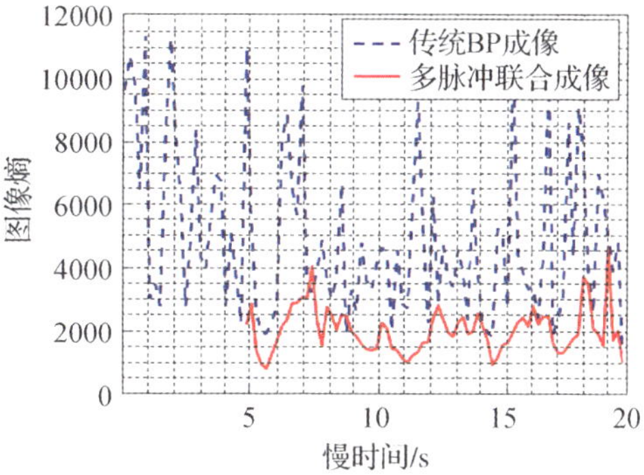

(f) 目标图像熵随慢时间的变化

图 5.19　斜线走动时，5 脉冲联合成像结果

图 5.20（e）和（f）给出的信噪比与图像熵的对比结果符合预期。多脉冲联合成像有更好的目标聚焦性能，如图 5.20 所示，BP 成像结果中目标严重散焦，成像结果的最大值附近出现多个强度接近的局部尖峰，而多脉冲联合成像的结果则保持了一贯良好的聚焦能力。

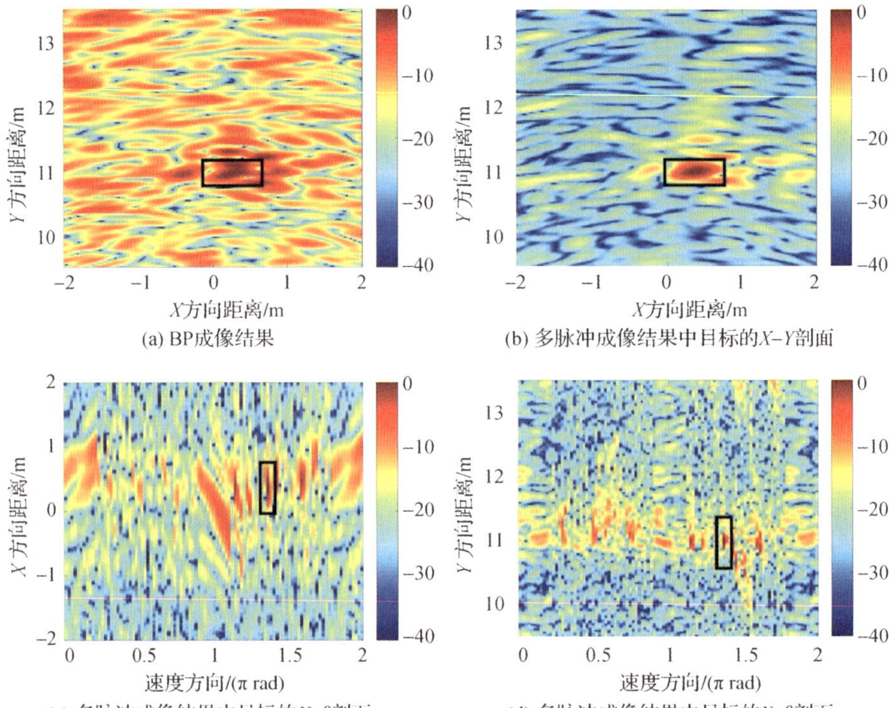

(a) BP成像结果　(b) 多脉冲成像结果中目标的X–Y剖面

(c) 多脉冲成像结果中目标的X–θ剖面　(d) 多脉冲成像结果中目标的Y–θ剖面

图 5.20　斜线走动时，BP 与 5 脉冲联合成像结果对比

5.4.3　纵向走动实验

本次实验中，目标沿垂直于阵列方向来回走动，因此目标运动方向主要为 0.5π 和 1.5π，（如图 5.12 右半部分所示）。

5.4.3.1　1 脉冲联合成像

纵向走动实验中，目标并没有沿着阵列的中心线运动，而是中心靠右 1m 处。两种成像方法的处理结果如图 5.21 所示，两种方法获得的目标轨迹非常接近。多脉冲联合成像的结果中，速度大小、运动方向与运动轨迹之间的对应关系也并不明显，只在 15s 以后的一段时间内，有相对明显的匹配关系，如图 5.21（d）所示，目标在 Y 轴上的位置减小时，意味着目标在靠近雷达，从图 5.12 中规定的参考方向来看，此时运动方向的估计值在 1.5 附近小幅度振荡是合理的。

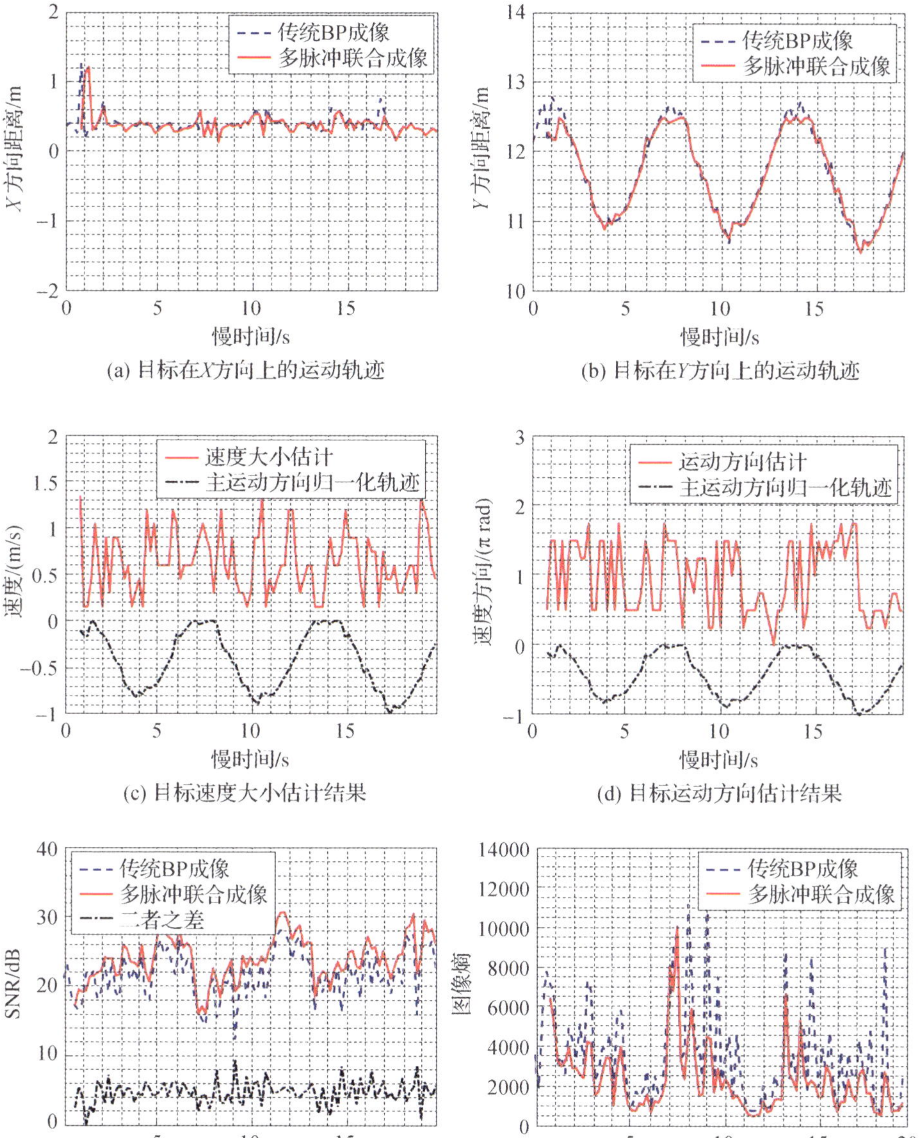

(a) 目标在X方向上的运动轨迹　(b) 目标在Y方向上的运动轨迹

(c) 目标速度大小估计结果　(d) 目标运动方向估计结果

(e) 目标信噪比随慢时间的变化　(f) 目标图像熵随慢时间的变化

图 5.21　纵向走动时，1 脉冲联合成像结果

信噪比与图像熵的估计结果也与前述实验结果相符，信噪比随运动出现了周期性的振荡。同样给出两种方法信噪比差异最大时刻的成像结果如图 5.22

所示，经多脉冲联合成像处理后，原本约 -5dB 左右的强干扰下降到 -15dB 左右，强干扰对目标的影响被有效降低。从 $X-\theta$ 与 $Y-\theta$ 的剖面来看，1 脉冲对应的系统慢时间采样数太少，速度分辨率较低，因此图 5. 22（c）和图 5. 22（d）中速度参数估计结果并不理想。

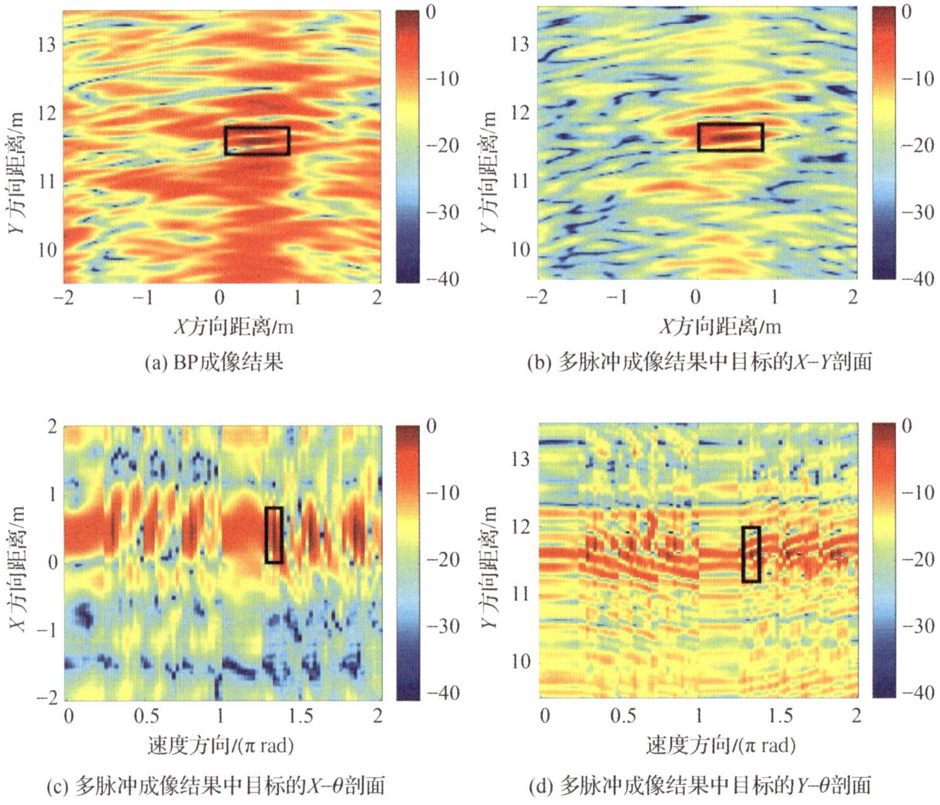

(a) BP成像结果

(b) 多脉冲成像结果中目标的$X-Y$剖面

(c) 多脉冲成像结果中目标的$X-\theta$剖面

(d) 多脉冲成像结果中目标的$Y-\theta$剖面

图 5. 22　纵向走动时，BP 与 1 脉冲联合成像结果对比

5. 4. 3. 2　5 脉冲联合成像

加大相干积累脉冲数有利于提高目标的速度分辨率，因此在图 5. 23（c）和图 5. 23（d）中，目标速度参数的估计性能明显提升，速度的估计与目标的运动轨迹有较好匹配。目标每次转身时，速度大小降至 0 附近，运动方向也出现快速跳变。速度参数的变换周期与运动轨迹的变化周期完美契合，如图 5. 23（c）和图 5. 23（d）所示。

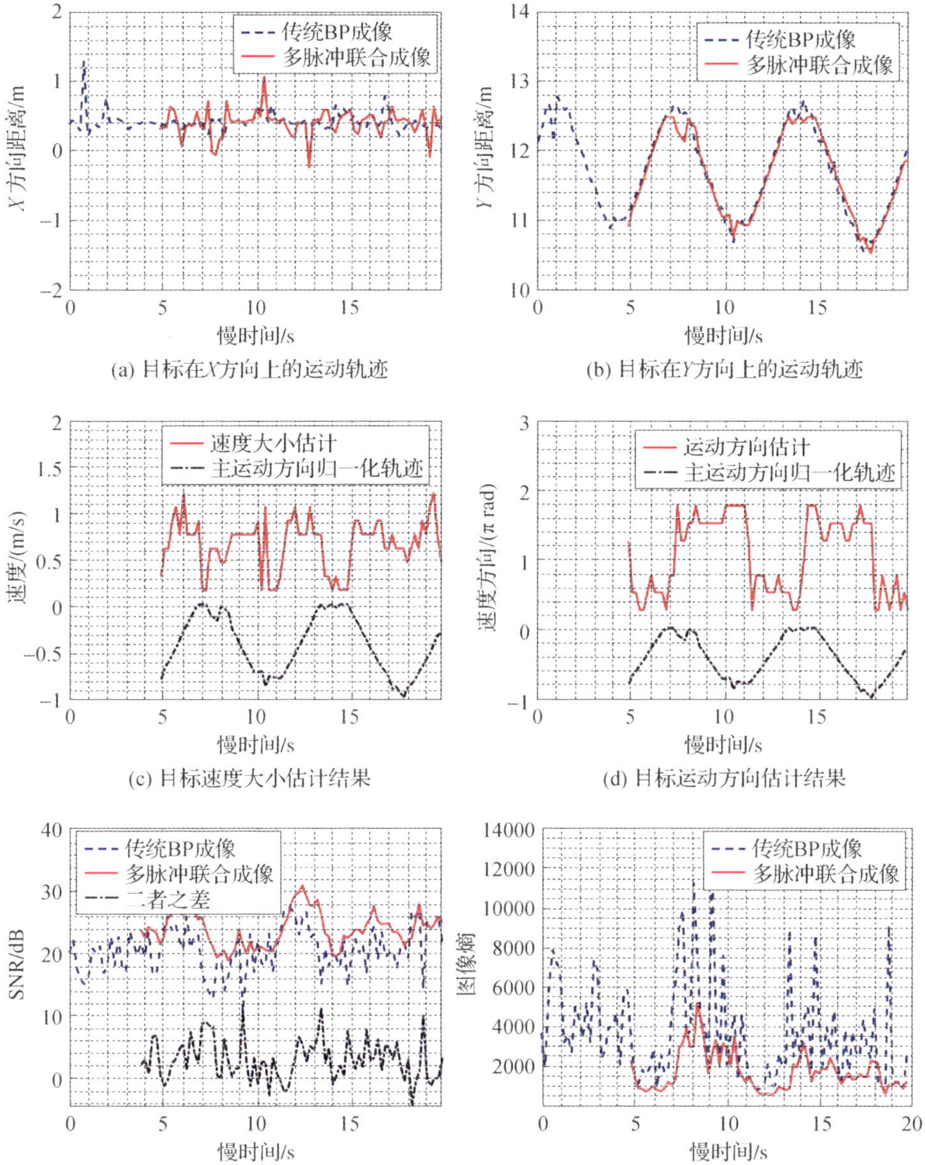

(a) 目标在X方向上的运动轨迹　(b) 目标在Y方向上的运动轨迹

(c) 目标速度大小估计结果　(d) 目标运动方向估计结果

(e) 目标信噪比随慢时间的变化　(f) 目标图像熵随慢时间的变化

图 5.23　纵向走动时，5 脉冲联合成像结果

图 5.24 中的成像结果更加直接地表现出了两种成像方法的性能差异，多脉冲联合成像能够有效改善信噪比，提高系统的探测性能。

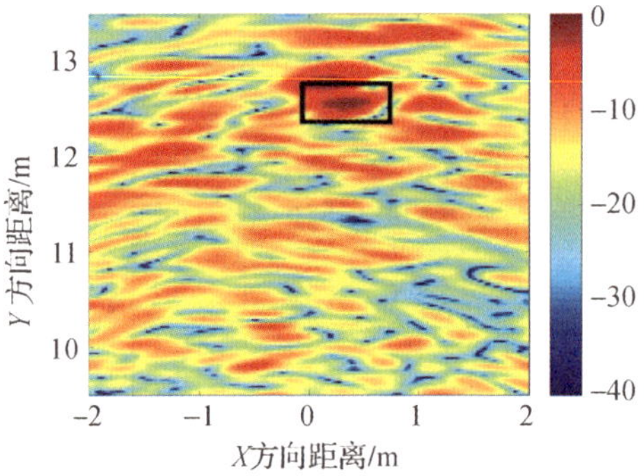

(a) BP成像结果

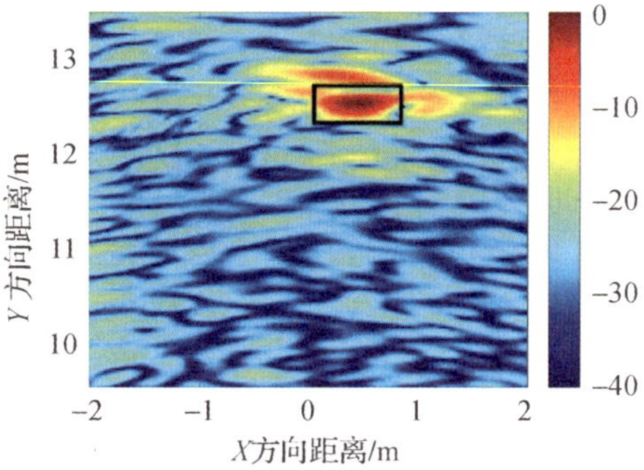

(b) 多脉冲成像结果中目标的X−Y剖面

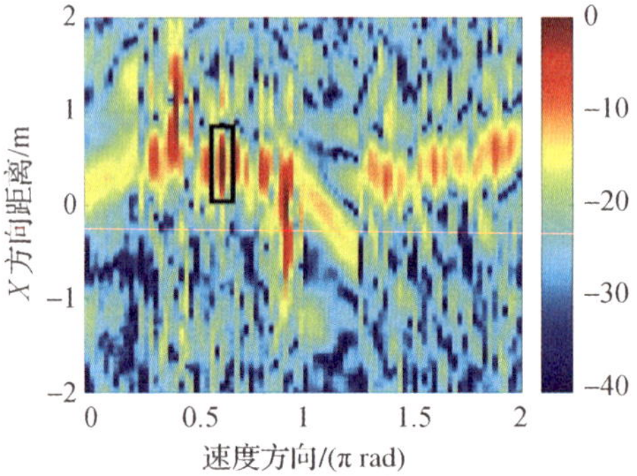

(c) 多脉冲成像结果中目标的X−θ剖面

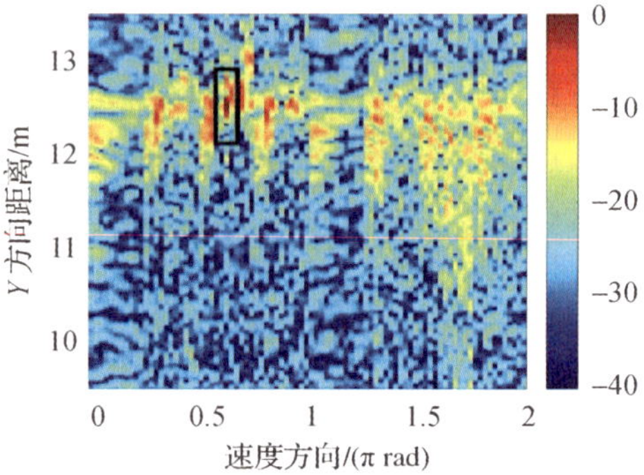

(d) 多脉冲成像结果中目标的Y−θ剖面

图 5.24　纵向走动时，BP 与 5 脉冲联合成像结果对比

$Y-\theta$ 剖面中，出现了与此前我们给出的单通道滑动 RFT 非常类似的旁瓣效果，这一结果表明目标在多脉冲联合成像中的聚焦性能与目标在 R－V 空间中的盲速旁瓣分布存在某种关系，有待进一步发掘。

在 5.4.3.1 节中目标的信噪比存在周期性变化，现在将目标的运动轨迹归一化后同步绘制在信噪比变化曲线中，如图 5.25 所示，可见无论是 1 脉冲情况，还是 5 脉冲情况，信噪比的变化周期都与目标的运动轨迹相同，都在目标较远时（轨迹值数据较大时），信噪比较小；反之则反。这一结果表明，信噪比的变化确实是因为信号功率随距离的衰减变化造成的。由此可见，即使是室内小幅度的远近位置变化（上述实验中目标的位置变化均在米级，属于常见的室内活动幅度），回波信号也会存在足够明显的功率变化，这也使得实际应用中稳定保持穿墙雷达的探测性能变得更加困难与复杂。

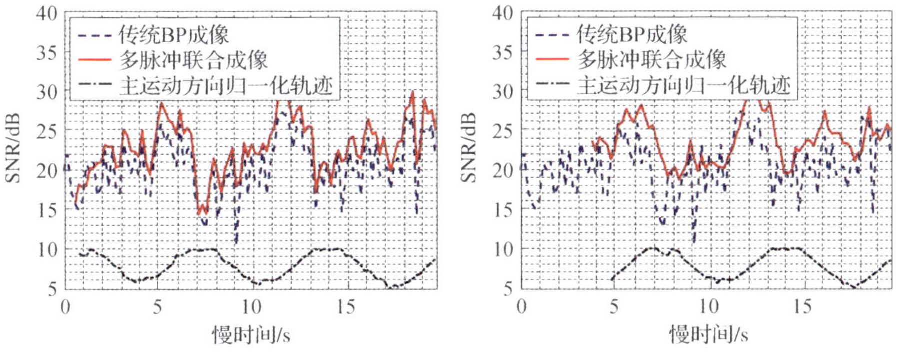

(a) 1脉冲联合成像时的信噪比变化　　(b) 5脉冲联合成像时的信噪比变化

图 5.25　纵向走动时，目标信噪比变化与目标运动轨迹的关系

表 5.2　多脉冲联合成像相比于 BP 成像对目标信噪比的改善结果

单位：dB

增益	横向走动		斜线走动		纵向走动	
	5 脉冲	1 脉冲	5 脉冲	1 脉冲	5 脉冲	1 脉冲
平均增益	2.55	3.40	2.37	3.27	2.41	2.86
最大增益	7.46	11.92	4.86	9.33	7.51	11.18

最后给出上述所有实验中信噪比变化的定量统计结果，如表 5.2 所示。可见，采用多脉冲联合成像能够在不改变系统参数的情况下，相比于传统的 BP 成像，进一步改善了目标的信噪比，提高了系统对微弱目标的探测能力。

5.5　本章小结

本章针对 MIMO 穿墙雷达中的人体运动目标二维成像问题展开了深入讨论首先分析了人体运动目标成像问题与传统雷达中 FBD 问题之间的等价性，并给出了 MIMO 体制下，结合 FBD 思想的下人体运动目标向高维数据空间投影的一般方法；随后针对高维空间投影计算量过大的问题，本章讨论了单通道中大带宽大时宽信号体制下目标的快速 R－V 投影方法，并提出了利用变时长技术改善目标 R－V 投影性能的方法；进一步，参考传统 BP 算法中高效的延迟－叠加结构，利用 R－V 投影与二维插值来改善高维数据空间投影的计算效率，实现 MIMO 穿墙雷达的多脉冲联合成像；最后，三组不同运动状态的实测数据处理结果表明，采用多脉冲联合成像可以有效改善目标的聚焦性能，提高穿墙雷达系统的探测性能。

第 6 章

超宽带MIMO雷达墙后微动目标定位与特征提取

当人体处于静止状态时，其周期性的呼吸和心跳带动胸廓和腹部的运动，从而在皮肤表面产生显著的位移，这种运动称为微动。正常状态下，人体的心跳和呼吸频率维持在一个稳定的范围。人体呼吸和心跳频率范围是 0.2～0.5Hz 和 0.8～2.5Hz，对应的胸腔振动幅度分别为 0.5～1.5cm 和 2～3mm。实测结果表明，由胸腔运动引起的呼吸运动可看作是各向同性的。当雷达天线照射人体上半身时，不管其是否正对胸腔，均可得到稳健的呼吸频率[235]。

为了检测墙后微动人体目标，首先要抑制墙体等强静止杂波的干扰，之后根据数据处理方式的不同，微动目标检测方法可分为时域方法、频域方法和统计类方法。时域方法在距离－慢时间维实现杂波抑制和目标检测，用一维 CFAR 检测得到目标距离向位置。频域方法在距离－多普勒域进行处理，通过二维 CFAR 检测，得到目标距离向位置和微动频率。时域方法和频域方法本质上都是通过滤波的方式抑制非目标信号，它们的区别在于滤波器设计方式的不同。在平稳杂波条件下，这两种处理效果较好。在实际穿墙探测环境中，有可能存在非平稳杂波，如突然出现的运动目标，风吹草动等，非平稳杂波严重干扰了微动目标检测性能。

统计方法将高维空间映射为低维空间，是一类有效的非平稳杂波抑制方法。统计方法以 SVD 为代表，但 SVD 的奇异值由信号和非平稳杂波共同决定，因此其对非平稳杂波抑制能力有限。低秩和稀疏矩阵分解（sparse and low－rank matrix decomposition，SLRMD）理论，又称为低秩矩阵恢复理论，在图像处理、网页数据排序、生物信息处理等领域得到了广泛应用。在距离－慢时间矩阵中，人体目标回波是低秩的，而杂波是稀疏的。根据 SLRMD 理论，雷达回波构成的距离－慢时间矩阵可以分解为低秩部分和稀疏部分，分别对应着人体目标和环境杂波。本章将其应用到雷达数据处理领域，用于实现微动人体目标的检测。

在单通道检测基础上，利用多个数据通道的探测结果，可实现目标的空间定位。当场景中存在多个目标时，不同通道目标的关联可能会导致定位时出现虚假目标。在墙后目标定位中，首先要考虑的是墙体效应对电磁波传播的影响。如果墙体参数已知，则可在单通道检测基础上实现目标的精确定位。实际情况下，墙体参数往往是未知的，本章提出了一种墙体参数未知条件下的定位，将定位问题转换为约束优化问题。只用少数几个数据通道，就可以实现墙后目标的精确定位。

人体目标易受机械振动目标如风扇、冰箱、空调压缩机等的干扰。在获得微动目标的空间位置后，还需要判断此目标是机械振动目标还是人体目标。机械振动目标存在稳定的多普勒频率。人体微动不但包括了呼吸等有规律的生命活动，还包括身体的随机运动等无规律的运动，而且随机运动一旦存在，其幅度就远大于呼吸等生命信号幅度。要想区分这两类目标，首先要从微动信号中提取周期性的生命信号（呼吸），然后利用稳定的周期信号区分这两类目标。本章提出了基于等相位线的微动信号提取方法。

本章内容安排如下：6.1 节总结了平稳杂波环境下微动目标检测方法；6.2 节对非平稳杂波下微动目标的检测进行研究；6.3 节提出一种基于回波相关矩阵的多微动目标关联方法；6.4 节针对墙体参数未知的情况，提出了一种基于约束优化的墙后目标精确定位方法；6.5 节研究了基于等相位线的生命信号提取方法；6.6 节对本章内容进行总结。

6.1 平稳杂波环境下的微动人体目标检测

本节我们总结现有的微动目标检测方法，即时域方法和频域方法。

利用步进频体制雷达探测目标时，设场景中只有静止目标和微动目标，不存在跨距离单元走动的运动目标。在 m 时刻，第 n 个频点的回波为

$$s(m,n) = \sum_{p=1}^{P}\rho_p \exp(-\mathrm{j}2\pi f_n \tau_{mp}) + \sum_{q=1}^{Q}\rho_q \exp(-\mathrm{j}2\pi f_n \tau_{mq}) \tag{6.1}$$

式中：m 为时间维索引；n 为频率索引；$p=1,2,\cdots,P$，为场景中的静止目标

索引；τ_{mp}为 m 时刻第 p 个目标到收发天线的等效传输时间；$q=1,2,\cdots,Q$，为场景中的静止目标索引；τ_{mq}为 m 时刻第 q 个目标到收发天线的等效传输时间。

首先对接收信号 $s(m,n)$ 进行脉冲压缩处理，得到目标的距离－慢时间像 $S(m,k)$。墙体和室内静止目标回波是固有零频成份，信号强度大，其旁瓣会干扰甚至淹没人体生命信号，因此，首先需要进行静止杂波抑制。静止杂波抑制往往采用平均对消的方式实现，对 $S(m,k)$ 沿慢时间维对每个距离单元进行处理，公式如下：

$$\bar{S}(m,k) = S(m,k) - \frac{1}{M}\sum_{m=1}^{M} S(m,k) \tag{6.2}$$

在静止杂波抑制后，有频域和时域两种微动目标检测方式，分别在距离－多普勒维和距离－慢时间维检测目标，下面分别介绍。

6.1.1 距离－多普勒维微动目标检测

将 $S(m,k)$ 变换到距离－多普勒维，通过二维 CFAR 检测即可获得目标的距离和微动频率。记目标复振幅一维距离像为 $\bar{S}(m,k)$，则目标的距离－多普勒像为

$$A(k_f,k) = \mathrm{DFT}\{\bar{S}(m,k)\} \tag{6.3}$$

式中：$k_f=1,2,\cdots,M$，为频率索引。

在距离－多普勒域，图像最大点出现在目标的微动频率处。因此，频域滤波器的上下门限设置与生命特征频率保持一致即可。人体呼吸频率一般为 0.2～0.6Hz，因此，设置带通滤波器的通带为 0.2～0.6Hz。

滤波器的频域响应如下：

$$H(k_f,k) = \begin{cases} 1, & k_{fL} < k_f < k_{fH} \\ 0, & \text{其他} \end{cases} \tag{6.4}$$

式中：$k_{fL}=0.2\text{Hz}$ 和 $k_{fH}=0.6\text{Hz}$ 分别为滤波器的下限截止频率和上限截止频率。

设目标位于 10m 处，收发单元均位于(0m,0m)，振动频率为 0.45Hz，振幅 $a_h=15\text{mm}$。步进频率信号范围是 1～2GHz，频率步进量 2MHz，距离分辨率为 15cm。当回波受到加性高斯白噪声污染时，目标的距离－多普勒像如图

6.1（a）所示。对图6.1进行2D CFAR检测，并将检测结果对原始图像掩膜，得到的掩膜结果如图6.1（b）所示。在杂波抑制后的距离－多普勒平面上，能量最大值点对应的是人体目标。

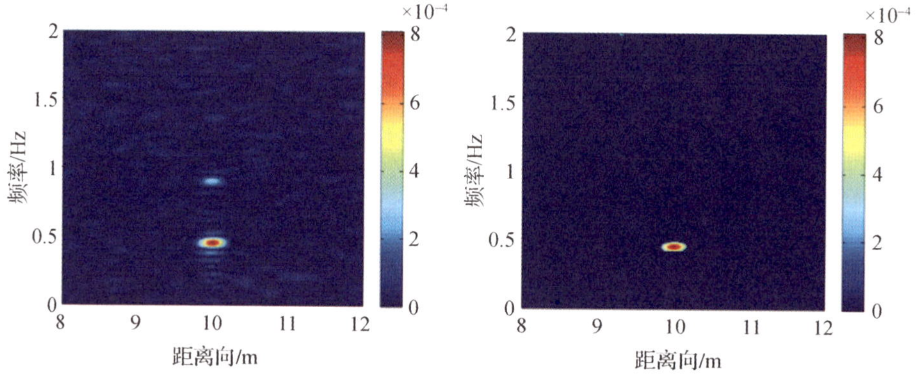

(a) 距离–多普勒像　(b) 2D CFAR检测后的掩膜结果

图6.1　二维CFAR检测结果示意图

从图6.1可以看到，当目标微动时，其微动频率的高次谐波处也有能量。如果一个距离单元内至多只有一个目标存在，那么该距离单元的所有能量都是目标的能量，因此，也可以沿着频率维积累，只在距离向检测目标。

6.1.2　距离－慢时间维微动目标检测

由于微动人体目标位置不发生改变，因此可将静止杂波抑制之后的所有动目标的回波看作人体回波。在距离－慢时间维，对数据沿慢时间维积累，然后通过1D CFAR检测微动目标。在慢时间维对目标能量进行积累，公式如下：

$$y(k) = \frac{1}{M}\sum_{m=1}^{M} |\bar{S}(m,k)|^2, k = 0,1,\cdots,K-1 \tag{6.5}$$

式中：$y(k)$为能量积累的结果。

图6.1（a）对应的距离－慢时间像如图6.2（a）所示，对其沿慢时间维积累，然后进行1D CFAR检测，CFAR结果对原始回波的掩膜如图6.2（b）所示。

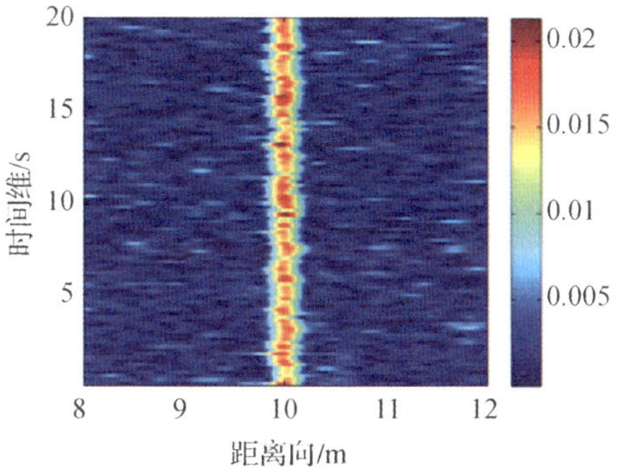

(a) 距离-慢时间像

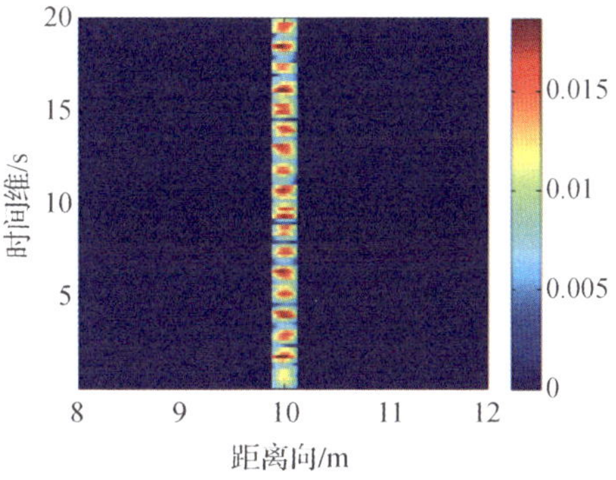

(b) 1D CFAR检测后的掩膜结果

图 6.2 一维 CFAR 检测结果示意图

6.1.3 实验结果与分析

本节采用超宽带穿墙雷达系统探测墙后目标。实验场景如图 6.3 所示。收发天线位于会议室外贴墙放置，发射单元和接收单元相距 0.5m，天线高度为 1.28m。发射信号采用步进频体制，步进频范围是 0.5～2GHz，频率步进量 2MHz。帧速率为 5Hz，观测时间 30s。一人在会议室内距墙 1.6m 位置处站立。图 6.4（a）是静止杂波抑制前的距离－慢时间像，可以看出人体目标回波完全淹没在强杂波中。静止杂波抑制之后的结果如图 6.5（a）所示，人体目标在 2m 位置处，在距离向有大约 0.5m 的宽度。变换到距离－多普勒的结果如图 6.4（b）所示。在实验过程中，人体尽可能地保持直立姿态，避免身体晃动。但在距离－多普勒像中，身体随机运动引起的多普勒频率强度仍然显著大

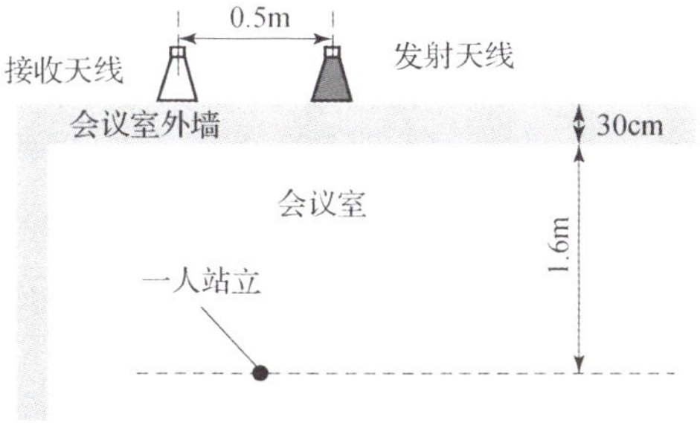

(a) 场景布局图

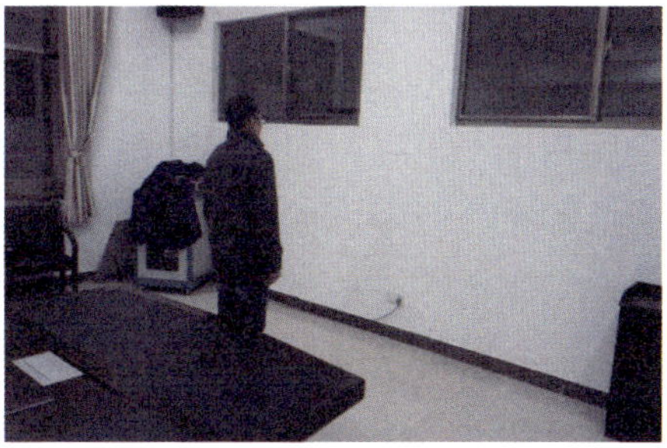
(b) 实验场景图

图 6.3 实验场景布局图

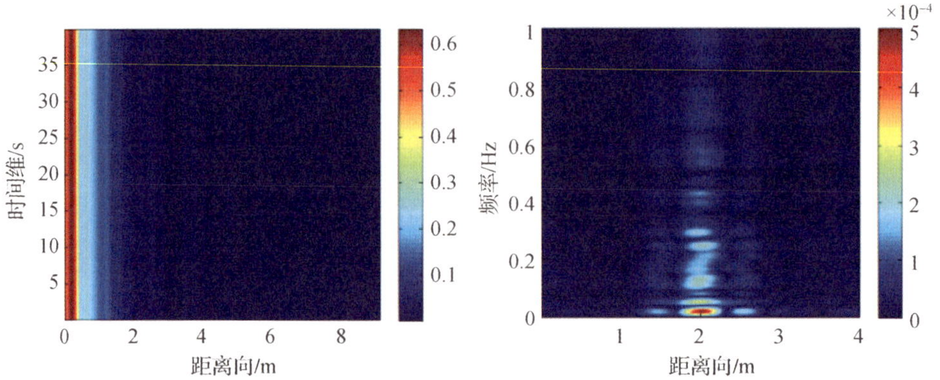

(a) 静止杂波抑制前的距离-慢时间像 (b) 距离-多普勒像

图 6.4 微动目标的距离 - 慢时间像和距离 - 多普勒像

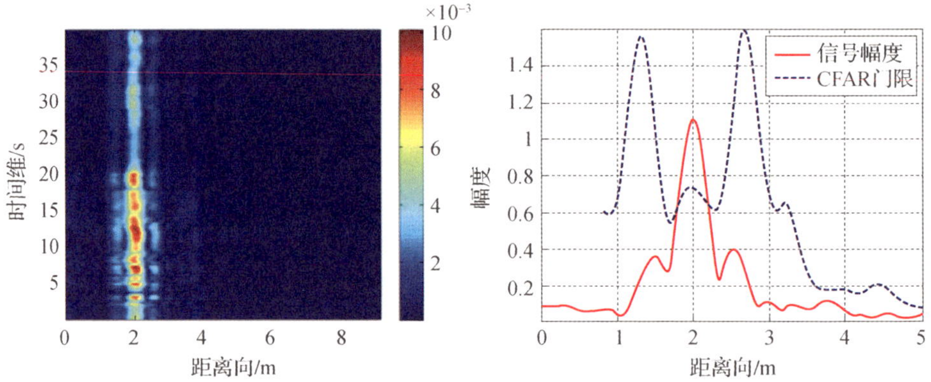

(a) 距离-慢时间像 (b) 1D CFAR结果

图 6.5 微动目标的距离 - 慢时间像和一维 CFAR 检测结果

于呼吸信号强度，此时若采用 2D CFAR，在多普勒维难以设计合适的 CFAR 参数。图 6.5（b）是沿慢时间维积累结果和其对应的 1D CFAR 检测门限。

相比于距离 - 多普勒维的 2D CFAR 检测，距离 - 慢时间维的 1D CFAR 检测能够充分利用目标的微动信息，特别是考虑到实际的人体微动。人体作为一个非刚体目标，在坐下和站立时，除呼吸心跳之外，身体的随机运动一直存在，而且随机运动幅度远大于周期性的生命信号。一方面，如果生命信号被身体随机运动干扰，其多普勒频率也受到严重影响而变得难以检测；另一方面，不同于医疗监视领域需要精确提取和分离的呼吸和心跳信号，在穿墙雷达应用中，首要任务是确认目标的存在，并将其从复杂的背景杂波中检测出来。将身体的随机运动和有规律的生命信号叠加到一起，共同作为人体的微动信号，可提高目标检测性能。

6.2　非平稳杂波环境下微动人体目标检测

6.2.1　非平稳杂波抑制

在探测墙后微动目标时，雷达接收回波中既包含了墙体和墙后目标回波，也包含了环境杂波。环境中的杂波包括树木花草等的回波，当这些目标受到风吹而运动时，它们的回波不再是稳定的零频回波，探测时也可能出现走动的目标，这些不可控因素带来了非平稳杂波。当微动人体目标回波受到非平稳杂波干扰时，传统的时域方法和频率方法处理性能受限。基于统计信号处理的杂波抑制方法，如 SVD、PCA 等方法被用到非平稳杂波的抑制中。

在墙后微动目标检测中，SVD 对静止杂波抑制后的距离－慢时间矩阵进行分解，根据奇异值的大小将回波空间分解为目标空间和杂波噪声空间两个部分，目标空间的维数取决于目标的数目和位置，还与环境杂波密切相关。

SVD 分解的奇异值是全局参数，同时受到目标回波和环境杂波的影响，因此，其对非平稳杂波的抑制能力也受限。图 6.6 给出了一人墙后站立的实测数据和 SVD 方法杂波抑制结果。2～4m 处的非平稳杂波对全局数据产生了影响。

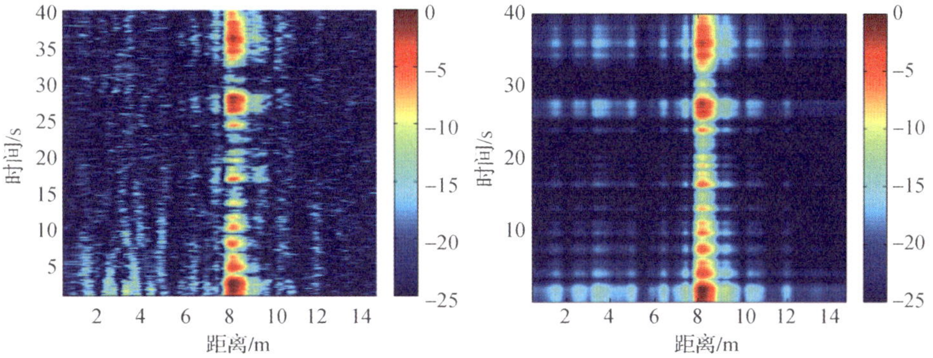

(a) 原始距离–慢时间像　　(b) SVD方法杂波抑制后

图 6.6　墙后人体目标的距离－慢时间像

在距离-慢时间矩阵中，人体微动目标回波是低秩的，而杂波是稀疏的。根据SLRMD理论，雷达回波构成的距离-慢时间矩阵可以分解成低秩部分和稀疏部分，分别对应着人体目标和环境杂波。

6.2.2 低秩和稀疏矩阵分解

假设低秩矩阵 $\boldsymbol{A}$ 受到任意强杂波的干扰，为了恢复矩阵 $\boldsymbol{A}$，可将受干扰的矩阵 $\boldsymbol{D}$ 分解为两个矩阵之和，即 $\boldsymbol{D}=\boldsymbol{A}+\boldsymbol{E}$，其中矩阵 $\boldsymbol{A}$ 和 $\boldsymbol{E}$ 未知，但 $\boldsymbol{A}$ 是低秩的。问题可以转换为

$$\min_{\boldsymbol{A},\boldsymbol{E}} \operatorname{rank}(\boldsymbol{A})+\gamma\|\boldsymbol{E}\|_0,\quad \text{s.t. } \boldsymbol{D}=\boldsymbol{A}+\boldsymbol{E} \tag{6.6}$$

式中：$\gamma>0$，为权重参数；$\|\boldsymbol{E}\|_0$ 为 $\boldsymbol{E}$ 中非零元素的个数。然而，在 $\boldsymbol{A}$ 和 $\boldsymbol{E}$ 均未知的情况下，难以将两者分离，且该问题是NP困难问题。文献[236]证明，在广义条件下，式（6.6）可以等效为下面的凸优化问题：

$$\min_{\boldsymbol{A},\boldsymbol{E}} \|\boldsymbol{A}\|_*+\gamma\|\boldsymbol{E}\|_1,\quad \text{s.t. } \boldsymbol{D}=\boldsymbol{A}+\boldsymbol{E} \tag{6.7}$$

式中：$\|\ \|_*$ 和 $\|\ \|_1$ 分别表示核范数和 l_1 范数。

对问题（6.6），可以精确得到最优解，可用多种方法求解该凸优化问题，其中，近似增广增广拉格朗日乘子法（inexact augment Lagrange method，IALM）的运算效率高、收敛快，因此采用IALM方法解决此凸优化问题[237]。设稀疏与低秩矩阵分解的增广拉格朗日函数为

$$L(\boldsymbol{A},\boldsymbol{E},\boldsymbol{Y},\mu)=\|\boldsymbol{A}\|_*+\gamma\|\boldsymbol{E}\|_1+\langle \boldsymbol{Y},\boldsymbol{D}-\boldsymbol{A}-\boldsymbol{E}\rangle+\frac{\mu}{2}\|\boldsymbol{D}-\boldsymbol{A}-\boldsymbol{E}\|_F^2 \tag{6.8}$$

通过对 $\boldsymbol{A}_{k+1}=\arg\min\limits_{\boldsymbol{A}} L(\boldsymbol{A},\boldsymbol{E}_{k+1},\boldsymbol{Y}_k,\mu_k)$ 和 $\boldsymbol{E}_{k+1}=\arg\min\limits_{\boldsymbol{E}} L(\boldsymbol{A}_{k+1},\boldsymbol{E},\boldsymbol{Y}_k,\mu_k)$ 的交替求解，IALM算法避免了凸优化问题，实现了简单高效的求解。IALM算法步骤如下：

步骤1：给定观测矩阵 $\boldsymbol{D}\in\boldsymbol{R}^{m\times n}$，$\lambda$，$\boldsymbol{Y}_0=\boldsymbol{D}/J(\boldsymbol{D})$；$\boldsymbol{E}_0=\boldsymbol{0}$；$\mu_0=0$；$\rho>1$；$k=0$。

步骤2：更新 $\boldsymbol{A}_{k+1}$，$\boldsymbol{A}_{k+1}=\arg\min\limits_{\boldsymbol{A}} L(\boldsymbol{A},\boldsymbol{E}_{k+1},\boldsymbol{Y}_k,\mu_k)=D_{1/\mu_k}(\boldsymbol{D}-\boldsymbol{E}_{k+1}+\boldsymbol{Y}_k/\mu_k)$。

步骤3：更新 $\boldsymbol{E}_{k+1}$，$\boldsymbol{E}_{k+1}=\arg\min\limits_{\boldsymbol{E}} L(\boldsymbol{A}_{k+1},\boldsymbol{E},\boldsymbol{Y}_k,\mu_k)=\boldsymbol{S}_{\lambda/\mu_k}(\boldsymbol{D}-\boldsymbol{A}_{k+1}+$

$\boldsymbol{Y}_k/\mu_k$)。

步骤4：更新 $\boldsymbol{Y}_{k+1}$、μ_{k+1} 和 k，$\boldsymbol{Y}_{k+1}=\boldsymbol{Y}_k+\mu_k(\boldsymbol{D}-\boldsymbol{A}_{k+1}-\boldsymbol{E}_{k+1})$，$\mu_{k+1}=\begin{cases}\rho\mu_k, & \mu_k\|\boldsymbol{E}_{k+1}-\boldsymbol{E}_k\|_F/\|\boldsymbol{D}_F\|<\varepsilon, k=k+1\\ \mu_k, & \text{其他}\end{cases}$。

步骤5：判断是否收敛，如果收敛则停止，输出 $\boldsymbol{A}$ 和 $\boldsymbol{E}$；如果不收敛，则转到步骤2。

若 $\boldsymbol{X}=\boldsymbol{U}\Sigma\boldsymbol{V}^{\mathrm{T}}$，则 $\boldsymbol{D}_\tau(\boldsymbol{X})$ 的定义为

$$\boldsymbol{D}_\tau(\boldsymbol{X})=\boldsymbol{U}\boldsymbol{S}_\tau(\Sigma)\boldsymbol{V}^{\mathrm{T}} \tag{6.9}$$

式中：$\boldsymbol{S}_\tau(x)$ 为软阈值收缩算子，对 $\tau>0$，有

$$\boldsymbol{S}_\tau(x)=\begin{cases}x-\tau, & x>\tau\\ x+\tau, & x<-\tau\\ 0, & |x|<\tau\end{cases} \tag{6.10}$$

设 $\bar{\boldsymbol{S}}(m,k)$ 是距离－慢时间矩阵静止杂波抑制之后的结果，本书将其分解为低秩和稀疏的两部分。γ 决定了稀疏部分和低秩部分的比例，本书中，$\gamma=1/\sqrt{\min(M,K)}$ [236]。

6.2.3 实验结果与分析

由于非平稳杂波的出现与具体环境有关，因此采用实测数据和仿真数据相结合的方式仿真目标回波，将实际采集到的场景回波作为背景杂波，加入理想振动信号作为非平稳杂波环境下的目标回波。

采集会议室内的数据时，由于窗帘发生了抖动，因此背景回波不再是平稳的。雷达系统的参数与6.1.3节相同。发射天线和接收天线与外墙相距1m。室内有一个会议桌，桌子周围摆放着木质椅子。设理想正弦运动点目标的峰－峰值为4cm，频率为0.4Hz，仿真回波叠加在一维距离像8.7m处，观测时长为20s。由于采用非平稳杂波，定义新的SCNR如下：

$$\mathrm{SCNR_{input}}=20\lg\left(\frac{E_{\mathrm{is}}}{E_{\mathrm{ic}}}\right) \tag{6.11}$$

式中：E_{ic} 为静止杂波抑制之后的总的杂波能量；E_{is} 为静止杂波抑制之后的总的目标能量。输出SCNR定义为

$$\mathrm{SCNR}_{\mathrm{output}} = 20\lg\left(\frac{E_{\mathrm{os}}}{E_{\mathrm{oc}}}\right) \tag{6.12}$$

式中：E_{ic}和E_{oc}分别为低秩矩阵$\boldsymbol{A}$中的目标能量和环境杂波能量。

当输入SCNR为5dB时，静止杂波抑制之后的结果如图6.7（a）所示。SLRMD处理之后的目标结果如图6.7（b）所示，作为对比，基于SVD的结果如图6.7（c）所示。在预处理之后，位于8.7m处的目标显现出来，同时6～8m处的杂波也很明显，这些非平稳杂波应该是由于风吹窗帘运动引起的，然而在图6.7（c）中，该部分非平稳杂波并没有得到有效抑制。SLRMD方法和SVD方法的输出SCNR分别为9.02dB和6.28dB，与SVD方法相比，SLRMD方法有2.74dB的增益。

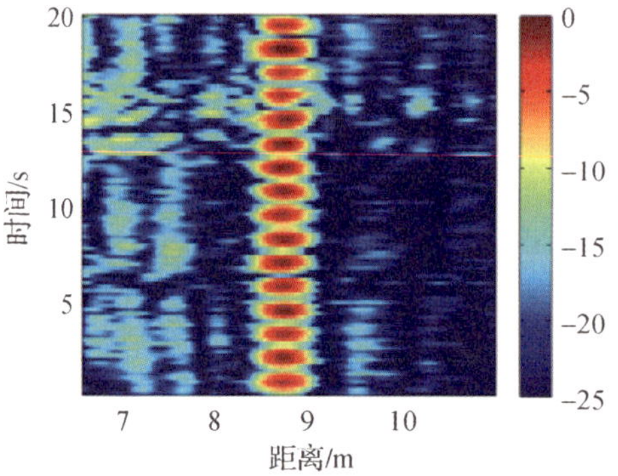

(a) 预处理结果

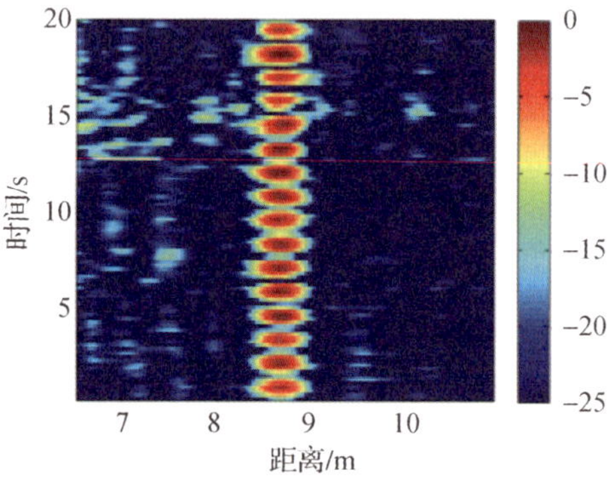

(b) SLRMD方法

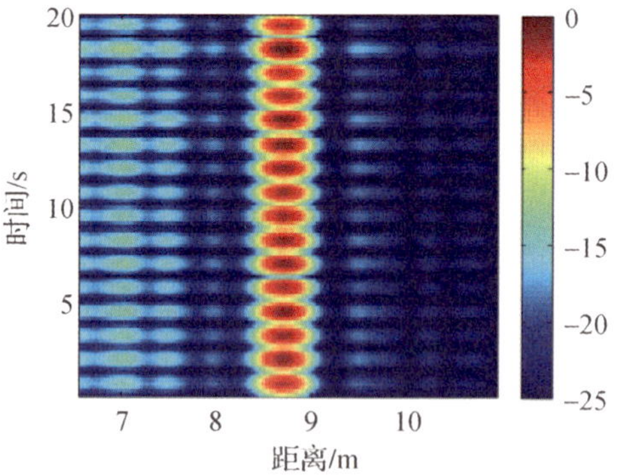

(c) SVD方法

图6.7　距离－慢时间维的仿真结果

通过调整目标回波的能量，仿真了不同输入 SCNR 的结果，输入 SCNR 从 -5dB 到 20dB，两种方法的输出信噪比如图 6.8 所示。可以看出，随着输入 SCNR 的增加，两种方法的输出 SCNR 同步增加。而且 SLRMD 的方法始终优于 SVD 方法，随着信噪比的增加，SLRMD 的优势愈加明显。

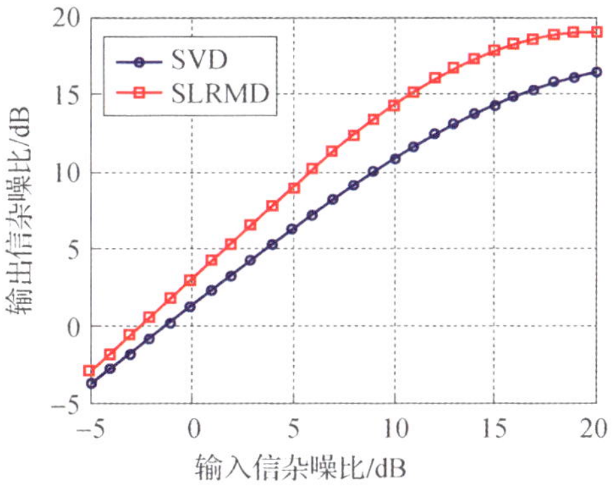

图 6.8　输入－输出信噪比曲线

采用实际的雷达系统检测墙后目标，一人站立在墙后 6m 处，如图 6.9 所示。图 6.10 给出了基于 SLRMD 的处理结果，在 1～3s、26～29s、35～40s 范围内 SVD 方法处理后，非平稳杂波并没有得到有效抑制。本书提出的 SLRMD 方法，有效抑制了非平稳杂波的影响。与 SVD 方法相比，SLRMD 的输出 SCNR 高2.36dB。对杂波抑制后的图 6.10 沿慢时间维积累，然后利用 1D CFAR 检测，可得到目标的位置估计。

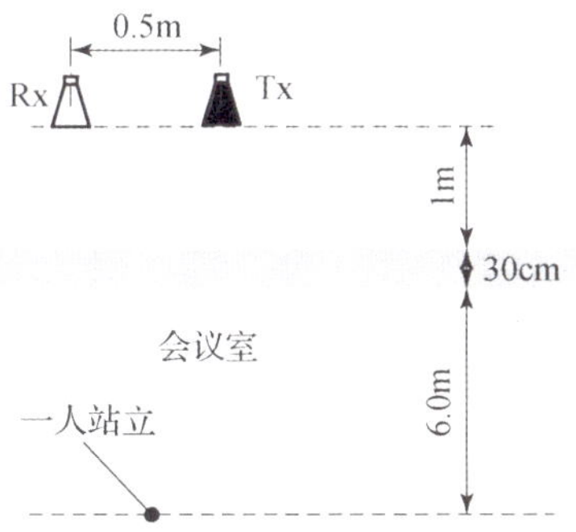

(a) 实验场景布局图

(b) 人员站立的场景

图 6.9　会议室内静止人体目标检测实验场景

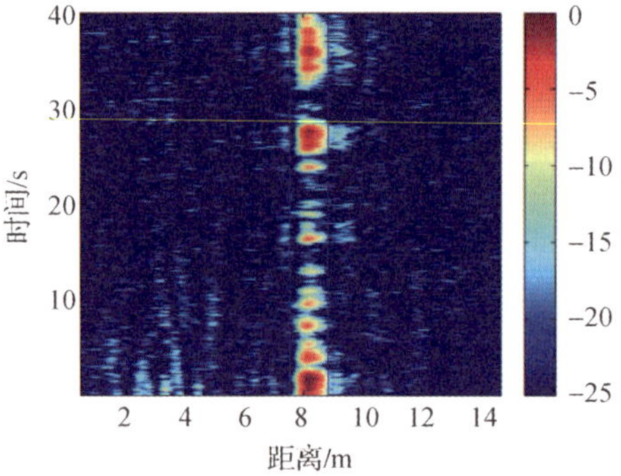

图 6.10　SLRMD 方法杂波抑制结果

6.3　基于回波相关矩阵的多微动目标关联

本节和下一节研究目标的关联定位问题。本节提出一种基于回波相关矩阵的多微动目标关联方法。在不同的数据通道，利用同一个目标回波的相似性和不同目标回波的差异性，实现目标的关联。为了方便分析问题，这里暂时不考虑墙体带来的影响。

6.3.1　多目标定位存在的问题

当墙后存在多个人体目标时，不同通道的目标关联是首先要解决的问题[238]，错误的关联将导致错误的定位结果。如图 6.11 所示，设通道 1 检测到两个目标，在一维距离像上分别位于 $k_1^{(1)}$ 和 $k_2^{(1)}$。通道 2 也检测到两个目标，在一维距离像上分别位于 $k_1^{(2)}$ 和 $k_2^{(2)}$。

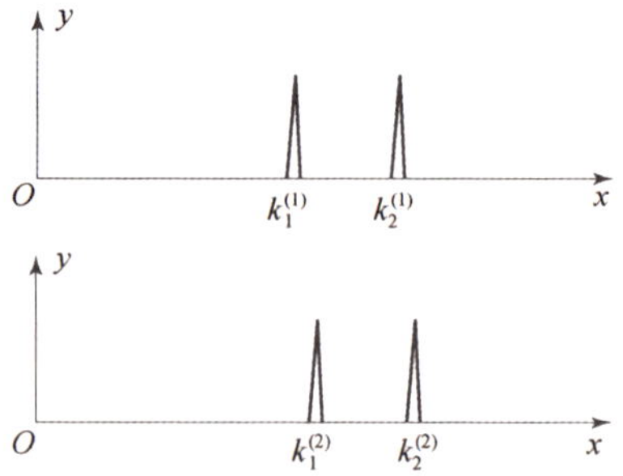

图 6.11　多目标关联示意图

根据每个通道的检测结果，通过联立求解方程组即可得到目标的位置，共有两种可能的目标关联方式：①$k_1^{(1)}$ 和 $k_1^{(2)}$ 关联，$k_2^{(1)}$ 和 $k_2^{(2)}$ 关联；②$k_1^{(1)}$ 和 $k_2^{(2)}$ 关联，$k_2^{(1)}$ 和 $k_1^{(2)}$ 关联。在这两种关联中，只可能有一种关联是正确的，正确的关联得到真实的目标位置，而错误的关联也可能得到方程组的解，但却得到一个虚假目标。

6.3.2 基于回波相关矩阵的多微动目标关联

针对微动人体目标，如果能够根据目标的微动特征实现目标的关联匹配，则可有效抑制虚假目标。当雷达采用多个数据通道对目标进行观测时，每个接收通道同时收到回波。虽然人体目标不是严格各向同性的，但是同一个目标呼吸心跳的回波在不同通道具有极大的相关性，因此同一个目标的回波应该是近似相同的，而不同目标之间的相关性较弱。据此提出一种基于目标回波相关矩阵的多微动目标关联方法。通过构建目标的相关矩阵，在定位之前完成不同通道目标的关联匹配。

以单发双收两个通道为例进行分析。设场景中有 Q 个目标，按照由近及远的顺序排列，第一个通道检测得到的目标位置是 $k_1^{(1)},k_2^{(1)},\cdots,k_Q^{(1)}$，第二个通道得到的目标位置是 $k_1^{(2)},k_2^{(2)},\cdots,k_Q^{(2)}$。取距离 - 慢时间维对应的列作为目标回波，则有

$$g_q^{(1)}(m)=\boldsymbol{S}_1(m,k_q^{(1)}),q=1,2,\cdots,Q \tag{6.13}$$

$$g_q^{(2)}(m)=\boldsymbol{S}_1(m,k_q^{(2)}),q=1,2,\cdots,Q \tag{6.14}$$

式中：$g_q^{(1)}(m)$ 为第一个通道的第 q 个目标的回波；$g_q^{(2)}(m)$ 为第二个通道的第 q 个目标的回波。第一个通道的第 i 个目标，和第二个通道的第 j 个目标的相关度定义为

$$c(g_i^{(1)},g_i^{(2)})=\frac{\left|\sum_{m=1}^{M}g_i^{(1)}(g_j^{(2)}(m))\right|}{\sqrt{\sum_{m=1}^{M}(g_i^{(1)}(m))^2}\sqrt{\sum_{m=1}^{M}(g_j^{(2)}(m))^2}},1\leqslant i,j\leqslant Q \tag{6.15}$$

进一步将 $c(g_i^{(1)},g_i^{(2)})$ 简记为 c_{ij}，是第一个通道的第 i 个目标和第二个通道的第 j 个目标的相关度。

对相关度进行归一化处理：

$$a_{ij} = \frac{c_{ij}}{\sum_{i=1}^{Q}\sum_{j=1}^{Q} c_{ij}}, 0 \leqslant a_{ij} \leqslant 1 \tag{6.16}$$

因此，有

$$\sum_{i=1}^{Q}\sum_{j=1}^{Q} a_{ij} = 1 \tag{6.17}$$

目标回波的相关矩阵定义为

$$\boldsymbol{A} = \begin{bmatrix} a_{1,1} & a_{1,2} & \cdots & a_{1,Q} \\ a_{2,1} & a_{2,2} & \cdots & a_{2,Q} \\ \vdots & \vdots & & \vdots \\ a_{Q,1} & a_{Q,2} & \cdots & a_{Q,Q} \end{bmatrix} \tag{6.18}$$

由于同一个目标回波相关度大，不同目标回波相关度小，因此目标的关联问题转化为如下的最优化问题：

$$\boldsymbol{Z} = \arg\max \sum_{i=1}^{Q}\sum_{j=1}^{Q} Z_{ij}a_{ij}, Z_{ij} \in \{0,1\}, \sum_{i} Z_{ij} = 1, \forall j \text{ 且 } \sum_{J} Z_{ij} = 1, \forall i \tag{6.19}$$

式中：$\boldsymbol{Z}$ 为最优关联的辅助矩阵，可以用拍卖算法[239]求解该类问题。拍卖算法的目的是最大化关联项 a_{ij}，当目标数目较少时，穷举算法也能得到同样的结果。

6.3.3 实验结果与分析

本节利用仿真和实测数据验证本书提出的多目标关联方法。仿真时，为了在单通道检测时能够区分两个目标，设两个目标在距离向和方位向至少间隔 1m。

6.3.3.1 仿真结果

雷达采用一发双收两个通道，其中发射天线位于（0m，0m）位置处，两个接收天线坐标分别是(－1.5m,0m)和(－1.5m,0m)。发射信号采用 SFCW 体制，频率范围是 0.5～2.0GHz，频率步长为 2MHz，两个点目标分别位于(-1m,3m)和(2m,2.5m)，两者的振动频率分别为0.4Hz和0.6Hz，其在雷达视线方向的振幅均为1.5cm。设雷达回波被加性高斯白噪声污染，在SNR=0时，静止杂波抑制之后的两个通道的距离-慢时间像如图6.12所示。

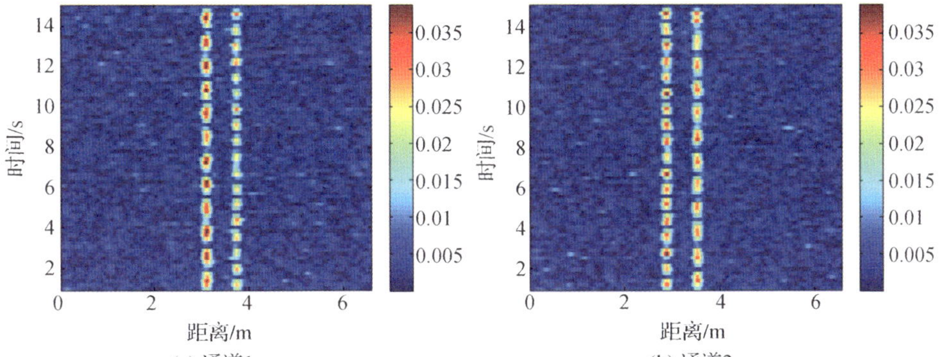

(a) 通道1　(b) 通道2

图6.12　平均对消后的距离-慢时间像

采用拍卖算法，**Z** 共有两种可能的取值，$\mathbf{Z}_1=\begin{bmatrix}1&0\\0&1\end{bmatrix}$或$\mathbf{Z}_2=\begin{bmatrix}2&0\\0&2\end{bmatrix}$。这两种情况分别对应着通道1的目标1和通道2的目标1关联，通道1的目标2和通道2的目标2关联，或者通道1的目标2和通道2的目标1关联，通道1的目标1和通道2的目标2关联。

分析正确的关联系数随输入信噪比的变化情况。设输入信噪比的范围为0~20dB，观测时长为5~25s，归一化相关系数$a_{12}+a_{21}$如图6.13所示。从图中可以看出，在观测时长只有5s的时候，即使在0dB条件下，目标正确关联的概率达到了0.93。说明信噪比越高，准确关联的概率越大；观测时间越长，关联性能越好。

6.3.3.2　墙后目标的实测结果

采用穿墙雷达对墙后两个人体目标进行探测，实验场景如图6.14所示，天线阵列距墙3m放置。左侧第一个天线为发射天线，第2和第12个天线为接收天线，两者距发射天线的距离分别为0.25m和2.75m。以发射天线为原点，天线阵列为X轴建立平面直角坐标系，则两接收天线坐标为(0.25m,0m)和(2.75m,0m)。

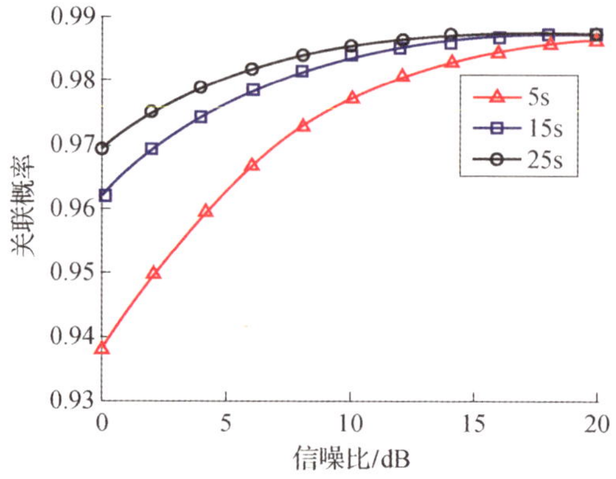

图 6.13　不同信噪比条件下的正确关联概率

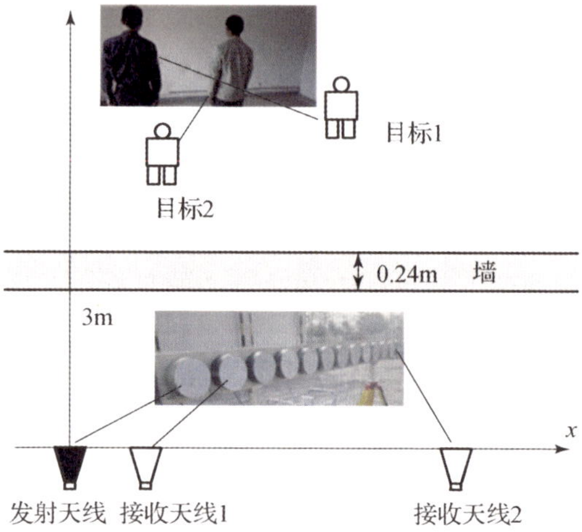

图 6.14　穿墙多目标定位实验场景

发射信号采用步进频体制，步进频范围是 0.5～2GHz，频率步进量为 2MHz。帧速率为 5Hz，观测时间 30s。墙后两个人静止站立在(1m,5.0m)和(2.4m,7.0m)位置处。

CFAR 检测得到的通道 1 的两个目标距离为 5.47m 和 7.71m，通道 2 的两个目标距离为 5.53m 和 7.54m。为了对两个结果进行关联，首先提取目标位置处的回波，得到目标回波曲线如图 6.15 所示。从图 6.15 可以看出，两个目标的呼吸曲线是明显相关的。其中通道 1 目标 2 和通道 2 目标 2 的目标相关性最高，相关系数为 0.97。其次，通道 1 目标 1 和通道 2 目标 1 的相关系数为 0.96。

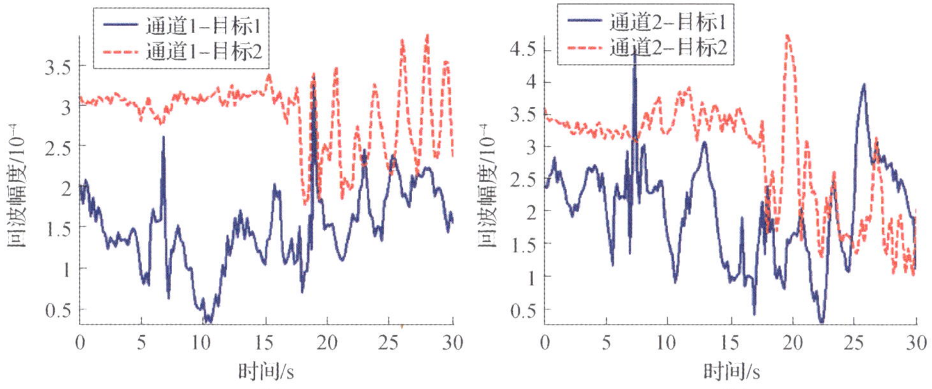

(a) 通道1　　(b) 通道2

图 6.15　不同通道目标的回波曲线

回波受噪声、杂波以及电磁波传播多径效应的影响，观测时间越长，匹配性能越好。针对此次采集的实测数据，选取一个固定长度的滑窗，在回波域中选取一段固定长度进行分析，估计其准确检测性能，对固定的滑窗长度，检测准确率定义为准确匹配目标的次数除以所有可能的观测次数[240]。得到目标检测的准确率与滑窗长度，即观测时长的关系如图 6.16 所示，由图可知，在时长达到 3.5s 时，对该组时间序列，即可实现 100% 的准确关联。

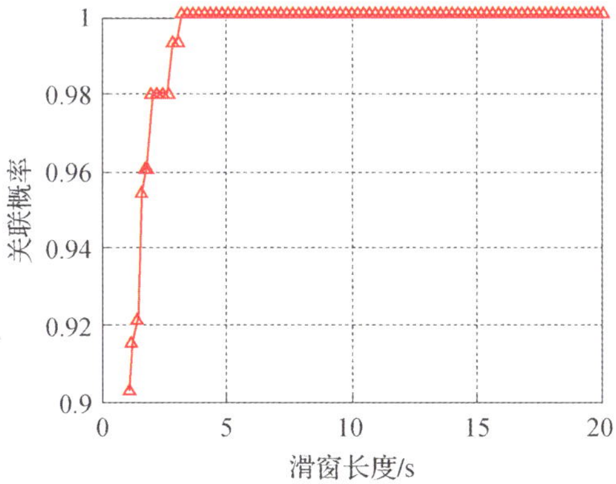

图 6.16　实测数据不同时间窗长度目标正确关联的概率

6.4 墙体参数未知条件下的墙后目标精确定位

6.4.1 墙后目标精确定位

对目标定位的目的是获取目标的位置参数，目标位置在二维空间中表现为（x，y）两个参数，在三维空间中表现为（x，y，z）三个参数。同时，由第三章的电磁波穿墙传输模型，墙体延时由墙体厚度 D 和相对介电常数 ε 这两个参数决定。墙后目标电磁波等效传播模型如图 6.17 所示。

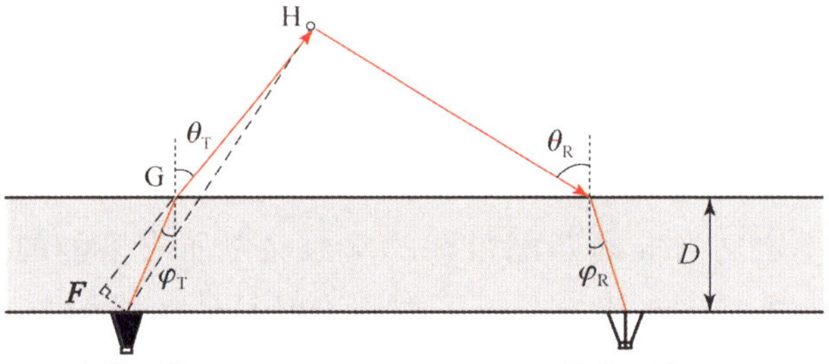

图 6.17　墙后目标电磁波等效传播模型

在图 6.17 中，要实现目标的精确定位，必须补偿墙体传输的影响。设采用 1 发 N 收共 N 个数据通道，根据图 6.17 的信号传输模型，对于第 n 个收发组合通道中的目标回波信号的斜距可写成如下形式：

$$r_n \approx \sqrt{(x-x_T)^2+(y-y_T)^2}+\sqrt{(x-x_T)^2+(y-y_T)^2}+ \\ D(\sqrt{\varepsilon-\sin^2\theta_T}-\cos\theta_T)+D(\sqrt{\varepsilon-\sin^2\theta_R}-\cos\theta_R) \tag{6.20}$$

式中：(x_T,y_T)为发射天线位置坐标；(x_R,y_R)为接收天线位置坐标；θ_T 与 θ_R 分别为发射路径与接收路径与墙体的夹角。如式（6.20）所示，目标位置(x,y)和墙体参数(D,ε)是 4 个独立参数。如果将墙体参数和目标位置都看作待估计的未知参数，将得到 4 个未知参数。利用多个通道的观测数据，墙体参数估计和目标定位就转化为非线性方程组的求解问题。4 个参数至少需要 4 个独立的约束方程。

记待求解的参数为 $\boldsymbol{\theta}$，则

$$\boldsymbol{\theta}=[x,y,D,\varepsilon]^{\mathrm{T}} \tag{6.21}$$

设接收天线接收到的雷达回波延时分别为 $\tau_1,\tau_2,\cdots,\tau_N$，记矢量 $\boldsymbol{F}$ 为

$$\boldsymbol{F}(\boldsymbol{\theta})=\begin{bmatrix} r_1(\boldsymbol{\theta})-c\tau_1/2 \\ r_2(\boldsymbol{\theta})-c\tau_2/2 \\ \vdots \\ r_N(\boldsymbol{\theta})-c\tau_N/2 \end{bmatrix} \tag{6.22}$$

式中：c 为光速；$\boldsymbol{\theta}$ 满足如下的等式约束：

$$\boldsymbol{F}(\boldsymbol{\theta})=\boldsymbol{0} \tag{6.23}$$

通过求解方程组（6.22），可以得到 $\boldsymbol{\theta}$。可以拟牛顿法、高斯牛顿法等经典的非线性方程组的求解方法求解。然而方程组（6.22）并不易求解，它的雅可比矩阵接近奇异，因此该方程组是严重病态的。一个直观的解释是，当墙体带来的延时一定时，随着墙体厚度的增加，介电常数将减小，反之亦然。因此，传统的求解方法会带来较大误差。这里采用 Levenberg – Marquardt（LM）[241-244]方法求解此非线性方程组，基于线性搜索的 LM 方法的方程组求解步骤如算法 I 所示。

算法 I（基于线性搜索的 LM 方法）的具体步骤如下：

步骤 1：给定 $\boldsymbol{\theta}_0\in\mathbf{R}^4,\delta\in[1,2],\eta\in(0,1),\varepsilon\gamma_1\in(0,1),\varepsilon\gamma_2\in(0,1)$，$k:=0$，记 $\boldsymbol{J}_k:=\boldsymbol{J}(\boldsymbol{\theta}_k),\boldsymbol{F}_k:=\boldsymbol{F}(\boldsymbol{\theta}_k)$。

步骤 2：如果 $\|\boldsymbol{J}_k^{\mathrm{T}}\boldsymbol{F}_k\|<\varepsilon\gamma_1$，或 $\|\Delta\boldsymbol{\theta}\|<\varepsilon\gamma_1$，结束。

否则，设 $\mu k:=\boldsymbol{F}(\boldsymbol{\theta}_k)$，计算 $d_k=-(\boldsymbol{J}(\boldsymbol{\theta}_k)^{\mathrm{T}}\boldsymbol{J}(\boldsymbol{\theta}_k)+\mu_k\boldsymbol{I})^{-1}\boldsymbol{J}(\boldsymbol{\theta}_k)^{\mathrm{T}}\boldsymbol{F}(\boldsymbol{\theta}_k)$。

步骤 3：如果 d_k 满足 $\|\boldsymbol{F}(\boldsymbol{\theta}_k+d_k)\|\leqslant\eta\|\boldsymbol{F}(\boldsymbol{\theta}_k)\|$，那么 $\boldsymbol{\theta}_{k+1}=\boldsymbol{\theta}_k+d_k$，否则 $\boldsymbol{\theta}_{k+1}=\boldsymbol{\theta}_k+\alpha_k d_k$，$\alpha_k$ 由 Wolfe 或者 Armijo 线性搜索方法得到。

步骤 4：$k:=k+1$ 回到步骤 2。

上述步骤中，$\boldsymbol{J}_k$ 是雅可比矩阵，它定义为

$$[\boldsymbol{J}(\boldsymbol{\theta}_k)]_{nj}=\frac{\partial[\boldsymbol{F}_k]_n}{\partial\boldsymbol{\theta}_j} \tag{6.24}$$

记 $n=1,2,3,4$，

$$a_{10}=x_k-x_T,a_{11}=y_k-y_T,a_1=\sqrt{a_{10}^2+a_{11}^2} \tag{6.25}$$

$$b_{n0} = x_k - x_{Rn}, b_{n1} = y_k - y_{Rn}, b_n = \sqrt{b_{n0}^2 + b_{n1}^2} \tag{6.26}$$

$[\boldsymbol{J}_k]_{nj}$的表达式如下：

$$[\boldsymbol{J}_k]_{n1} = \frac{\partial r_n}{\partial x} = \frac{a_{10}}{a_1} + D_k\left(-\frac{a_{10}a_{11}^2}{a_1^4\sqrt{\varepsilon_k - (a_{10}/a_1)^2}} + \frac{a_{10}a_{11}}{a_1^3}\right) + \frac{b_{n0}}{b_n} + D_k\left(-\frac{b_{n0}b_{n1}^2}{b_n^4\sqrt{\varepsilon_k - (b_{n0}/b_n)^2}} + \frac{b_{n0}b_{n1}}{b_n^3}\right) \tag{6.27}$$

$$[\boldsymbol{J}_k]_{n2} = \frac{\partial r_n}{\partial y} = \frac{a_{11}}{a_1} + D_k\left(\frac{a_{11}a_{10}^2}{a_1^4\sqrt{\varepsilon_k - (a_{10}/a_1)^2}} - \frac{a_{10}^2}{a_1^3}\right) + \frac{b_{n1}}{b_n} + D_k\left(\frac{b_{n1}b_{n0}^2}{b_n^4\sqrt{\varepsilon_k - (b_{n0}/b_n)^2}} - \frac{b_{n0}^2}{b_n^3}\right) \tag{6.28}$$

$$[\boldsymbol{J}_k]_{n3} = \frac{\partial r_n}{\partial D} = \sqrt{\varepsilon_k - (a_{10}/a_1)^2} - \frac{a_{11}}{a_1} + \sqrt{\varepsilon_k - (b_{n0}/b_n)^2} - \frac{b_{n1}}{b_n} \tag{6.29}$$

$$[\boldsymbol{J}_k]_{n4} = \frac{\partial r_n}{\partial \varepsilon} = \frac{D_k}{2\sqrt{\varepsilon_k - (a_{10}/a_1)^2}} + \frac{D_k}{2\sqrt{\varepsilon_k - (b_{n0}/b_n)^2}} \tag{6.30}$$

6.4.2 基于约束优化的墙后目标精确定位

$\boldsymbol{F}(\boldsymbol{\theta})$的雅可比矩阵接近奇异，因此对噪声非常敏感。当观测时间受到噪声污染时，定位性能将会急剧下降。实际的墙体参数在一定范围内[245-246]。例如，对于一个典型的（住宅、办公楼、写字楼）建筑物，外墙的厚度一般为20~30cm，内墙的厚度一般为10~25cm，而墙体的相对介电常数与墙体所用的材料有关。对于一个典型的钢筋混凝土墙体，其相对介电常数为2~10。文献［245］给出了不同材质的相对介电常数，因此，可根据D和ε的约束条件，将室内定位问题转化为约束优化问题。

$$\min f(\boldsymbol{\theta}) \quad \text{s. t. } D_{\mathrm{L}} \leqslant D \leqslant D_{\mathrm{H}}, \varepsilon_{\mathrm{L}} \leqslant \varepsilon \leqslant \varepsilon_{\mathrm{H}} \tag{6.31}$$

$f(\boldsymbol{\theta})$的定义为

$$f(\boldsymbol{\theta}) := \|F(\boldsymbol{\theta})\|^2 \tag{6.32}$$

式中：D_{L}和D_{H}分别为D的上界和下界；ε_{L}和ε_{H}分别为ε的上界和下界。

使用映射LM算法来解决该约束优化问题式（6.31）。假定$f(\boldsymbol{\theta})$是连续可差分的，基于映射的LM算法见算法Ⅱ。

算法Ⅱ（基于线性搜索的映射 LM 方法）的具体步骤如下：

步骤1：给定 $\boldsymbol{\theta}_0 \in \mathbf{R}^4, \delta \in [1,2], \eta \in (0,1), k:=0, \gamma_1 > 0, \gamma_2 > 0$。

步骤2：如果 $\| \boldsymbol{J}_k^{\mathrm{T}} \boldsymbol{F}_k \| < \gamma_1$，或 $\| \Delta \boldsymbol{\theta} \| < \gamma_2$，结束。否则，设 $\mu_k := \boldsymbol{F}(\boldsymbol{\theta}_k)$，计算 $d_k : d_k = -(\boldsymbol{J}(\boldsymbol{\theta}_k)^{\mathrm{T}} \boldsymbol{J}(\boldsymbol{\theta}_k) + \mu_k I)^{-1} \boldsymbol{J}(\boldsymbol{\theta}_k)^{\mathrm{T}} \boldsymbol{F}(\boldsymbol{\theta}_k)$。

步骤3：如果 $\| \boldsymbol{F}(P_X(\boldsymbol{\theta}_k + d_k)) \| \leqslant \eta\gamma \| \boldsymbol{F}(\boldsymbol{\theta}_k) \|$，然后，设置 $\boldsymbol{\theta}_{k+1} = P_X(\boldsymbol{\theta}_k + d_k)$，$k:=k+1$，转到步骤2。

否则，转到步骤4。

步骤4：计算步长 $t_k = \max\{\beta^l, l = 0,1,2,\cdots\}$，使得 $f(\boldsymbol{\theta}_k(t_k)) \leqslant f(\boldsymbol{\theta}_k) + \sigma \nabla f(\boldsymbol{\theta}_k)^{\mathrm{T}} (\boldsymbol{\theta}_k(t_k) - \boldsymbol{\theta}_k)$，$\boldsymbol{\theta}_k(t) := P_X(\boldsymbol{\theta}_k - t \nabla f(\boldsymbol{\theta}_k))$，设置 $\boldsymbol{\theta}_{k+1} := \boldsymbol{\theta}_k(t)$，$k := k+1$，回到步骤2。

算法的初值设置如下：把不考虑墙体时的定位结果作为目标的初始位置，墙体参数的初值由墙体参数约束决定。文献［241］指出，算法Ⅱ是1.5阶收敛的。

6.4.3　实验结果与分析

用 FDTD 仿真数据验证墙后目标定位性能。雷达阵列保持和墙体平行，与墙体外沿距离为3.45m。墙体厚度是0.24m，相对介电常数为3.95。目标是一个金属圆柱，直径为10cm，位置是(1.67m,6.20m)。发射天线位于(0m,0m)，四个接收天线位于(0.5m,0m)、(1m,0m)、(2.25m,0m)和(2.75m,0m)。雷达天线设置是为了和后面的实测数据天线配置保持一致。

发射信号采用步进频连续波体制，信号频段为500MHz～2.5GHz，频率步长为2MHz。作为对比，对除去墙体之外的相同的仿真场景也进行了仿真。

均方根误差定义为

$$\mathrm{RMSE} = \sqrt{E(\bar{x} - x_0)^2 + E(\bar{y} - y_0)^2} \tag{6.33}$$

式中：$(\bar{x}, \bar{y})$ 为估计的目标位置；(x_0, y_0) 为真实的目标位置；E 为取期望操作。

6.4.3.1 模型性能评估

理论上，当不存在测量噪声时，不管 D 和 ε 的初始值是多少，通过算法 I 总可以得到准确的墙体参数和目标位置。图 6.18 给出了信号带宽为 1GHz 和 2GHz 时定位误差结果。目标的位置是(1.67m,6.20m)。在图 6.18（a）中，误差的最大值不超过 0.6cm，在图 6.18（b）中，误差的最大值不超过 0.6mm。该误差来源于三个方面：扩展目标引起的位置误差、距离单元划分引起的量化误差以及穿墙信号模型近似误差。在这三种误差的共同作用下，目标的定位结果收敛于其真实值。FDTD 仿真验证了该算法的准确性，同时也验证了穿墙传输模型的正确性。

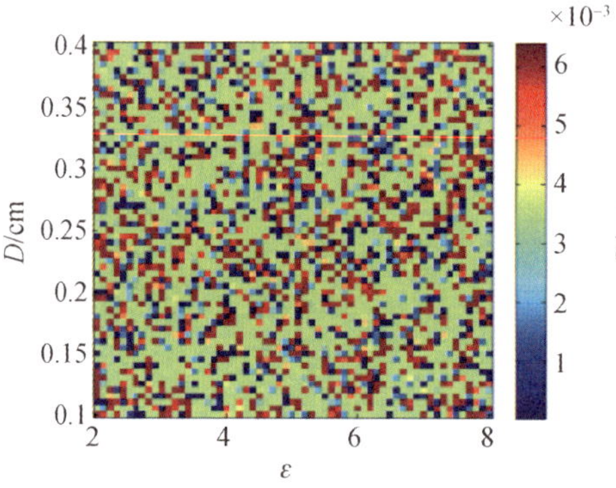

(a) 带宽1GHz

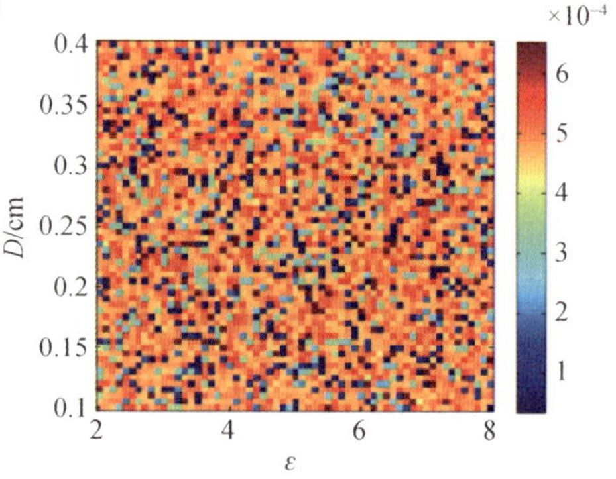

(b) 带宽2GHz

图 6.18　不同墙体参数初值的定位误差

6.4.3.2 噪声条件下定位性能分析

分析算法Ⅱ在噪声条件下的定位性能，设 FDTD 仿真回波混有加性高斯白噪声，D 和 ε 的初始值选择为$(D_L+D_H)/2$ 和 $(\varepsilon_L+\varepsilon_H)/2$。

距离测量精度和信噪比的关系为[247]

$$\sqrt{\operatorname{var}(\hat{r})} \geqslant \frac{c}{2\sqrt{2}\sqrt{\mathrm{SNR}}B_w} \tag{6.34}$$

式中：B_w 为有效的信号带宽。为了评估目标性能，采用 10000 次蒙特卡洛仿真。

图 6.19 给出了不同信噪比下的 RMSE 曲线。图 6.19（a）和图 6.19（b）

分别是带宽为1GHz和2GHz的结果。作为对比，给出了自由空间相同场景和相同测距误差的定位结果及自由空间目标定位的CRLB，以及不考虑墙体参数补偿的定位误差，和考虑墙体补偿时的定位误差。从图6.19可以看出，自由空间定位的CRLB值最小。当墙体参数较为精确时，其定位误差和自由空间的定位误差近似，如果墙体参数范围变大，则测量误差变大，性能变差。此外，在信噪比较低时，不同墙体参数约束下的定位性能差别不大，随着信噪比的增加，它们之间的差别愈加明显。因为当信噪比较低时，定位误差主要来源于测距误差，此时墙体参数范围的影响较低，随着信噪比的增加，测距误差逐渐变小，墙体参数的影响作用开始显著，因而在信噪比较高时，其误差变化不大。

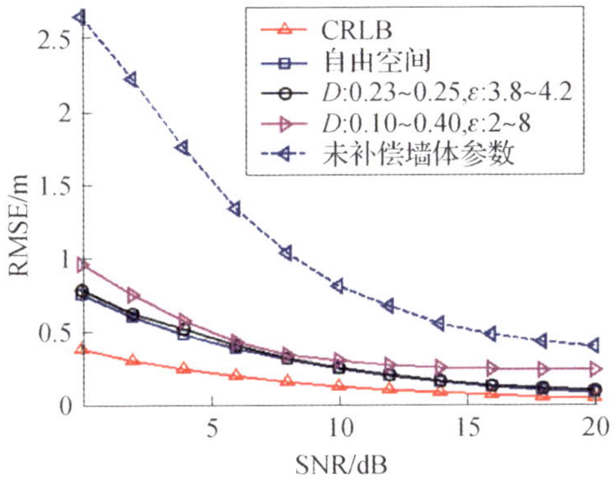

(a) 带宽1GHz

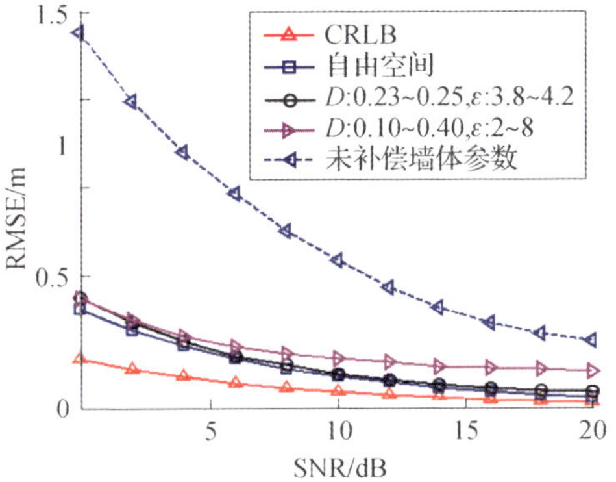

(b) 带宽2GHz

图6.19 不同墙体参数约束下目标定位的RMSE

随着信噪比的增加，测量误差从5.30cm降至0.53cm。以图6.19（b）为例，当SNR = 10dB时，自由空间的CRLB是5.9cm。当不考虑墙体作用时，RMSE是55.5cm；当墙体参数范围是$D = 0.10 \sim 0.40$m，$\varepsilon = 2 \sim 8$时，RMSE = 18.7cm。当$D = 0.23 \sim 0.25$m，$\varepsilon = 3.8 \sim 4.2$时，RMSE = 12.9cm。这几乎和自由空间的定位结果（11.7cm）相等。仿真结果证明了该方法能够在位置墙体参数未知时实现对目标的精确定位。墙体参数越精确，定位效果越好。

6.4.3.3 墙体参数范围对定位误差的影响

首先分析墙体厚度D对定位误差的影响。假设ε的范围是$2 \sim 8$，D的范围分别是 0. 10 ~ 0. 4m、0. 20 ~ 0. 30m、0. 23 ~ 0. 25m 和 0. 38 ~ 0. 40m。图 6. 20（a）和图 6. 20（b）分别是带宽为 1GHz 和 2GHz 对应的 RMSE。结果表明，随着 D 的范围变得越来越窄，定位的 RMSE 显著降低。然而，当 D 的范围没有包含它的真实值时，例如 0. 38 ~ 0. 40m，RMSE 不降反增。即为了得到精确的目标定位结果，当所选区间包含墙体参数的真实值时，墙体厚度参数范围越窄，定位结果越精确。当所选区间不包含墙体参数的真实值时，定位效果反而变差。

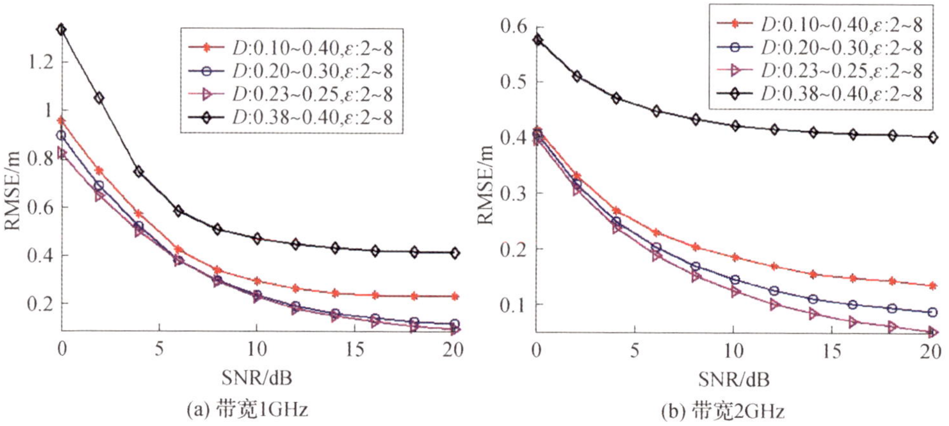

图 6. 20　不同墙体厚度约束下目标定位的 RMSE

同样地，考虑墙体介电常数的影响，假设墙体厚度范围是 0. 20 ~ 0. 30m，相对介电常数的范围是 2 ~ 8、2 ~ 6、3 ~ 5 和 6 ~ 8。图 6. 21（a）和图 6. 21（b）分别是带宽为 1GHz 和 2GHz 对应的定位 RMSE。随着 ε 的范围变得越来越精确，定位的 RMSE 显著降低。和墙体厚度类似，当 ε 的范围是 6 ~ 8 时，其定位性能反而不如 2 ~ 6 的情况，即所选取区间范围不包含参数的真实值时，定位效果反而变差。

从图 6. 20 和图 6. 21 的结果看出，当信噪比低时，测量误差较大，不同参数范围条件下的 RMSE 差别不大，随着信噪比的增加，测量误差逐渐减小，墙体参数范围改变带来的 RMSE 变化明显。因此，在高信噪比条件下，更精确的墙体参数范围显得尤为重要。

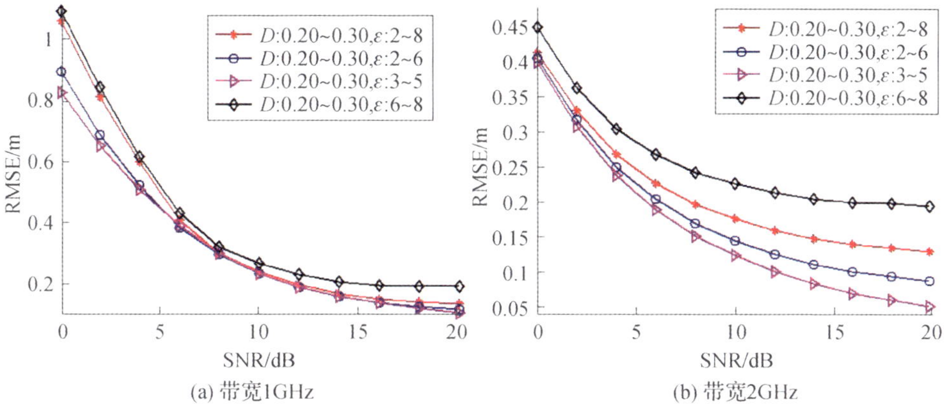

图 6.21　不同墙体相对介电常数约束下目标定位的 RMSE

6.4.3.4　实验结果

用穿墙雷达系统对墙后目标进行定位。雷达发射步进频连续波，其带宽为 1.5GHz，实验场景如图 6.22 所示。天线阵列平行于墙体，距墙 3.45m，发射天线位于(0m,0m)，四个接收天线分别位于(0.5m,0m)、(1.0m,0m)、(2.25m,0m)、(2.75m,0m)。一个金属三面角（角反射器）位于墙后，其坐标为(1.67m,6.20m)。

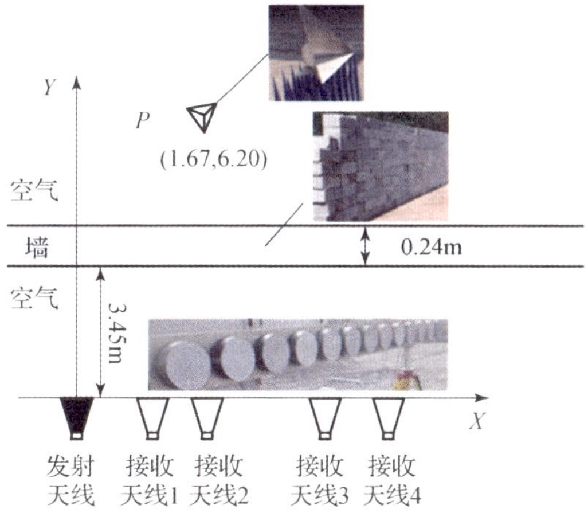

图 6.22　墙后目标定位实验场景

图 6.23 给出了某一次独立观测时，四个通道的回波一维距离像，不同通道的静止强杂波不同。通过 CFAR 检测，得到四个通道目标的距离分别为

6.74m、6.60m、6.64m 和 6.59m。100 次独立测量得到 RMSE 如表 6.1 所示。以第一个通道为例，计算得到目标的输入信噪比为 10dB。表 6.1 最后一列给出了 10dB 条件下，10000 次蒙特卡洛仿真的 RMSE。可以看出，实测数据结果和仿真结果的定位精度相差不大。

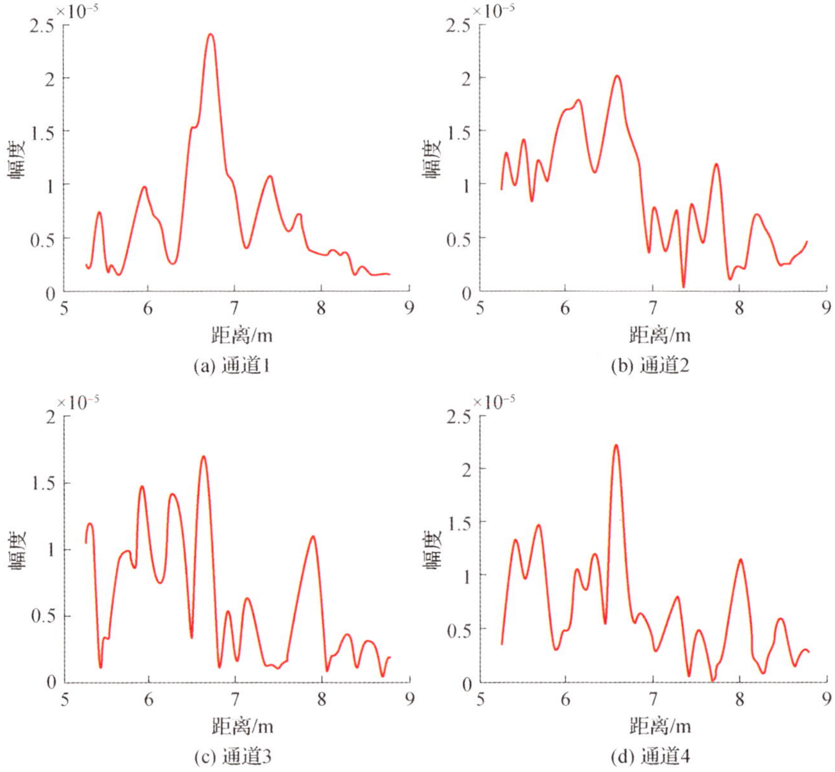

图 6.23　不同通道的回波结果

表 6.1　不同墙体参数下目标的定位误差

D 范围/m	ε 范围	RMSE/cm	仿真的 RMSE/cm
不补偿		91.79	61.47
0.10～0.40	2～9	46.75	53.89
0.20～0.30	2～9	32.38	45.81
0.21～0.27	2～6	29.01	30.67
0.22～0.26	3～5	25.26	22.60

随着墙体参数越来越精确，目标的误差逐步减小，当墙体厚度取 0.22 ~ 0.26m，相对介电常数取 3 ~ 5，定位误差是 25.26cm，此时蒙特卡洛仿真的 RMSE 是 22.60cm。可以看出，仿真和实测的定位精度相当。此时，对应的自由空间场景下，定位的 CRLB 为 5.86cm。实测数据验证了本书的方法，说明该方法能有效定位墙体目标和估计墙体参数。

6.5 人体目标微动特征提取

6.5.1 基于等相位线的微动信号提取

本节首先建立了等相位线和人体生命信号的线性关联，然后讨论了基于等相位线的微动信号提取，最后给出了等相位线的提取方法，包括图像二值化、边缘检测和边缘细化三个步骤，并分析了算法的时间复杂度。等相位线扩展了微动目标的运动范围，因此对杂波和噪声鲁棒性更强。

6.5.1.1 等相位线的定义

对于位置不变的人体目标，其距雷达的瞬时距离 R 可以表示为

$$R(t)=R_0+r(t) \tag{6.35}$$

式中：常量 R_0 为雷达到人体目标的平均距离；$r(t)$ 为人体微动特征产生的微动，在实际的穿墙雷达目标探测场景中，人体微动幅度往往远小于雷达到人体目标的距离，因此 $r \ll R_0$ 始终成立。

1）幅度峰值曲线

在超宽带雷达人体生命探测中，原始回波数据经过预处理得到距离－慢时间矩阵，该矩阵的行表示距离维，列表示慢时间维。距离－慢时间矩阵是一个复矩阵，包含目标的幅度和相位信息。以 SFCW 雷达回波为例进行说明，设步进频雷达的频率范围是 f_0 到 f_p，频率步长为 Δf，$f_c=(f_0+f_p)/2$ 是中心频率，$B=f_p-f_0$ 是信号带宽，设 N 是总的步进频点数，$\boldsymbol{S}(m,k)$ 表示距离－慢时间矩阵，其中 $m=1,2,\cdots,M$ 是慢时间索引，$k=1,2,\cdots,K$ 是距离单元索引。$\boldsymbol{S}(m,k)$ 的表达式为

$$\boldsymbol{S}(m,k)=\exp[-\mathrm{j}2\pi f_0\tau+\mathrm{j}\pi(N-1)(k/K-\Delta f\tau)]\frac{\rho}{K}\frac{\sin[\pi(kN/K-N\Delta f\tau)]}{\sin[\pi(k/K-N\Delta f\tau)]} \tag{6.36}$$

式中：ρ 为回波幅度；K 为总的距离单元数目，通常 $K\gg N$ 以改善距离向定位精度。

发射信号的最大不模糊距离为 $c/(2\Delta f)$，c 是电磁波传播速度。设 x 为雷达天线距目标的距离，从而有

$$x=\frac{k}{K}\times\frac{c}{2\Delta f} \tag{6.37}$$

根据式（6.36），$\boldsymbol{S}(m,k)$的幅度峰值位于

$$\pi(k/K-\Delta f\tau)=0 \tag{6.38}$$

因此，峰值位置 x_{peak} 可表示为

$$x_{\text{peak}}=\frac{k}{K}\times\frac{c}{2\Delta f}=\Delta f\tau\times\frac{c}{2\Delta f}=R(t) \tag{6.39}$$

因此幅度峰值轨迹即是目标的微动轨迹。

2）等相位线

记 $\Theta(m,k)$为距离－慢时间矩阵 $\boldsymbol{S}(m,k)$的相位，则

$$\Theta(m,k)=-2\pi f_0\tau+\pi(N-1)(k/K-\Delta f\tau) \tag{6.40}$$

这里 $-\pi<\Theta<\pi$ 是缠绕后的相位。缠绕后的相位存在突变，即在距离向上有一个从 π 到 $-\pi$ 的跳变。将式（6.39）、式（6.40）代入式（6.37），x_{peak}表示 Θ 中在距离向上的位置，则

$$x_{\text{phase}}=\frac{k}{K}\times\frac{c}{2\Delta f}=\frac{\Theta c}{2B\pi}+\frac{2f_c}{B}R(t) \tag{6.41}$$

当 Θ 的值是一个常量时，x_{phase}就表示等相位线，由式（6.41）可知，x_{phase}和 $R(t)$是线性关系，线性系数为$(2f_c/B)$，它们之间差一个常量偏置$(\Theta c/2B\pi)$。线性系数由发射信号的中心频率 f_c 和信号带宽 B 共同决定，定义线性系数 α 为

$$\alpha=\frac{2f_c}{B}=1+\frac{2f_0}{B} \tag{6.42}$$

因此，微动范围 Δr 和等相位线范围 Δx_{phase}的关系如下：

$$\Delta x_{\text{phase}}=\alpha\Delta r \tag{6.43}$$

对于超宽带信号，线性系数 α 总是大于 1，因此等相位线扩展了目标运动范围。

从式（6.39）和式（6.41）可以看出，峰值曲线和等相位线均表示目标的微动轨迹，不同之处是峰值曲线和目标的运动轨迹一致，而等相位线扩展了目标的运动范围，因此等相位线对噪声鲁棒性强。另一方面，峰值曲线易受远离目标的异常值点的影响而产生较大误差，造成性能急剧下降。而等相位线限制目标的微动在一个波长范围内，因此可以有效去除异常值点的影响。因此，在低 SCNR 条件下，等相位线比峰值曲线鲁棒性更强。

3）基于等相位线的微动特征提取

在距离－慢时间平面上，目标的峰值曲线只有一条且和目标的运动轨迹保持一致，而等相位线则有很多条。Θ 在 $[-\pi,\pi)$ 取不同值时，对应不同值的等相位线。为了尽可能减小噪声的影响，等相位线一般在目标峰值位置处提取。

在距离－慢时间相位平面上，距离向上从 $-\pi$ 到 π 的距离是一个波长 λ_c，$\lambda_c = c/f_c$。如果目标在相邻帧距离向上的运动不超过半波长，那么等相位线能够精确地表示目标的运动轨迹，而不存在相位缠绕。该要求在微动特征探测中通常是满足的，即人体的呼吸引起的胸腔起伏不超过半个波长。

为了利用目标的等相位线提取生命信号，式（6.41）中设置合适的 α 值显得尤为重要。对于有肢体运动的目标，α 尽量接近于 1 以在相位不缠绕的情况下准确提取目标的微动轨迹。同样，对于保持坐姿或平躺状态的人体目标，α 尽可能大于 1 以放大微动目标运动范围，以获得更精确的生命信号轨迹。

6.5.1.2 基于图像边缘检测的等相位线的提取

本节介绍等相位线的提取，它包括 3 个步骤：图像二值化、边缘检测和边缘细化，如图 6.24 所示。

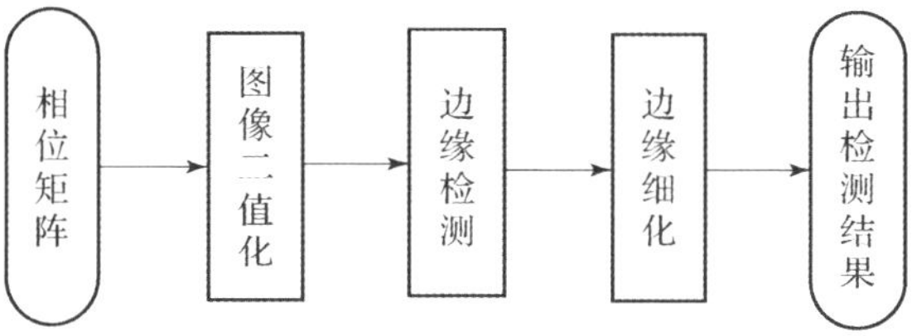

图 6.24 等相位线提取流程图

首先，将距离－慢时间相位矩阵转换成一个二值矩阵；然后通过高斯－拉普拉斯算子（Laplacian of Gauss，LoG）提取二值图像的边缘；最后将提取的边缘细化已得到目标的微动轨迹。图 6.25 是仿真的距离－慢时间相位平面，图 6.26 是检测过程的中间结果。

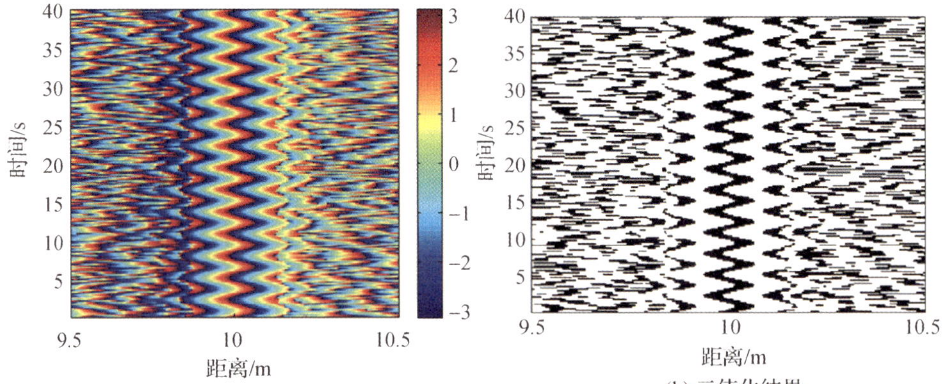

(a) 距离–慢时间相位　　(b) 二值化结果

图 6.25　仿真的距离－慢时间相位平面

1）图像二值化

$\Theta(m,k)$ 可以看作一个灰度图像，如图 6.25（a）和图 6.26（a）所示，它的像素值范围是$[-\pi,\pi)$。为了简化等相位线的提取，通过设置全局门限 γ，将灰度图像转换成二值图像。γ 通常选择目标幅度峰值位置对应的相位，以获得较高的 SCNR，二值图像由以下公式得到：

$$\boldsymbol{I}_B(m,n)=\begin{cases}1, & \Theta(m,n)\geqslant\gamma\\ 0, & \Theta(m,n)<\gamma\end{cases} \tag{6.44}$$

图像二值化之后，图像像素值为 0 或 1，如图 6.25（b）和图 6.26（b）所示。

2）边缘检测

LoG 算子结合了高斯滤波器和拉普拉斯变换，LoG 算子通过两个步骤检测图像边缘：首先实现高斯滤波器的拉普拉斯变换，然后将变换结果和待检测图像卷积。高斯函数为

$$G(m,n)=\frac{1}{2\pi\sigma^2}\exp\left(-\frac{m^2+n^2}{2\sigma^2}\right) \tag{6.45}$$

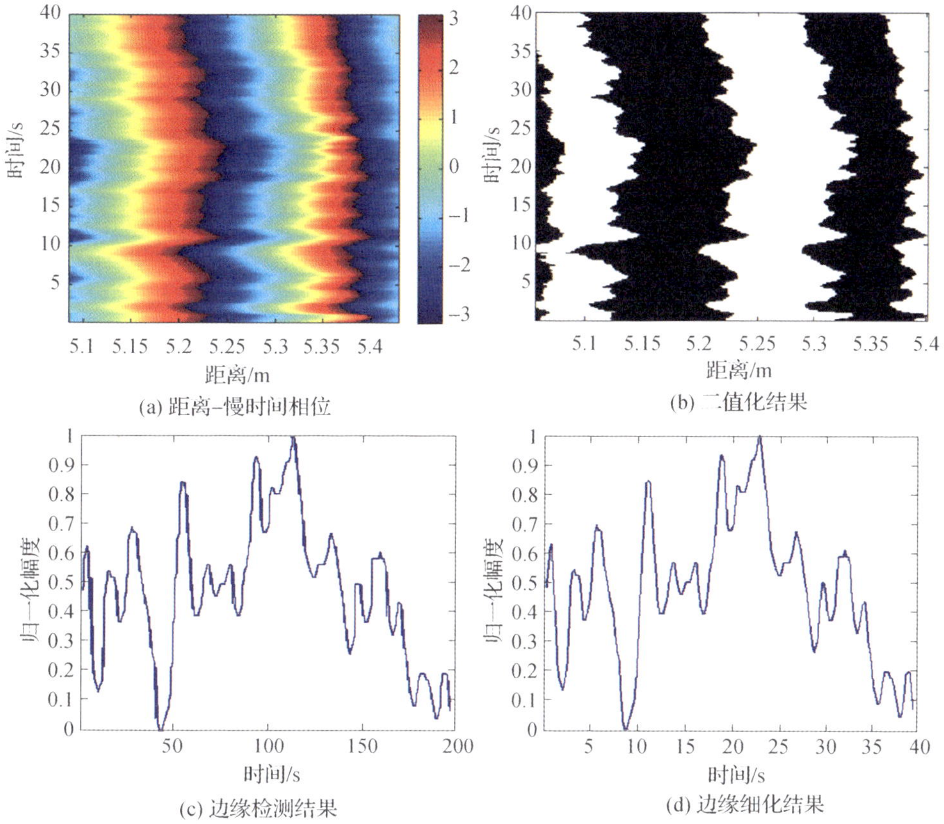

图 6.26 实测数据等相位线的提取过程

高斯函数的拉普拉斯变换为

$$\Delta G=\frac{m^2+n^2-2\sigma^2}{2\pi\sigma^2}\exp\left(-\frac{m^2+n^2}{2\sigma^2}\right) \tag{6.46}$$

对于图像 $\boldsymbol{I}_B(m,n)$，提取的图像边缘 $\boldsymbol{I}_E(m,n)$ 为

$$\boldsymbol{I}_E(m,n)=\mathrm{LoG}(\boldsymbol{I}_B)(m,n)=\Delta G*\boldsymbol{I}_B(m,n) \tag{6.47}$$

边缘检测的结果如图 6.26（c）所示。

3）边缘细化

在边缘检测后得到了连续性的图像边缘，然而由于在一帧数据内可能得到多个边界点，因此需要边缘细化，以确保每帧数据目标只有一个位置。边缘细化表示为

$$g(m) = \frac{\sum \{n \mid I_E(m,n) > 0\}}{\sum \{1 \mid I_E(m,n) > 0\}} \tag{6.48}$$

式中：$g(m)$为提取的微动目标等相位线，如图6.26（d）所示。

4）计算复杂度分析

分析等相位线提取的复杂度。假设$\Theta(m,n)$的维数为$M \times N$，设LoG算子的大小为$L \times L$。总的计算复杂度为$O((L^2+2)MN)$，这里L通常选择3或5，因此总的计算复杂度为$O(MN)$。该时间复杂度保证了等相位线提取的实时处理。

6.5.1.3 仿真和实验结果分析

1）等相位线的仿真

设一个点目标沿雷达视线方向做简谐振动，振幅为2cm，振动频率0.4Hz，雷达天线和目标之间的初始距离设置为9.5m。雷达发射SFCW信号，频率从2.15GHz到2.75GHz，因此线性系数$\alpha=8.2$。接收的信号收到加性高斯白噪声污染。

仿真结果如图6.27所示，在图6.27（a）中，当SCNR = 10dB时，等相位线和峰值曲线的峰–峰值分别为16.4cm和2cm，两者相差8.2倍，和线性系数一致。如图6.27（b）和图6.27（c）所示，等相位线的峰–峰值分别为16.5cm和16.8cm，而峰值曲线受噪声严重污染，难以提取其峰–峰值。

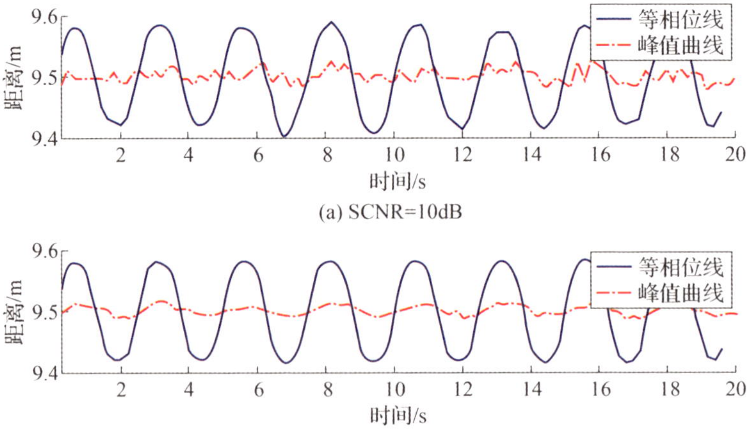

(a) SCNR=10dB

(b) SCNR=0dB

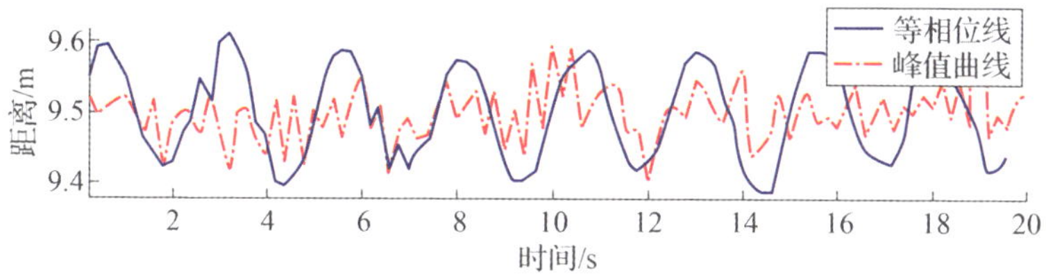

(c) SCNR=-10dB

图 6.27 $\alpha=8.2$ 时幅度峰值曲线和等相位线的比较

在相同的 SCNR 条件下，等相位线比峰值轨迹更平滑，并且更接近理想的正弦运动轨迹。随着 SCNR 的降低，等相位线和峰值曲线的性能均下降，而后者对噪声更敏感。当 SCNR = －10dB 时，峰值曲线出现了大量异常值点，提取的峰值轨迹不能有效地表示微运动轨迹。而等相位线仍然可以正确地表示点目标的运动轨迹。仿真结果表明，在低 SCNR 条件下，等相位线扩展了目标运动范围，且对噪声鲁棒性更强。

2） 墙后目标的等相位线

使用单发单收穿墙雷达探测室内目标，实验场景如图 6.28（a）所示。雷达发射信号功率为 100mW，SFCW 的中心频率为 2.45GHz，带宽为 600MHz，因此线性系数 $\alpha=8.2$。天线放置在会议室外面的混凝土墙壁外，阵列高度为 1.28m。会议室内有一个人站立，转动的风扇位于人体后面，如图 6.28（b）所示。

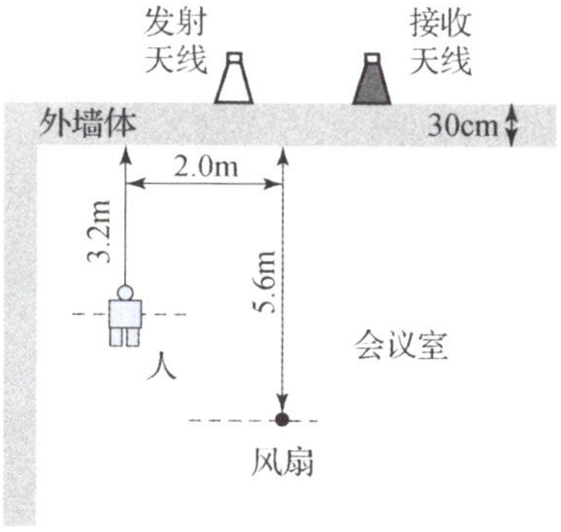

(a) 场景布局图

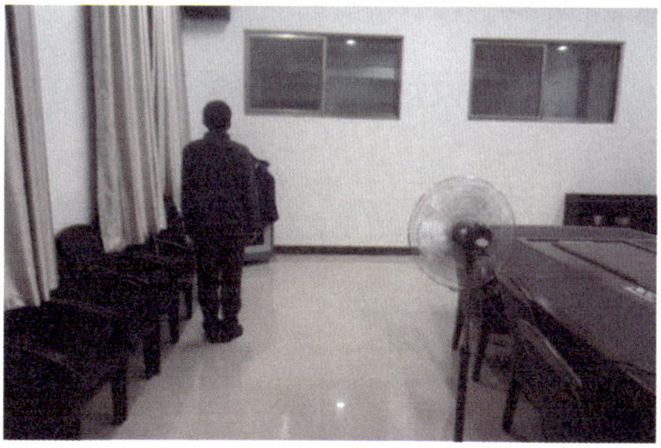
(b) 场景实物图

图 6.28 墙后目标微动信号检测实验场景

首先，通过文献［122］中的方法，在距离方向上检测微运动目标，人体和风扇分别位于4.35m和6.05m处。图6.29给出了两个目标的多普勒频率。

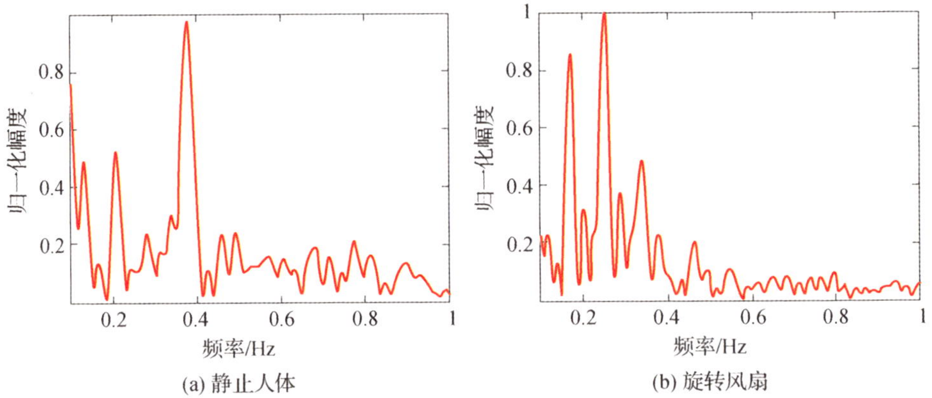

图6.29　微动目标的多普勒频率

可以看出，仅根据频域信息很难区分风扇运动频率和人的生命信号。图6.30（a）和图6.30（b）分别是人体目标和风扇的距离－慢时间相位矩阵。在图6.30（a）中可以清楚地观察到相位在距离向上的突变。提取的等相位线和幅度峰值曲线（在去除异常值之后）如图6.31所示，等相位线呈现出周期性的变化，其频率和人体的呼吸频率保持一致，同时在某些时刻存在位置的突变，如在29s时向天线方向的突然移动。风扇的等相位线和幅度峰值曲线如图6.32所示，旋转风扇轨迹呈周期性变化，但是其周期性和人体目标有着明显的不同。

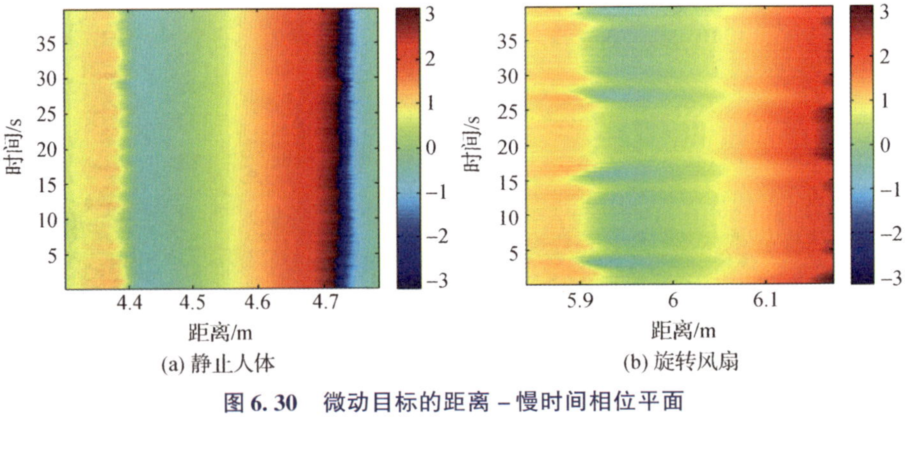

图6.30　微动目标的距离－慢时间相位平面

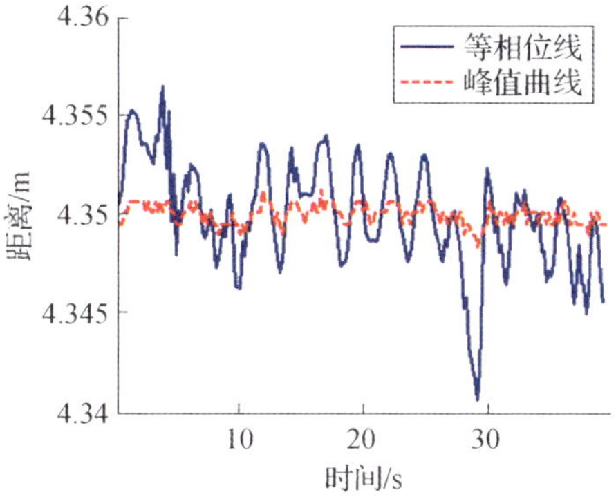

图 6.31　静止人体的等相位线和峰值曲线

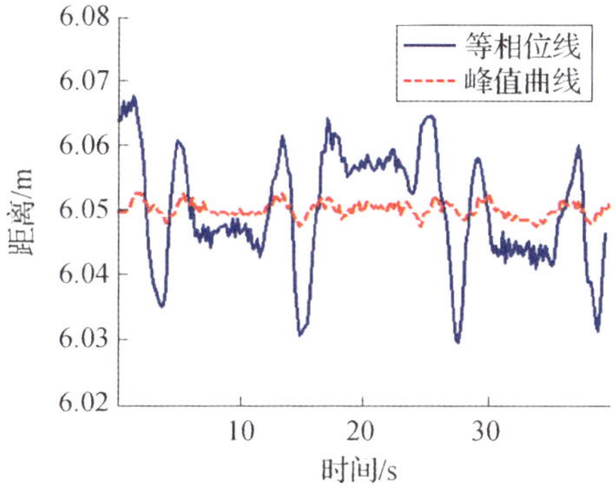

图 6.32　旋转风扇的等相位线和峰值曲线

为了评估这三对曲线轨迹的差异，采用动态时间规整（dynamic time warping，DTW）[248]计算三组曲线的距离（图 6.29 的频域曲线，图 6.31 和图 6.32 中的峰值曲线和等相位线）。首先，对曲线进行归一化处理，归一化公式如下：

$$x_{\text{norm}} = \frac{x - \min(x)}{\max(x) - \min(x)} \tag{6.49}$$

计算得到的 DTW 距离如表 6.2 所列。

表 6.2　归一化曲线的 DTW 距离

曲线类型	频率曲线	峰值曲线	等相位线
距离/m	8.4	13.2	28.7

从表 6.2 中可以看出，图 6.29 中的频率曲线之间距离最小，而等相位线之间距离最大，说明相比于频域方法，等相位线可以有效区分生命信号和机械振动信号。基于等相位线的微动信号提取可以有效识别障碍物后的人体目标。

6.5.2 基于 EEMD 的人体目标微动特征提取

6.5.2.1 非平稳信号分析

人体目标的等相位线包含了生命信号的周期性变化和身体随机运动。随机运动幅度大且无规律，可将其作为周期性信号之上叠加的趋势项。本节研究微动轨迹中生命信号提取问题。首先，重新画出目标的轨迹如图 6.33 所示。两者对应的频域结果如图 6.29 所示。

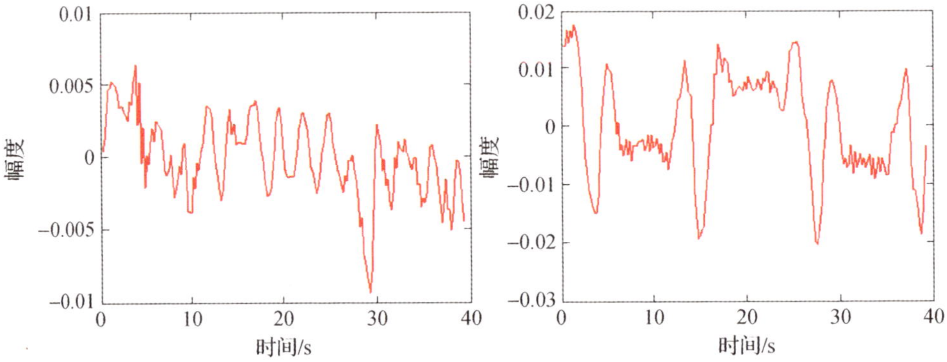

(a) 静止人体　　(b) 旋转风扇

图 6.33　目标的微动轨迹

傅里叶分析基于信号平稳的假设，不能够处理非平稳信号。常用的非平稳信号分析方法有奇异谱分析（singular spectrum analysis，SSA）、经验模态分解（empirical mode decomposition，EMD）以及扩展经验模态分解（extend empirical mode decomposition，EMD）。

6.5.2.2 EEMD 基本理论

EMD 和 EEMD 作为一种有效的非平稳信号分析手段，可用来提取人体的生命信号。EMD 将信号分解成许多个固有模态函数的线性迭加，它的缺陷是 EMD 存在的模式混合问题。EEMD 是一种借助于噪声的数据分析方法，每次将不同的白噪声人为添加到原始信号中，并对添加了白噪声的信号进行 EMD 分解，加入高斯白噪声的大小会直接影响信号 EEMD 分解效果。

EEMD 算法流程如下[173]：

步骤 1：在原始信号中加入均值为 0、方差为常数的白噪声；

步骤 2：对加入白噪声的信号进行 EMD 分解，得到的 IMF 分量与一个余项；

步骤 3：重复步骤 1 和步骤 2 共 N 次，将上述对应的 IMF 分量进行总体平均运算，从而消除多次加入高斯白噪声对真实 IMF 分量的影响，最后得到 EEMD 分解后的 IMF 分量。

6.5.2.3 基于 EEMD 的人体微动特征提取

为了验证该方法对实测数据的效果，用上一节提取的人体微动信号进行处理。将人体回波分为 3 个模态（IMF1、IMF2、IMF3）和剩余分量。分别对应目标的噪声项、周期项和趋势项。对 6.5.1.3 节得到的人体目标轨迹和风扇摇头的微动曲线作同样的处理，比较它们的周期项和趋势项的不同，寻求用于鉴别人体目标的特征。

图 6.34 和图 6.35 分别给出了人体回波的 EEMD 分解结果和分解后的周期项。作为对比，同时画出风扇目标回波的 EEMD 分解结果和分解后的周期项结果分别如图 6.36 和图 6.37 所示。

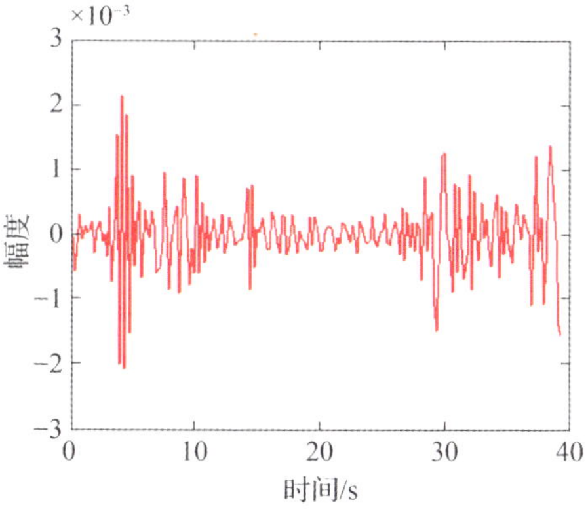

(a) IMF 1

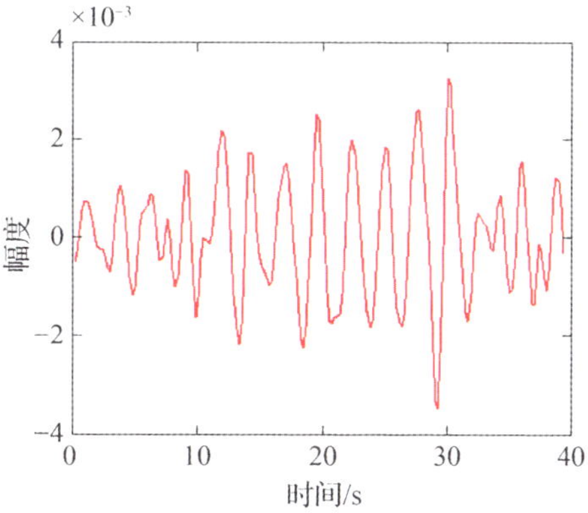

(b) IMF 2

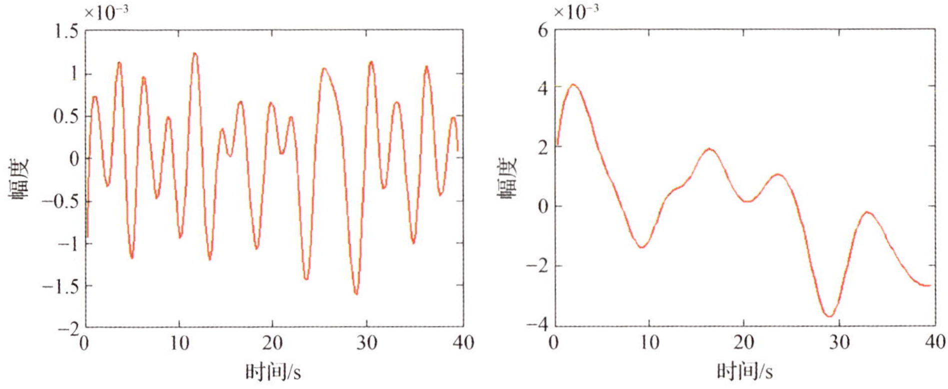

(c) IMF 3　　　　(d) 剩余分量

图 6.34　人体目标回波分解结果

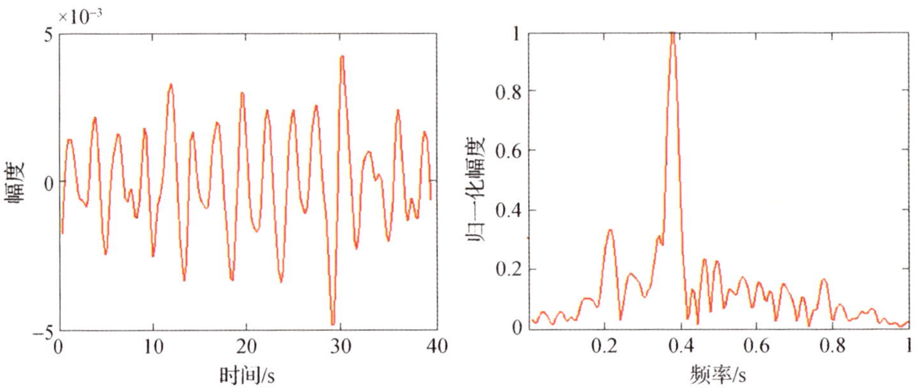

(a) 时域波形　　　　(b) 频率结果

图 6.35　人体目标周期项回波提取结果

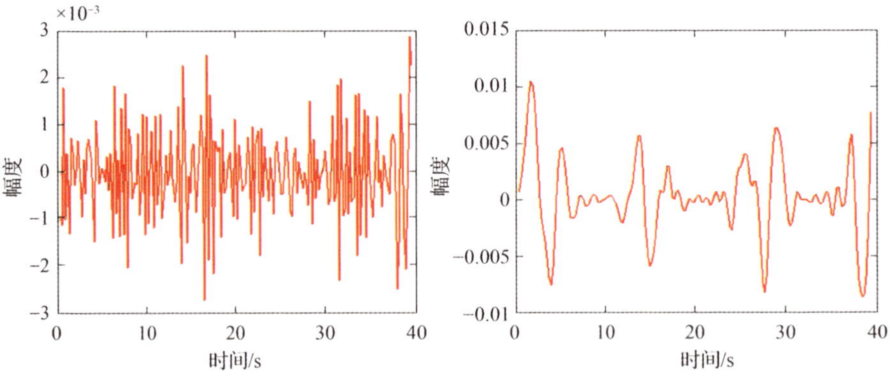

(a) IMF 1　　　　(b) IMF 2

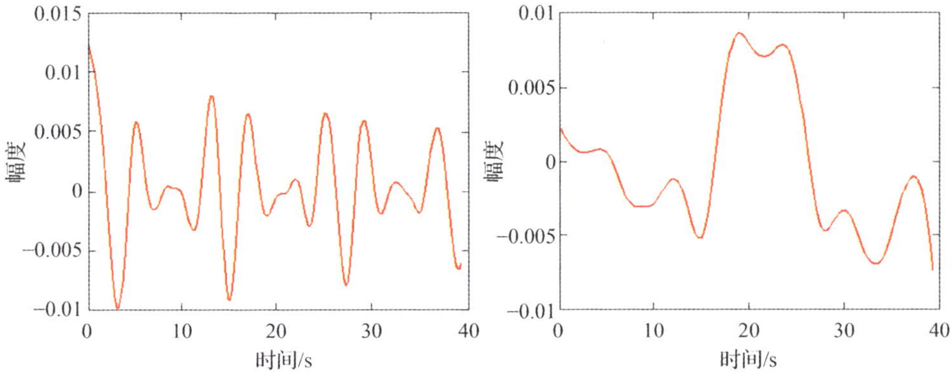

(c) IMF 3　　(d) 剩余分量

图 6.36　风扇目标回波分解结果

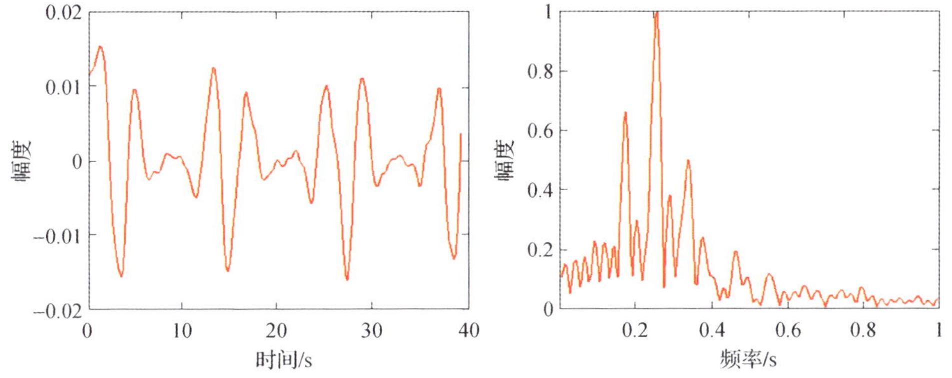

(a) 时域波形　　(b) 频率结果

图 6.37　风扇目标周期项回波提取结果

对机械振动目标，其运动也可将其看作周期项和趋势项的叠加，只不过趋势项同样是周期的。实测数据处理结果说明，本方法能实现周期性信号的分解。对比图 6.35 和图 6.37，人体目标和风扇两者的周期项部分有明显的不同，可据此对两者进行区分。

6.5.3　基于多道奇异谱分析的人体目标微动特征提取

虽然等相位线对提取微动轨迹又很好的适应性，但其在低信噪比条件下难以选择，特别是当初始状态不稳定时，等相位线初值的选择直接决定了该等相位线反映实际信号的能力。一旦选定，噪声和杂波的影响也随之确定。

为了增加系统的稳定性，考虑采用多个距离单元的回波进行处理，在奇异谱分析的基础上，采用多道奇异谱分析，来提取人体的生命信号特征。

6.5.3.1 多道奇异谱分析

考虑到一个长度为 N 的复时间序列 $X=(x_1,\cdots,x_N)$，设整数 $L(1<L<N)$ 表示窗长度，记 $K=N-L+1$，则 SSA 由嵌入、SVD 分解、分组、重构四个步骤完成[249]。

多道奇异谱分析的分析对象是 L 维的时间序列 $X_{l,i}(1)$，是含 L 个空间点上 N 次观测值，l 是空间中的点号，i 为时间序号，类比 SSA，记 M 为窗口长度，将 $\boldsymbol{X}_{L,i}(1)$ 延迟 M 个观测时间单元后排列生成资料矩阵 $\boldsymbol{X}$，即

$$\boldsymbol{X}=\begin{bmatrix} x_{1,1} & x_{1,2} & x_{1,3} & \cdots & x_{1,N-M+1} \\ x_{1,2} & x_{1,3} & x_{1,4} & \cdots & x_{1,N-M+2} \\ \vdots & \vdots & \vdots & & \vdots \\ x_{1,M} & x_{1,M+1} & x_{1,M+2} & \cdots & x_{1,N} \\ x_{2,1} & x_{2,2} & x_{2,3} & \cdots & x_{2,N-M+1} \\ x_{2,2} & x_{2,3} & x_{2,4} & \cdots & x_{2,N-M+2} \\ \vdots & \vdots & \vdots & & \vdots \\ x_{2,M} & x_{2,M+1} & x_{2,M+2} & \cdots & x_{2,N} \\ \vdots & \vdots & \vdots & & \vdots \\ x_{L,1} & x_{L,2} & x_{L,3} & \cdots & x_{L,N-M+1} \\ x_{L,2} & x_{L,3} & x_{L,4} & \cdots & x_{L,N-M+2} \\ \vdots & \vdots & \vdots & & \vdots \\ x_{L,M} & x_{L,M+1} & x_{L,M+2} & \cdots & x_{L,N} \end{bmatrix} \tag{6.50}$$

如果将上面 $\boldsymbol{X}$ 矩阵进行展开，则可得到以下表达形式：

$$x_{l,i+j} = \sum_{k=1}^{L\times M} a_i^k \boldsymbol{E}_{l,j}^k, 1 \leqslant l \leqslant L, 0 \leqslant j \leqslant M-1, 1 \leqslant i \leqslant N-M+1 \tag{6.51}$$

$\boldsymbol{E}^k$ 是 $L\times M$ 维的特征向量，$\boldsymbol{E}_{l,j}^k$ 分量是第 k 个特征向量在 l 通道延时 j 时间的分量，它既反映空间性（随 l 变化），也反映了时间演变（随 j 变化），是 L 维向量（空间型）的 M 个不同时间延后的序列，所以 $\boldsymbol{E}^k$ 称空间时间 EOF（记

为 ST－EOF)。上式中还有一个时间系数 a_i^k，它是 $\boldsymbol{X}$ 在 $\boldsymbol{E}^k$ 上的投影，即

$$a_i^k = \boldsymbol{X}_i \cdot \boldsymbol{E}^k = \sum_{l=1}^{L}\sum_{j=1}^{M} x_{li,}\boldsymbol{E}_{l,j}^k, 1 \leqslant i \leqslant N - M + 1 \tag{6.52}$$

式中：a_i^k 序列能够反映空间和时间的变化，称它为第 k 个空间一时间主成分。

重建的表达式为

$$x_{l,i}^k = \begin{cases} \dfrac{1}{i}\displaystyle\sum_{l=1}^{k} a_{l-i}^k \boldsymbol{E}_{l,j}^k, & l \leqslant i \leqslant M-1 \\ \dfrac{1}{M}\displaystyle\sum_{i=1}^{k} a_{i-j}^k \boldsymbol{E}_{l,j}^k, & M \leqslant i \leqslant N-M+1 \\ \dfrac{1}{N-i+1}\displaystyle\sum_{j=i-N+M}^{M} a_{i-j}^k \boldsymbol{E}_{l,j}^k, & N-M+2 \leqslant i \leqslant N \end{cases} \tag{6.53}$$

在此基础上，可选用一个特征成分子集 A 来进行原成分的重建，其公式为

$$X_{l,i}^A = \sum_{k \in A} x_{l,i}^k \tag{6.54}$$

6.5.3.2　基于多道奇异谱分析的人体微动特征提取

在距离－慢时间维，根据目标位置提取目标位置附近多个距离单元的回波，结果如图 6.38 所示。理论上，在目标的主瓣宽度之内，每个距离单元的回波都对应着目标真实的振动频率，但目标是扩展目标，其真实的振动频率可能不同，在此，求出的振动频率反映了目标整体的呼吸情况。

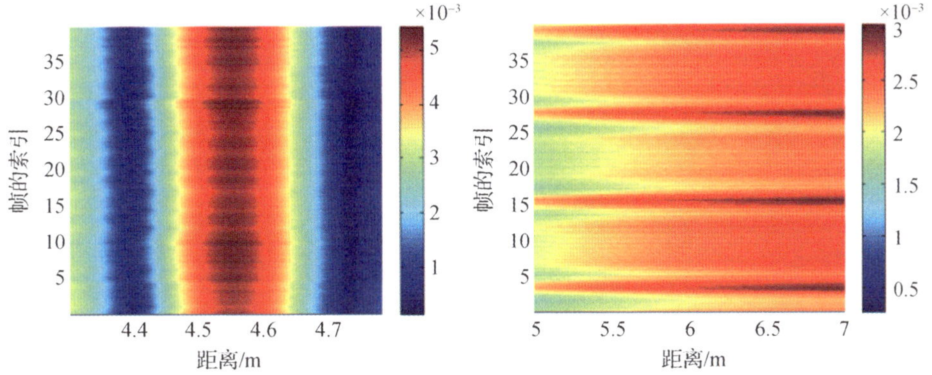

(a) 人体目标　　(b) 风扇目标

图 6.38　回波的距离－慢时间图像

图6.39和图6.40分别是人体目标和风扇目标的各个分量的分解结果，其中前两个分量对应的是趋势项，后两个分量对应的是周期项。

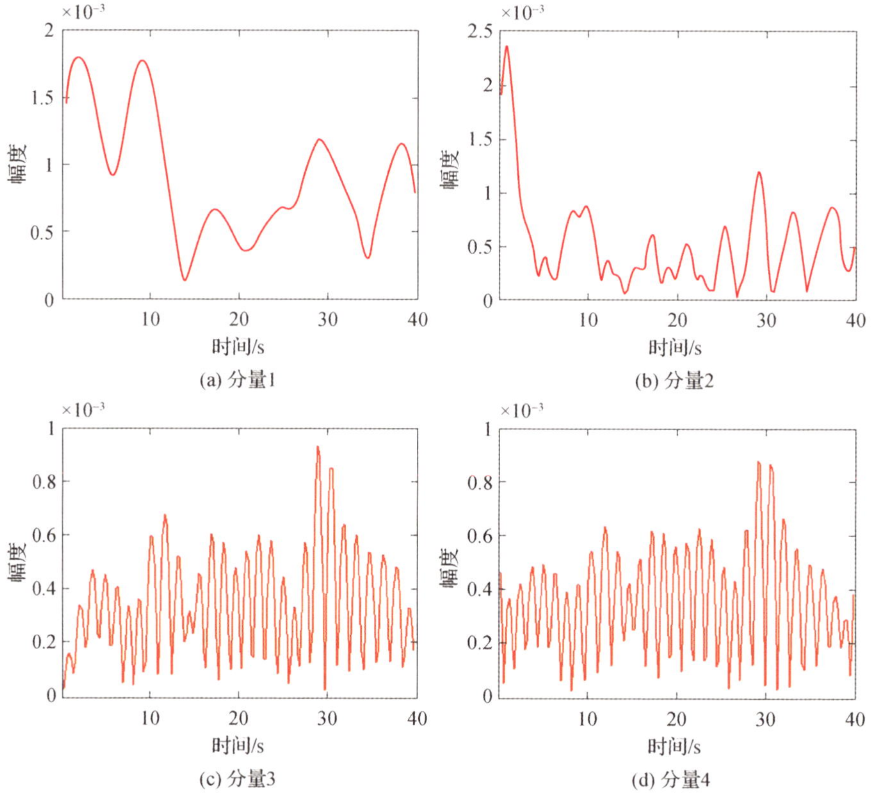

图6.39　$M=25$时人体目标各个分量波形

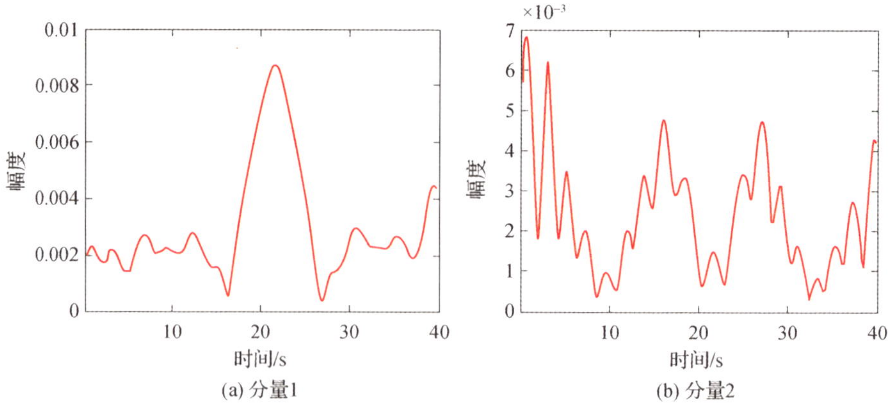

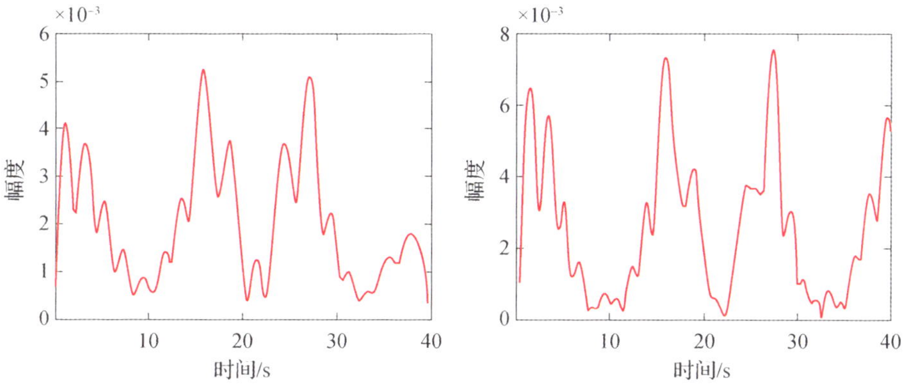

(c) 分量3 (d) 分量4

图 6.40 $M=25$ 时风扇目标各个分量波形

对两个目标的周期项进行对比分析，图6.41、图6.42 和图6.43 分别对应窗口长度 $M=25$、$M=30$ 和 $M=35$ 的周期项提取结果。从图 6.41、图 6.42、图6.43 等图中可以看出，人体目标和风扇目标的微动轨迹有明显的区别，人体的微动轨迹是其生命信号，趋势项是身体的随机运动，而对于机械振动目标，其分解的趋势相也是接近周期的。在提取出微动的周期性信号之后，可以根据微动曲线实现人和机械振动目标的鉴别。

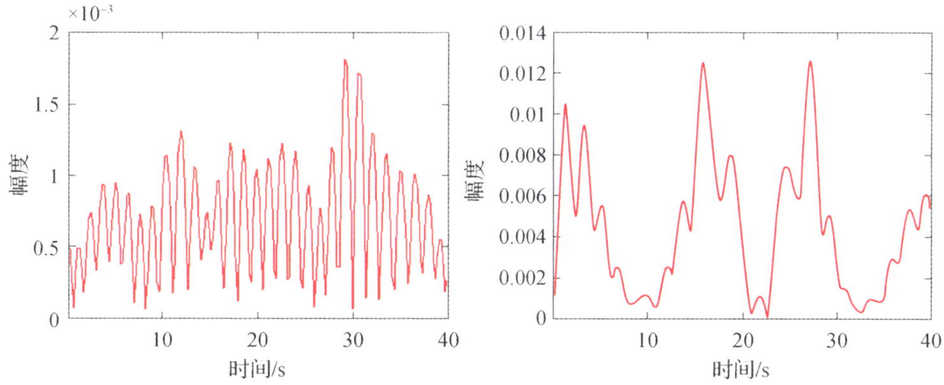

(a) 人体目标 (b) 风扇目标

图 6.41 $M=25$ 的周期项提取结果

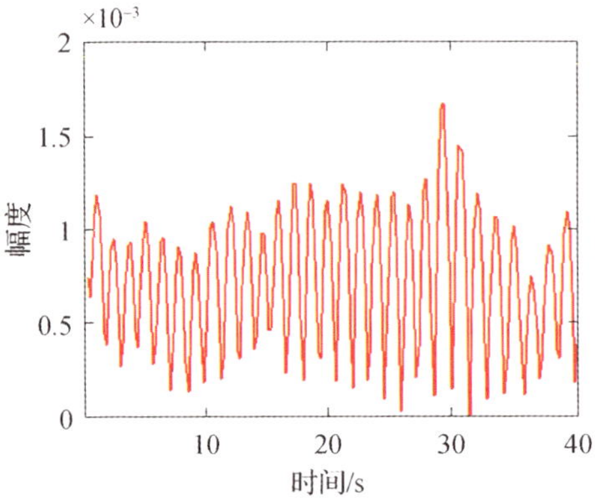

(a) 人体目标

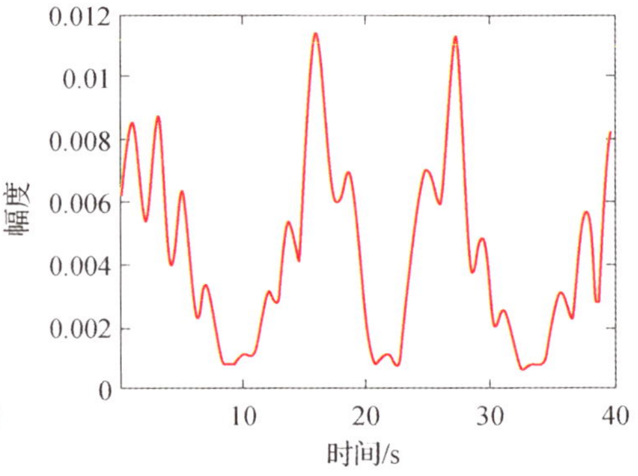

(b) 风扇目标

图 6.42　$M=30$ 的周期项提取结果

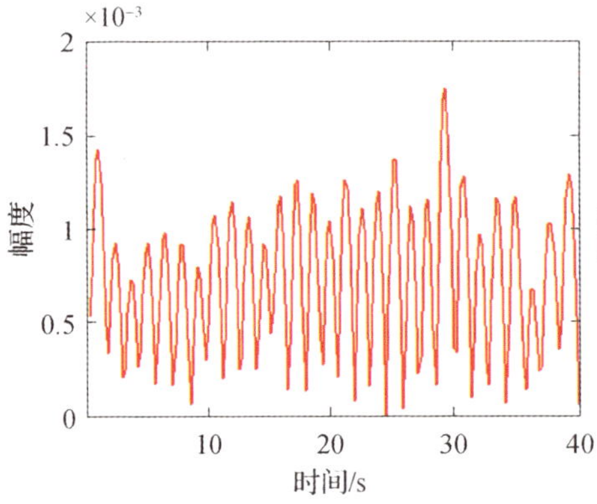

(a) 人体目标

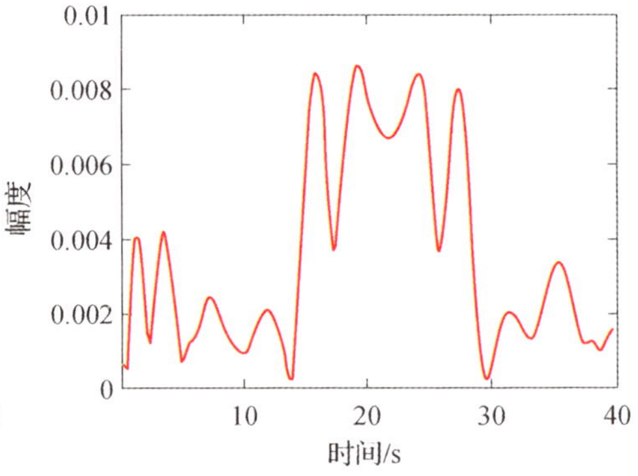

(b) 风扇目标

图 6.43　$M=35$ 的周期项提取结果

6.6　本章小结

本章研究了超宽带 MIMO 穿墙雷达微动目标定位与特征提取。提出了基于低秩和稀疏矩阵分解的非平稳杂波抑制方法，在距离－慢时间维静止杂波抑制后，人体目标回波是低秩的，而非平稳杂波是稀疏的。与现有的杂波抑制方法相比，稀疏矩阵分解方法能有效抑制环境中的非平稳杂波，提高目标的SCNR。

在定位阶段，针对多目标定位中可能出现的虚假目标问题，利用同一个目标在不同通道回波的相似性和不同目标回波特性的差异，提出了基于回波相关矩阵的多微动目标关联方法，仿真和实测结果表明，该方法只需短时观测数据即可实现目标的准确关联。继而提出了基于约束优化的墙后目标定位算法，将目标定位和墙体参数估计转化为非线性方程组的求解问题。该方法利用墙体材料的先验知识，而不需要精确获取墙体参数，增加了墙后定位方法的实用性。仿真和实验结果表明，该方法能够实现墙后目标的精确定位。在特征提取阶段，提出了基于等相位线的微动信号提取方法。将人体微动分解为趋势项和周期项，其中趋势项对应于人体目标的随机运动，而周期项表示了人体生命特征。从等相位线中提取人体微动特征，可采用 EEMD 方法分解趋势项和周期项。为提高低信噪比下微动特征检测能力，采用多个距离单元的回波，提出了基于多道奇异谱分析的生命信号提取方法，准确提取了人体目标的呼吸频率。

参考文献

[1]FRAZIER L M. Surveillance through walls and other opaque materials[J]. IEEE Aerospace and Electronic Systems Magazine,1996,11(10):6－9.

[2]AZEVEDO S,MCEWAN T E. Micropower impulse radar[J]. IEEE Potentials,1997,16(2):15－20.

[3]ARAI I. Survivor search radar system for persons trapped under earthquake rubble[C]//APMC 2001. 2001 Asia－Pacific Microwave Conference(Cat. No. 01TH8577),2001. IEEE,2001－01－01.

[4]FALCONER D G,FICKLIN R W,KONOLIGE K G. Robot－mounted through－wall radar for detecting, locating,and identifying building occupants[C]//IEEE International Conference on Robotics & Automation, 2000. IEEE,2000－01－01.

[5]NAG S,FLUHLER H,BARNES M. Preliminary interferometric images of moving targets obtained using a time－modulated ultra－wide band through－wall penetration radar[C]//Proceedings of the 2001 IEEE Radar Conference(Cat. No. 01CH37200),Atlanta,GA,USA,2001. IEEE,2001－01－01.

[6]NAG S,BARNES M A,PAYMENT T,et al. An ultra－wideband through－wall radar for detecting the motion of people in real time[C]//Proceedings of the SPIE－The International Society for Optical Engineering, Bellingham WA,2002. SPIE,2002－01－01.

[7]潘水洋. 穿墙生命探测雷达信号处理算法研究[D]. 广州:华南理工大学,2011.

[8]YAROVOY A G,MATUZAS J,LEVITAS B,et al. UWB radar for human being detection[J]. IEEE Aerospace & Electronic Systems Magazine,2006,21(3):10－14.

[9]邱磊. 超宽带穿墙雷达人体目标定位及微动特征提取技术[D]. 长沙:国防科学技术大学,2017.

[10]AMIN M G. Radar,signal,and image processing techniques for through the wall imaging(Keynote Paper) [C]//Digital Wireless Communications VII and Space Communication Technologies,Orlando,Florida,USA, 2005. SPIE,2005－01－01.

[11]SONG L,YU C,LIU Q H. Through－wall imaging(TWI) by radar:2－D tomographic results and analyses [J]. IEEE transactions on geoscience and remote sensing,2005,43(12):2793－2798.

[12]FANG G. The research activities of ultrawide－band(UWB) radar in China[C]//IEEE International Conference on Ultra－Wideband,Singapore,2007. IEEE,2007－01－01.

[13]FALCONER D G,UEBERSCHAER R M. Floor－plan radar[C]//Radar Sensor Techonlogy V,Orlando, FL,USA,2000. SPIE,2000－01－01.

[14]NGUYEN L,RESSLER M,SICHINA J. Sensing through the wall imaging using the Army Research Lab ultra－

wideband synchronous impulse reconstruction (UWB SIRE) radar [C]//Conference on Radio Sensor Technology, Orlando, FL(US), 2008. SPIE, 2008 - 01 - 01.

[15] 金添, 宋勇平. 超宽带雷达建筑物结构稀疏成像[J]. 雷达学报, 2018, 7(3): 5 - 14.

[16] BLACK J D. Motion and ranging sensor system for through - the - wall surveillance system[C]//Sensors, and Command, Control, Communications, and Intelligence(C3I) Technologies for Homeland Defense and Law Enforcement, Orlando, FL, USA, 2002. SPIE, 2002 - 01 - 01.

[17] HUNT A R. A wideband imaging radar for through - the - wall surveillance[J]. Proceedings of SPIE - The International Society for Optical Engineering, 2004, 5403: 590 - 596.

[18] HUNT A R. Image formation through walls using a distributed radar sensor array[C]//32nd Applied Imagery Pattern Recognition Workshop, 2003. Proceedings., Washington, D. C., USA, 2003. IEEE, 2003 - 01 - 01.

[19] 宋永坤, 金添, 戴永鹏, 等. 基于距离辅助的超宽带 MIMO 雷达图像人体姿态重构网络[J]. 信号处理, 2021, 37(8): 1355 - 1364.

[20] SIDHARTH MISRA P D M. Passive remote sensing and radio frequency interference(RFI)—an overview of spectrum allocations and RFI management algorithms[J]. IEEE Geoscience and Remote sensing Magzine, 2014(6): 68 - 73.

[21] ZHAO B, HUANG L, ZHOU F, et al. Performance improvement of deception jamming against SAR based on minimum condition number[J]. IEEE Journal of Selected Topics in Applied Earth Observations and Remote Sensing, 2017, 10(3): 1039 - 1055.

[22] 赵腾飞. P 波段星载 SAR 射频干扰抑制技术研究[D]. 长沙: 国防科学技术大学, 2013.

[23] 张军. 基于稀疏表示的射频干扰抑制技术研究[D]. 长沙: 国防科学技术大学, 2012.

[24] DAVIS M. Frequency allocation challenges for ultra - wideband radars[C]//IET International Conference on Radar Systems(Radar 2012), 2012. 2012, 22 - 25 Oct. 2012.

[25] NGUYEN L, SOUMEKH M. Suppression of radio frequency inteference (RFI) for synchronous impulse reconstruction ultra - wideband radar[C]//Algorithms for Synthetic Aperture Radar Imagery XII, Orlando, Florida, USA, 2005. SPIE, 2005 - 01 - 01.

[26] NGUYEN L H, TON T, WONG D, et al. Adaptive coherent suppression of multiple wide - bandwidth RFI sources in SAR[C]//Algorithms for Synthetic Aperture Radar Imagery XI, Orlando, Florida, United States, 2004. SPIE, 2004 - 01 - 01.

[27] GUERCI J R. Cognitive radar: the knowledge - aided fully adaptive approach[M]. Boston, U. S: Artech House, 2010.

[28] 胡志鹏. L 波段辐射计射频干扰的检测方法研究[D]. 武汉: 华中科技大学, 2016.

[29] 李志, 宋勇平, 胡俊, 等. 低频超宽带雷达时变射频干扰的估计与抑制: 第十四届全国雷达学术年会, 中国成都, 2017[C]. 中国电子学会无线电定位技术分会.

[30] 黄晓涛, 梁甸农. UWB - SAR 抑制 RFI 技术的参数化方法[J]. 系统工程与电子技术, 2000, 22

(6):94 – 97.

[31] FABRIZIO G A, ABRAMOVICH Y I, ANDERSON S J, et al. Adaptive cancellation of nonstationary interference in HF antenna arrays[J]. IEE Proceedings – Radar, Sonar and Navigation, 1998, 145(1):19.

[32] CHAPIN E, HENSLEY S, LE C. Adaptive filtering of rfi in wideband sar signals: Seventh Airborne Geoscience Workshop[C]. Pasadena, CA, United States, 1998.

[33] LI Y, LI X, ZHOU Z. Side – lobe reduction for radio frequency interference suppression via clipping of strong scatterers[J]. IEEE Geoscience and Remote Sensing Letters, 2016, 13(8):1178 – 1182.

[34] VIET T Vu, THOMAS K Sjogren, MATS I, et al. An approach to suppress RFI in ultrawideband low frequency SAR[C]//2010 IEEE Radar Conference, Arlington, VA, USA, 2010. IEEE, 2010 – 01 – 01.

[35] VIET T Vu, THOMAS K Sjogren, MATS I, et al. RFI suppression in ultrawideband SAR using an adaptive line enhancer[J]. IEEE geoscience and remote sensing letters, 2010, 7(4):694 – 698.

[36] CHAPIN E, HENSLEY S, LE C. Adaptive filtering of RFI in wideband Radars using the LMS algorithms. Part I the TDLMS adaptive filter[R]. NASA Jet Propulsion Lab unpublished report, 2000.

[37] LORD R T, INGGS M R. Efficient RFI suppression in SAR using a LMS adaptive filter with sidelobe suppression integrated with the range – Doppler algorithm[C]//IEEE 1999 International Geoscience and Remote Sensing Symposium. IGARSS'99 (Cat. No. 99CH36293), Hamburg, Germany, 1999. IEEE, 1999 – 01 – 01.

[38] SONG Y, HU J, DAI Y, et al. Estimation and mitigation of time – variant RFI in low – frequency ultra – wideband radar[J]. IEEE geoscience and remote sensing letters, 2018, 15(3):409 – 413.

[39] 董臻，梁甸农，黄晓涛. VHF/UHF UWB SAR 基于通道均衡的 RFI 抑制方法[J]. 电子与信息学报, 2008, 30(3):550 – 553.

[40] JIN T, ZHOU Z, Song Q. Subaperture wiener filter construction for time – varying RFI suppression in UWB SAR[C]//Proceedings of 2007 Asian and Pacific Conference on Synthetic Aperture Radar (APSAR 2007), Huangshan, China, 2007. IEEE, 2007 – 01 – 01.

[41] JIN T, ZHOU Z, SONG Q, et al. UWB SAR RFI suppression based on region of support in 2 – D wavenumber domain[J]. Journal of electronics (China), 2007, 24(4):503 – 508.

[42] LAMONT – SMITH T, HILL R D, HAYWARD S D, et al. Filtering approaches for interference suppression in low – frequency SAR[J]. IEE Proceedings – Radar, Sonar and Navigation, 2006, 153(4):338.

[43] CHANG W, LI J, LI X. The effect of notch filter on RFI suppression[J]. Wireless Sensor Network, 2009, 01(03):196 – 205.

[44] ZHOU H, WEN B. Radio frequency interference suppression in small – aperture high – frequency radars[J]. IEEE geoscience and remote sensing letters, 2012, 9(4):788 – 792.

[45] LI D, LIU H, YANG L. Efficient time – varying interference suppression method for synthetic aperture radar imaging based on time – frequency reconstruction and mask technique[J]. IET Radar, Sonar & Navigation, 2015, 9(7):827 – 834.

[46] ZHOU F, WU R, XING M, et al. Eigen subspace – based filtering with application in narrow – band interference suppression for SAR[J]. IEEE geoscience and remote sensing letters,2007,4(1):75 –79.

[47] LIU Z L, LIAO G, YANG Z. Time variant RFI suppression for SAR using iterative adaptive approach[J]. IEEE Geoscience and Remote Sensing Letters,2013.

[48] 陶明亮. 极化 SAR 射频干扰抑制与地物分类方法研究[D]. 西安:西安电子科技大学,2016.

[49] TAO M, ZHOU F, ZHANG Z. Wideband interference mitigation in high – resolution airborne synthetic aperture radar data[J]. IEEE Transactions on Geoscience and Remote Sensing,2016,54(1):74 –87.

[50] MILLER T, POTTER L, MCCORKLE J. RFI suppression for ultra wideband radar[J]. IEEE Transactions on Aerospace and Electronic Systems,1997,33(4):1142 –1156.

[51] CANDES E J, WAKIN M B. An introduction to compressive sampling[J]. IEEE Signal Processing Magazine, 2008,25(2):21 –30.

[52] CANDES E J, ROMBERG J, TAO T. Robust uncertainty principles: exact signal reconstruction from highly incomplete frequency information[J]. IEEE Transactions on Information Theory,2006,52(2):489 –509.

[53] 王赞,陈伯孝. 基于压缩感知的高频地波雷达射频干扰抑制[J]. 系统工程与电子技术,2012,34(8): 1565 –1570.

[54] ZHANG J, LI Y, DENG B. Parameter estimation with narrowband interference suppression based on compressed sensing[C]//2012 IEEE International Geoscience and Remote Sensing Symposium, 2012. IEEE,2012 –01 –01.

[55] NGUYEN L, DO T. Recovery of missing spectral information in ultra – wideband synthetic aperture radar (SAR) data[C]//2012 IEEE Radar Conference, Atlanta, GA, USA,2012. IEEE,2012 –01 –01.

[56] QIU C, VASWANI N. Recursive sparse recovery in large but correlated noise[C]//Annual Allerton Conference on Communication, Control, and Computing, Monticello, U. S,2011. IEEE,2011 –01 –01.

[57] NGUYEN L H, TRAN T D. Efficient and robust RFI extraction via sparse recovery[J]. IEEE Journal of Selected Topics in Applied Earth Observations and Remote Sensing,2016,9(6):2104 –2117.

[58] JOY S, NGUYEN L H, TRAN T D. Radio frequency interference suppression in ultra – wideband synthetic aperture radar using range – azimuth sparse and low – rank model: 2016 IEEE Radar Conference (RadarConf), Philadelphia, PA, USA,2016[C]. IEEE.

[59] NGUYEN L H, TRAN T D. RFI – radar signal separation via simultaneous low – rank and sparse recovery: 2016 IEEE Radar Conference(RadarConf), Philadelphia, PA, USA,2016[C]. IEEE.

[60] NGUYEN L H, DAO M D, TRAN T D. Joint sparse and low – rank model for radio – frequency interference suppression in ultra – wideband radar applications[C]//2014 48th Asilomar Conference on Signals, Systems and Computers, Pacific Grove, CA, USA,2014. IEEE,2014 –01 –01.

[61] NGUYEN L H, DAO M D, TRAN T D. Radio – frequency interference separation and suppression from ultrawideband radar data via low – rank modeling[C]//2014 IEEE International Conference on Image Processing(ICIP), Paris, France,2014. IEEE,2014 –01 –01.

[62]JOY S,NGUYEN L H,TRAN T D. Robust joint down – and cross – range sparse recovery of raw ultra – wideband SAR data[C]//2014 IEEE International Conference on Image Processing(ICIP),Paris,France, 2014. IEEE,2014 – 01 – 01.

[63]HUANG Y,LIAO G,ZHANG Z,et al. Fast narrowband RFI suppression algorithms for SAR systems via matrix – factorization techniques[J]. IEEE transactions on geoscience and remote sensing,2019,57(1):250 – 262.

[64]HUANG Y,LIAO G,XU J,et al. Narrowband RFI suppression for SAR system via efficient parameter – free decomposition algorithm[J]. IEEE transactions on geoscience and remote sensing,2018,56(6):3311 – 3322.

[65]HUANG Y,LIAO G,LI J,et al. Narrowband RFI Suppression for SAR System via fast implementation of joint sparsity and low – rank property[J]. IEEE transactions on geoscience and remote sensing,2018,56(5): 2748 – 2761.

[66]黄岩,赵博,陶明亮,等.合成孔径雷达抗干扰技术综述[J].雷达学报,2020,9(1):86 – 106.

[67] SCHWARTZ J L. Ultrasparse, ultrawideband time – steered arrays [D]. Pennsylvania: University of Pennsylvania,1996.

[68]ZHUGE X. Short – range ultra – wideband imaging with multiple – input multiple – output arrays[D]. Delft: Delft University of Technology,2010.

[69]WANG S L,LI P C. Aperture – domain processing and its applications in ultrasound imaging:A review[J]. Proceedings of the Institution of Mechanical Engineers,Part H:Journal of Engineering in Medicine,2010, 224(2):143 – 154.

[70]HOLLMAN K W,RIGBY K W,O'DONNELL M. Coherence factor of speckle from a multi – row probe[C]// 1999 IEEE Ultrasonics Symposium. Proceedings. International Symposium(Cat. No. 99CH37027),Tahoe, NV,USA,1999. IEEE,1999 – 01 – 01.

[71]BURKHOLDER R J,BROWNE K E. Coherence factor enhancement of through – wall radar images[J]. IEEE antennas and wireless propagation letters,2010,9:842 – 845.

[72]LI P,LI M. Adaptive imaging using the generalized coherence factor[J]. IEEE Trans Ultrason Ferroelectr Freq Control,2003,50(2):128 – 141.

[73] CAMACHO J,PARRILLA M,FRITSCH C. Phase coherence imaging[J]. Ultrasonics Ferroelectrics & Frequency Control IEEE Transactions on,2009,56(5):958 – 974.

[74]ZHANG Z,BUMA T. Terahertz impulse imaging with sparse arrays and adaptive reconstruction[J]. IEEE Journal of Selected Topics in Quantum Electronics,2011,17(1):169 – 176.

[75]XU M,YANG X,DING M,et al. Spatio – temporally smoothed coherence factor for ultrasound imaging [Correspondence][J]. IEEE transactions on ultrasonics,ferroelectrics,and frequency control,2014,61(1): 182 – 190.

[76]NILSEN C C,HOLM S. Wiener beamforming and the coherence factor in ultrasound imaging[J]. IEEE transactions on ultrasonics,ferroelectrics,and frequency control,2010,57(6):1329 – 1346.

[77] LU B, SUN X, ZHAO Y, et al. Phase coherence factor for mitigation of sidelobe artifacts in through – the – wall radar imaging[J]. Journal of Electromagnetic Waves and Applications, 2013, 27(6): 716 – 725.

[78] AMIN M, AHMAD F, Zhang W. A compressive sensing approach to moving target indication for urban sensing[C]//Radar Conference, 2011. IEEE, 2011 – 01 – 01.

[79] ZHANG W, AMIN M G, AHMAD F, et al. Ultrawideband Impulse Radar Through – the – Wall Imaging with Compressive Sensing[J]. International journal of antennas and propagation, 2012, 2012: 1 – 11.

[80] AHMAD F, AMIN M G. Sparsity – based change detection of short human motion for urban sensing[C]// 2012 IEEE 7th Sensor Array and Multichannel Signal Processing Workshop (SAM), Hoboken, NJ, USA, 2012. IEEE, 2012 – 01 – 01.

[81] AHMAD F, AMIN M G. Through – the – wall human motion indication using sparsity – driven change detection[J]. IEEE transactions on geoscience and remote sensing, 2013, 51(2): 881 – 890.

[82] 蔡杰松. 基于组稀疏压缩感知的穿墙雷达成像研究[D]. 南京:南京理工大学, 2017.

[83] 戴耀辉. 超宽带穿墙雷达稀疏成像技术研究[D]. 桂林:桂林电子科技大学, 2018.

[84] GAUTHIER S S, CHAMMA W. Surveillance through concrete walls[C]//Sensors, and Command, Control, Communications, and Intelligence (C3I) Technologies for Homeland Security and Homeland Defense III, Orlando, Florida, United States, 2004. SPIE, 2004 – 01 – 01.

[85] AMIN M G, AHMAD F. Wideband synthetic aperture beamforming for through – the – wall imaging [Lecture Notes][J]. IEEE Signal Processing Magazine, 2008, 25(4): 110 – 113.

[86] AHMAD F, Zhang Y, Amin M G. Three – dimensional wideband beamforming for imaging through a single wall[J]. IEEE geoscience and remote sensing letters, 2008, 5(2): 176 – 179.

[87] AHMAD F, AMIN M G. Noncoherent approach to through – the – wall radar localization[J]. IEEE transactions on aerospace and electronic systems, 2006, 42(4): 1405 – 1419.

[88] CUI G, KONG L, YANG J. A Back – projection algorithm to stepped – frequency synthetic aperture through – the – wall radar imaging[C]//2007 Asian and Pacific Conference on Synthetic Aperture Radar (APSAR 2007), Huangshan, China, 2007. IEEE, 2007 – 01 – 01.

[89] WANG F F, ZHANG Y R. A real – time through – wall detection based on support vector machine[J]. Journal of electromagnetic waves and applications, 2011, 25(1): 75 – 84.

[90] JIN T, CHEN B, ZHOU Z. Image – domain estimation of wall parameters for autofocusing of through – the – wall SAR imagery[J]. IEEE transactions on geoscience and remote sensing, 2013, 51(3): 1836 – 1843.

[91] JIN T, LU Z, CHEN B, et al. Estimation of wall parameters for cognitive imaging in through – the – wall radar [C]//2012 IEEE 11th International Conference on Signal Processing, 2012. IEEE, 2012 – 01 – 01.

[92] ZHANG P, ZHANG X. A modified phase shift migration algorithm applied to 2D and 3D through – the – wall imaging[J]. IEEE Journal of Selected Topics in Applied Earth Observations and Remote Sensing, 2014, 7 (5): 1700 – 1708.

[93] AHMAD F, AMIN M G, MANDAPATI G. Autofocusing of through – the – wall radar imagery under unknown

wall characteristics[J]. IEEE Transactions on Image Processing,2007,16(7):1785 - 1795.

[94]WANG G,AMIN M G,Zhang Y. New approach for target locations in the presence of wall ambiguities[J]. IEEE transactions on aerospace and electronic systems,2006,42(1):301 - 315.

[95]DEHMOLLAIAN M,SARABANDI K. Refocusing through building walls using synthetic aperture radar[J]. IEEE Transactions on Geoscience and Remote Sensing,2008,46(6):1589 - 1599.

[96]LI X,HUANG X,JIN T. Estimation of wall parameters by exploiting correlation of echoes in time domain [J]. Electronics Letters,2010,46(23):1563 - 1565.

[97]LIANG F,LI H,LIU M,et al. Autofocusing method for through - the - wall bioradar imagery of human vital signs[J]. The Journal of Engineering,2019,2019(21):7597 - 7600.

[98]AFTANAS M,ROVNAKOVA J,DRUTAROVSKY M,et al. Efficient method of TOA estimation for through wall imaging by UWB radar[C]//2008 IEEE International Conference on Ultra - wideband(ICUWB 2008),Hannover,Germany,2008. IEEE,2008 - 01 - 01.

[99]IYA N M,MUQAIBEL A H,JOHAR U M. Ultra wideband wall compensation for through - wall tracking and imaging[C]//2011 IEEE International Conference on Ultra - Wideband(ICUWB),Bologna,Italy,2011. IEEE,2011 - 01 - 01.

[100]SONG Y,JIN T,LU B,et al. An extended virtual aperture imaging model for through - the - wall sensing and its environmental parameters estimation[J]. Radioengineering,2014,23(3):842 - 851.

[101]陈曦. 穿墙雷达成像处理技术研究[D]. 合肥:中国科学技术大学,2015.

[102]THAJUDEEN C, HOORFAR A. A hybrid bistatic - monostatic radar technique for calibration - free estimation of lossy wall parameters[J]. IEEE antennas and wireless propagation letters,2017,16({}):1249 - 1252.

[103]SADEGHI S,MOHAMMADPOUR - AGHDAM K,FARAJI - DANA R,et al. A novel algorithm for wall characterization in through the wall imaging based on spectral analysis[C]//2018 18th International Symposium on Antenna Technology and Applied Electromagnetics(ANTEM),Waterloo,ON,Canada,2018. IEEE,2018 - 01 - 01.

[104]SADEGHI S,MOHAMMADPOUR - AGHDAM K,REN K,et al. A pole - extraction algorithm for wall characterization in through - the - wall imaging systems[J]. IEEE transactions on antennas and propagation,2019,67(11):7106 - 7113.

[105]HUNT A R,HOGG R D. Stepped - frequency CW radar for concealed weapon detection and through - the - wall surveillance[C]//Sensors, and Command, Control, Communications, and Intelligence(C3I) Technologies for Homeland Defense and Law Enforcement,Orlando,FL,U. S,2002. SPIE,2002 - 01 - 01.

[106]ZETIK R,CRABBE S,KRAJNAK J,et al. Detection and localization of persons behind obstacles using M - sequence through - the - wall radar[C]//Sensors, and Command, Control, Communications, and Intelligence(C3I) Technologies for Homeland Security and Homeland Defense V,Kissimmee,FL,2006. SPIE,2006 - 01 - 01.

[107] WU S, KAI T, XU Y, et al. A simple strategy for moving target imaging via an experimental UWB through - wall radar[C]//International Conference on Ground Penetrating Radar, 2012.

[108] ZHANG Y, XIA T. In - wall clutter suppression based on low - rank and sparse representation for through - the - wall radar[J]. IEEE Geoscience and Remote Sensing Letters, 2016, 13(5): 671 - 675.

[109] QIU L, JIN T, HE Y, et al. Sparse and low - rank matrix decomposition based micro - motion target indication in through - the - wall radar[J]. Electronics Letters, 2017, 53(3): 191 - 192.

[110] TANG V H, BOUZERDOUM A, PHUNG S L. Multipolarization through - wall radar imaging using low - rank and jointly - sparse representations[J]. IEEE transactions on image processing, 2018, 27(4): 1763 - 1776.

[111] LE C, DOGARU T, NGUYEN L, et al. Ultrawideband (UWB) radar imaging of building interior: measurements and predictions[J]. IEEE transactions on geoscience and remote sensing, 2009, 47(5): 1409 - 1420.

[112] SVIGNY P, Difilippo D J, LANEVE T, et al. Concept of operation and preliminary experimental results of the DRDC through - wall SAR system[C]//Radar Sensor Technology XIV, Orlando, Florida, United States, 2010. SPIE, 2010 - 01 - 01.

[113] CHEN B, JIN T, LU B, et al. Building interior layout reconstruction from through - the - wall radar image using MST - based method[J]. EURASIP Journal on Advances in Signal Processing, 2014, 2014 (1): 1 - 9.

[114] JIA Y, CUI G, KONG L, et al. Multichannel and multi - view imaging approach to building layout determination of through - wall radar[J]. IEEE geoscience and remote sensing letters, 2014, 11(5): 970 - 974.

[115] MARTONE A F, RANNEY K, Le C. Noncoherent approach for through - the - wall moving target indication [J]. IEEE transactions on aerospace and electronic systems, 2014, 50(1): 193 - 206.

[116] MARTONE A, Le C, RANNEY K. Coherent and non - coherent change detection for through the wall sensing of moving targets[C]//2011 IEEE RadarCon (RADAR), Kansas City, MO, USA, 2011. IEEE, 2011 - 01 - 01.

[117] SUN X, LU B, ZHOU Z, et al. Moving target imaging and ghost mitigation in through - the - wall sensing application[J]. International journal of antennas and propagation, 2014, 2014: 1 - 24.

[118] HU J, ZHU G, JIN T, et al. Adaptive through - wall indication of human target with different motions[J]. IEEE Geoscience and Remote Sensing Letters, 2014, 11(5): 911 - 915.

[119] MAAREF N, MILLOT P, PICHOT C, et al. FMCW ultra - wideband radar for through - the - wall detection of human beings[C]//2009 International Radar Conference "Surveillance for a Safer World" (RADAR 2009), 2009. 2009 12 - 16 Oct. 2009.

[120] MAAREF N, MILLOT P. Array - Based Ultrawideband through - wall radar: prediction and assessment of real radar abilities[J]. International Journal of Antennas and Propagation, 2013, 2013(pt. 1): 698 - 702.

[121]QIU L,JIN T,LU B,et al. Detection of micro – motion targets in buildings for through – the – wall radar [C]//2015 European Radar Conference(EuRAD),2015. EuMA,2015 – 01 – 01.

[122]XU Y,DAI S,WU S,et al. Vital sign detection method based on multiple higher order cumulant for ultrawideband radar[J]. IEEE Transactions on Geoscience and Remote Sensing,2012,50(4):1254 – 1265.

[123]LIU L,LIU S. Remote detection of human vital sign with stepped – frequency continuous wave radar[J]. IEEE Journal of Selected Topics in Applied Earth Observations and Remote Sensing,2014,7(3):775 – 782. DOI:10.1109/JSTARS.2014.2306995.

[124]TAYARANIAN HOSSEINI S M A,AMINDAVAR H,AMIRMAZLAGHANY M. A new robust vital sign detection in complex environments using ultrawideband radar[J]. IEEE transactions on geoscience and remote sensing,2016,54(11):6771 – 6782. DOI:10.1109/TGRS.2016.2590476.

[125]LI J,ZENG Z,SUN J,et al. Through – wall detection of human being's movement by UWB radar[J]. IEEE geoscience and remote sensing letters,2012,9(6):1079 – 1083. DOI:10.1109/LGRS.2012.2190707.

[126]CHEN V C. Analysis of radar micro – doppler with time – frequency transform[C]//:Proceedings of the Tenth IEEE Workshop on Statistical Signal and Array Processing(Cat. No. 00TH8496),2000. IEEE, 2000 – 01 – 01.

[127]CHEN V C. Doppler signatures of radar backscattering from objects with micro – motions[J]. IET Signal Processing,2008,2(3):291 – 300.

[128]VICTOR C. Chen,WILLIAM J,MICELI B H,Micro – doppler effect in radar:phenomenon,model,and simulation study[J]. IEEE transactions on aerospace and electronic systems,2006,42(1):2 – 21.

[129]VICTOR C. Chen,WILLIAM J,MICELI B H,Micro – doppler analysis in ISAR – review and perspectives [C]//2009 International Radar Conference "Surveillance for a Safer World" OH,USA(RADAR 2009).

[130]XU Y,WU S,CHEN C,et al. A novel method for automatic detection of trapped victims by ultrawideband radar[J]. IEEE Transactions on Geoscience and Remote Sensing,2012,50(8):3132 – 3142.

[131]NEZIROVIC A,YAROVOY A G,LIGTHART L P. Signal processing for improved detection of trapped victims using UWB radar[J]. IEEE transactions on geoscience and remote sensing,2010,48(4):2005 – 2014.

[132]LV H,LI W,LI Z,et al. Characterization and identification of IR – UWB respiratory – motion response of trapped victims[J]. IEEE transactions on geoscience and remote sensing,2014,52(11):7195 – 7204.

[133]QIU L,TIAN J,ZHANG J,et al. An iterative singular vector decomposition based micro – motion target indication in through – the – wall radar[C]//2016 IEEE International Geoscience and Remote Sensing Symposium(IGARSS),10 – 15 July 2016.

[134]赵彧. 穿墙控测雷达的多目标定位与成像[D]. 长沙:国防科学技术大学,2006.

[135]MA L,ZHANG Z,TAN X. Two – step imaging method and resolution analysis for UWB through wall imaging[C]//:2008 4th International Conference on Wireless Communications,Networking and Mobile Computing,2008. IEEE,2008 – 01 – 01.

[136]NGUYEN N H,DOGANCAY K. Optimal geometry analysis for multistatic TOA localization[J]. IEEE

transactions on signal processing,2016,64(16):4180 - 4193.

[137]丁宏.高精度无线区域定位关键技术研究[D].长沙:国防科学技术大学,2013.

[138] HUANG J Y, WAN Q. The CRLB for WSNs location estimation in NLOS environments [C]//2010 International Conference on Communications,Circuits and Systems(ICCCAS),2010. IEEE,2010 - 01 - 01.

[139]HUANG J,WAN Q. Analysis of TDOA and TDOA/SS based geolocation techniques in a non - line - of - sight environment[J]. Journal of Communications and Networks,2012,14(5):533 - 539.

[140]ZHAO Y,FAN X,XU C,et al. ER - CRLB:An extended recursive cramér - Rao jower bound fundamental analysis method for indoor localization systems[J]. IEEE transactions on vehicular technology,2017,66(2):1605 - 1618.

[141]SHEN J, MOLISCH A F. Estimating multiple target locations in multi - path environments[J]. IEEE Transactions on Wireless Communications, 2014, 13 (8): 4547 - 4559. DOI: 10. 1109/TWC. 2014.2317471.

[142]陈晨.非视距环境下超宽带定位技术研究[D].长沙:国防科学技术大学,2012.

[143]WANG Y,FATHY A E. Range - time - frequency representation of a pulse doppler radar imaging system for indoor localization and classification[C]//2013 IEEE Topical Conference on Wireless Sensors and Sensor Networks(WiSNet),Austin,TX,USA,2013. IEEE,2013 - 01 - 01.

[144]许稼,彭应宁,夏香根,等.空时频检测前聚焦雷达信号处理方法[J].雷达学报,2014,3(2):129 - 141.

[145]AHMAD F,AMIN M G. Micro - doppler processing for ultra - wideband radar data[J]. Proceedings of SPIE - The International Society for Optical Engineering,2012,8361:184.

[146]LIANG F,QI F,AN Q,et al. Detection of multiple stationary humans using UWB MIMO radar[J]. Sensors (Basel,Switzerland),2014,16(11).

[147]梁福来,李浩楠,祁富贵,等. UWB MIMO 生物雷达多静止人体目标成像方法研究[J].雷达学报,2016,5(5):470 - 476.

[148]CHEN T,LIU J,CHAO P,et al. Ultrawideband synthetic aperture radar for respiratory motion detection [J]. IEEE transactions on geoscience and remote sensing,2015,53(7):3749 - 3763.

[149]WANG L,HUANG X T,ZHOU Z M,et al. Research on UWB SAR image formation with suppressing multipath ghosts[C]//2006 CIE International Conference on Radar,2006. IEEE,2006 - 01 - 01.

[150]ANDRÉ D B, HILL R D, MOATE C P. Multipath simulation and removal from SAR imagery [J]. Proceedings of SPIE - The International Society for Optical Engineering,2008.

[151]GARREN D A,SULLIVAN D P,NORTH J A,et al. Image preconditioning for a SAR image reconstruction algorithm for multipath scattering[C]//IEEE International Radar Conference,2005. ,2005. IEEE,2005 - 01 - 01.

[152]TAN Q,SONG Y. A new method for multipath interference suppression in through - the - wall UWB radar imaging[C]//2010 2nd International Conference on Advanced Computer Control,2010. IEEE,2010 - 01 - 01.

[153] GARREN D A. SAR image formation uncorrupted by multiple – bounce artifacts[C]//Proceedings of the 2002 IEEE Radar Conference(IEEE Cat. No. 02CH37322), Piscataway NJ, 2002. IEEE, 2002 – 01 – 01.

[154] MANSOUR H, KAMILOV U S. Multipath removal by online blind deconvolution in through – the – wall – imaging[C]//2016 IEEE International Conference on Acoustics, Speech and Signal Processing(ICASSP), 2016. IEEE, 2016 – 01 – 01.

[155] JIN Y, MOURA J M F, O'DONOUGHUE N, et al. Time reversal synthetic aperture radar imaging in multipath[C]//Asilomar Conference on Signals, 2010.

[156] LEIGSNERING M, AHMAD F, AMIN M G, et al. Compressive sensing – based multipath exploitation for stationary and moving indoor target localization[J]. IEEE Journal of Selected Topics in Signal Processing, 2015, 9(8): 1469 – 1483.

[157] LEIGSNERING M, AHMAD F, AMIN M G, et al. CS based wall ringing and reverberation mitigation for through – the – wall radar imaging: 2013 IEEE Radar Conference (RadarCon13), Ottawa, ON, Canada, 2013[C].

[158] SETLUR P, AHMAD F, SMITH G E, et al. Localizations of targets inside enclosed structures with a single sensor: IEEE Radar Conference, Kansas City, MO, USA, 2011[C].

[159] SETLUR P, AMIN M, AHMAD F. Multipath doppler signatures from targets moving behind walls: IEEE Radar Conference, Virginia, USA, 2010[C].

[160] SETLUR P, AMIN M, AHMAD F. Multipath model and exploitation in through – the – wall and urban radar sensing[J]. IEEE transactions on geoscience and remote sensing, 2011, 49(10): 4021 – 4034. DOI: 10.1109/TGRS.2011.2128331.

[161] BURKHOLDER R J. Electromagnetic models for exploiting multi – path propagation in through – wall radar imaging[C]//2009 International Conference on Electromagnetics in Advanced Applications, Turin, Italy, 2009. IEEE, 2009 – 01 – 01.

[162] MIRANDA A, CHENEY M. Imaging moving targets in a multi – path environment using multiple sensors [C]//2011 International Conference on Electromagnetics in Advanced Applications, Turin, Italy, 2011. IEEE, 2011 – 01 – 01.

[163] GABURRO R, NOLAN C J. Enhanced imaging from multiply scattered waves[J]. Inverse Problems and Imaging(IPI), 2012, 2(2): 225 – 250.

[164] RAJ R G, CHEN V C, LIPPS R. Analysis of radar human gait signatures[J]. IET Signal Processing, 2010, 4(3): 234.

[165] GARCIA – RUBIA J M, KILIC O, DANG V, et al. Analysis of moving human micro – doppler signature in forest environments[J]. Progress in Electromagnetics Research, 2014, 148: 1 – 14.

[166] RAM S S, CHRISTIANSON C, KIM Y, et al. Simulation and analysis of human micro – dopplers in through – wall environments[J]. IEEE transactions on geoscience and remote sensing, 2010, 48(4): 2015 – 2023.

[167] LAI C P, RUAN Q, NARAYANAN R M. Hilbert – Huang transform(HHT) processing of through – wall noise radar data for human activity characterization [C]//IEEE Workshop on Signal Processing Applications for Public Security & Forensics, 2007.

[168] THAYAPARAN T, STANKOVIĆ L, DJUROVIĆ I. Micro – doppler – based target detection and feature extraction in indoor and outdoor environments[J]. Journal of the Franklin Institute, 2008, 345(6): 700 – 722.

[169] KIM Y, HA S, KWON J. Human detection using doppler radar based on physical characteristics of targets [J]. Geoscience and Remote Sensing Letters, IEEE, 2015.

[170] HUANG N E, ATTOH – OKINE N O. The Hilbert – Huang transform in engineering[J]. Journal of Waterway, 2005.

[171] TONG W, ZHANG M, YU Q, et al. Comparing the application of EMD and EEMD on time – frequency analysis of seimic signal[J]. Journal of Applied Geophysics, 2012, 83: 29 – 34.

[172] LEI Y, HE Z, ZI Y. EEMD method and WNN for fault diagnosis of locomotive roller bearings[J]. Expert Systems with Applications, 2011, 38(6): 7334 – 7341.

[173] 王宏. 超宽带穿墙雷达成像及多普勒特性研究[D]. 成都: 电子科技大学, 2010.

[174] PAKNYS R. Reflection and transmission by reinforced concrete – numerical and asymptotic analysis[J]. IEEE transactions on antennas and propagation, 2003, 51(10): 2852 – 2861.

[175] SUN X, ZHOU Z M, LU B Y, et al. A Fast direct wave suppression method by weighting in through the wall imaging [C]//2012 Second International Conference on Intelligent System Design and Engineering Application, Sanya, China, 2012. IEEE, 2012 – 01 – 01.

[176] GUO S, CUI G, KONG L, et al. Multipath analysis and exploitation for MIMO through – the – wall imaging radar[J]. IEEE Journal of Selected Topics in Applied Earth Observations and Remote Sensing, 2018, 11(10): 3721 – 3731.

[177] HU J, SONG Y, JIN T, et al. Shadow effect mitigation in indication of moving human behind wall via MIMO TWIR[J]. IEEE geoscience and remote sensing letters, 2015, 12(3): 453 – 457.

[178] FARWELL M, ROSS J, LUTTRELL R, et al. Sense through the wall system development and design considerations[J]. Journal of the Franklin Institute, 2008, 345(6): 570 – 591.

[179] BARANOSKI E J. Through – wall imaging: historical perspective and future directions[J]. Journal of the Franklin Institute, 2008, 345(6): 556 – 569.

[180] KAY S M. 统计信号处理基础: 估计与检测理论[M]. 罗鹏飞, 等译. 北京: 电子工业出版社, 2003.

[181] 张群, 罗迎. 雷达目标微多普勒效应[M]. 北京: 国防工业出版社, 2013: 236.

[182] 熊晶. 语音增强中噪声估计的研究[D]. 兰州: 兰州交通大学, 2015.

[183] DERAKHSHAN N, AKBARI A, AYATOLLAHI A. Noise power spectrum estimation using constrained variance spectral smoothing and minima tracking[J]. Speech communication, 2009, 51(11): 1098 – 1113.

[184] MARTIN R. Noise power spectral density estimation based on optimal smoothing and minimum statistics [J]. IEEE transactions on speech and audio processing, 2001, 9(5): 504 – 512.

[185] FALCONER A, MCALLISTER M W, MCHENRY M A, et al. Ultrawideband differential radar: SPIE Proceedings Vol. 1631 Ultrawideband Radar Meeting, Los Angeles, CA, USA, 1992[C].

[186] LIN Z, CHEN M, MA Y. The augmented Lagrange multiplier method for exact recovery of corrupted low – rank matrices[J]. Mathematics, 2010, 9.

[187] SHEN Y, WEN Z, ZHANG Y. Augmented Lagrangian alternating direction method for matrix separation based on low – rank factorization[J]. Optimization methods & software, 2014, 29(2): 239 – 263.

[188] NGUYEN L H, TRAN T D. Robust and adaptive extraction of RFI signals from ultra – wideband radar data [C]//2012 IEEE International Geoscience and Remote Sensing Symposium, Munich, Germany, 2012. IEEE, 2012 – 01 – 01.

[189] BLUMENSATH T, DAVIES M E. Iterative hard thresholding for compressed sensing[J]. Applied & Computational Harmonic Analysis, 2009, 27(3): 265 – 274.

[190] BLUMENSATH T, DAVIES M E. Iterative thresholding for sparse approximations[J]. The Journal of fourier analysis and applications, 2008, 14(5 – 6): 629 – 654.

[191] BIOUCAS – DIAS J M, FIGUEIREDO M A. A new twIst: two – step iterative shrinkage/thresholding algorithms for image restoration[J]. IEEE Trans Image Process, 2007, 16(12): 2992 – 3004.

[192] FANG J, XU Z, ZHANG B, et al. Fast compressed sensing SAR imaging based on approximated observation[J]. IEEE Journal of Selected Topics in Applied Earth Observations and Remote Sensing, 2014, 7(1): 352 – 363.

[193] BECK A, TEBOULLE M. A fast iterative shrinkage – thresholding algorithm for linear inverse problems[J]. SIAM Journal on Imaging Sciences, 2009, 2(1): 183 – 202.

[194] WRIGHT S J, NOWAK R D, FIGUEIREDO M A T. Sparse reconstruction by separable approximation[J]. IEEE Transactions on Signal Processing, 2009, 57(7): 2479 – 2493.

[195] SONG Y P, LOU J, JIN T. A novel II – CFAR detector for ROI extraction in SAR image[C]//2013 IEEE International Conference on Signal Processing, Communication and Computing (ICSPCC 2013), 2013. IEEE, 2013 – 01 – 01.

[196] TAO M, ZHOU F, LIU J, et al. Narrow – band interference mitigation for SAR using independent subspace analysis[J]. IEEE transactions on geoscience and remote sensing, 2014, 52(9): 5289 – 5301.

[197] 周峰，邢孟道，保铮. 基于特征子空间滤波的 SAR 窄带干扰抑制方法[J]. 电子与信息学报，2005，27(5): 767 – 770.

[198] SCHEER J A, KURTZ J J. Coherent radar performance estimation[M]. Boston: Artech House, 1993.

[199] HUNT A R. Use of a frequency – hopping radar for imaging and motion detection through walls[J]. IEEE transactions on geoscience and remote sensing, 2009, 47(5): 1402 – 1408.

[200] LEE H. An overview of synthetic – aperture image reconstruction algorithms for GPR imaging with pulse – echo and step – frequency FMCW systems[J]. Journal of Environmental & Engineering Geophysics, 2012, 8(2): 105 – 113.

[201]JIN T,LOU J,ZHOU Z. extraction of landmine features using a forward – looking ground – penetrating radar with MIMO array[J]. IEEE transactions on geoscience and remote sensing,2012,50(10):4135 – 4144.

[202]金添,娄军,宋千,等. 虚拟孔径天线配置及其成像性能研究[J]. 电子与信息学报,2011,33(10):2458 – 2463.

[203]WANG G, AMIN M G. Imaging through unknown walls using different standoff distances[J]. IEEE transactions on signal processing,2006,54(10):4015 – 4025.

[204]CHANG P C,BURKHOLDER R J,VOLAKIS J L. Adaptive CLEAN with target refocusing for through – wall image improvement[J]. IEEE transactions on antennas and propagation,2010,58(1):155 – 162.

[205]NIKOLIC M M,NEHORAI A,DJORDJEVIC A R. Estimating moving targets behind reinforced walls using radar[J]. IEEE Transactions on Antennas and Propagation,2009,57(11):3530 – 3538.

[206]AHMAD F, AMIN M G. A noncoherent approach to through – the – wall radar imaging[C]//Eighth International Symposium on Signal Processing & Its Applications,2005.

[207]WITHINGTON P,FLUHLER H,NAG S. Enhancing homeland security with advanced UWB sensors[J]. IEEE microwave magazine,2003,4(3):51 – 58.

[208]VENKATASUBRAMANIAN V,LEUNG H. A novel chaos – based high – resolution imaging technique and its application to through – the – wall imaging[J]. IEEE signal processing letters,2005,12(7):528 – 531.

[209]SOUMEKH M. Synthetic aperture radar signal processing with MATLAB algorithms[M]. New York: Wiley – Interscience,1999.

[210]ELMANSOURI M A,FILIPOVIC D S. Pulse distortion and mitigation thereof in spiral antenna – based UWB communication systems[J]. IEEE Transactions on Antennas and Propagation,2011,59(10):3863 – 3871.

[211]WANG J,LI Y,ZHOU Z,et al. Image formation techniques for vehicle – mounted forward – looking ground penetrating SAR[C]//2008 International Conference on Information and Automation,2008. IEEE,2008 – 01 – 01.

[212]DEHMOLLAIAN M,SARABANDI K. An approximate solution of scattering from reinforced concrete walls [J]. IEEE transactions on antennas and propagation,2008,56(8):2681 – 2690.

[213]MACOVSKI A. Ultrasonic imaging using arrays[J]. Proceedings of the IEEE,1979,67(4):484 – 495.

[214]HUSSAIN M G M. Principles of space – time array processing for ultrawide – band impulse radar and radio communications[J]. IEEE Transactions on Vehicular Technology,2002,51(3):393 – 403.

[215]HUNT A. Random array through the wall imaging sensor,AFRL – IF – RS – TR – 2006 – 122[R]. Rome, New York,U. S:Akela Air Force Research Laboratory Information Directorate Rome Reasearch Site,2006.

[216]SINGH M,RAMACHANDRAN G. Reconstruction of sequential cardiac in – plane displacement patterns on the chest wall by laser speckle interferometry[J]. IEEE Transactions on Biomedical Engineering,1991,38(5):483 – 489.

[217]LAZARO A,GIRBAU D,VILLARINO R. Analysis of vital signs monitoring using an IR – UWB radar[J].

Progress In Electromagnetics Research, 2010, 100: 265 - 284.

[218] RAM S S, LI Y, LIN A, et al. Doppler - based detection and tracking of humans in indoor environments [J]. Journal of the Franklin Institute, 2008, 345(6): 679 - 699.

[219] AMIN M G, AHMAD F. Change detection analysis of humans moving behind walls[J]. IEEE transactions on aerospace and electronic systems, 2013, 49(3): 1410 - 1425.

[220] AMIN M G. Through - the - wall radar imaging 穿墙雷达成像[M]. 朱国富, 陆必应, 等译. 北京: 电子工业出版社, 2014: 349.

[221] 斯科尼克. 雷达系统导论[M]. 左群声, 等译. 北京: 电子工业出版社, 2010.

[222] 贺峰. 宽带/超宽带雷达运动人体目标检测与特征提取关键技术研究[D]. 长沙: 国防科学技术大学, 2011.

[223] STOCKWELL R G, MANSINHA L. Localization of the complex spectrum: the S transform [J]. IEEE Transactions on Signal Processing, 1996, 44(4): 998 - 1001.

[224] LYONS R G. Understanding digital signal processing[M]. 3rd ed. New Jersey: Prentice Hall, 2010.

[225] ROVNAKOVA J, KOCUR D. UWB sensor based localization of persons with unknown motion activity [C]//2013 14th International Radar Symposium(IRS), Dresden, Germany, 2013. IEEE, 2013 - 01 - 01.

[226] GU Y, TANG K, CUI H. LMS algorithm with gradient descent filter length[J]. IEEE signal processing letters, 2004, 11(3): 305 - 307.

[227] XU J, PENG Y, XIA X, et al. Focus - before - detection radar signal processing: part ii - recent developments[J]. IEEE aerospace and electronic systems magazine, 2018, 33(1): 34 - 49.

[228] XU J, PENG Y, XIA X, et al. Focus - before - detection radar signal processing: part i—challenges and methods[J]. IEEE aerospace and electronic systems magazine, 2017, 32(9): 48 - 59.

[229] XU J, YU J, PENG Y, et al. Focus - before - detect for radar target detection[C]//2011 CIE International Conference on Radar(RADAR 2011), Chengdu, China, 2011. IEEE, 2011 - 01 - 01.

[230] XU J, YU J, PENG Y, et al. Radon - Fourier transform for radar target detection, i: generalized doppler filter bank[J]. IEEE Transactions on Aerospace and Electronic Systems, 2011, 47(2): 1186 - 1202.

[231] XU J, YU J, PENG Y, et al. Radon - Fourier transform for radar target detection(ii): blind speed sidelobe suppression[J]. IEEE transactions on aerospace and electronic systems, 2011, 47(4): 2473 - 2489.

[232] YU J, XU J, PENG Y, et al. Radon - Fourier transform for radar target detection(iii): optimality and fast implementations[J]. IEEE transactions on aerospace and electronic systems, 2012, 48(2): 991 - 1004.

[233] 毛二可, 范花玉. 合成宽带脉冲多普勒雷达[J]. 系统工程与电子技术, 2016, 38(12): 2717 - 2724.

[234] 孙鑫. 超宽带穿墙雷达成像方法与技术研究[D]. 长沙: 国防科学技术大学, 2015.

[235] LIU L, LIU Z, XIE H, et al. Numerical simulation of UWB impulse radar vital sign detection at an earthquake disaster site[J]. Ad Hoc Networks, 2014, 13: 34 - 41.

[236] CANDES E J, LI X, MA Y, et al. Robust principal component analysis[J]. Journal of the ACM, 2011, 58(3): 11.

[237] LIN Z, LIU R, SU Z. Linearized alternating direction method with adaptive penalty for low - rank representation: NIPS'11: Proceedings of the 24th International Conference on Neural Information Processing Systems, Granada Spain, 2011[C]. Cornell University Library, arXiv. org, 2011 - 01 - 01.

[238] HUANG J, WANG P, WAN Q. CRLBs for WSNs localization in NLOS environment[J]. URASIP Journal on wireless communications and networking, 2011:01.

[239] BLACKMAN, S S, POPOLI, et al. Design and analysis of modern tracking systems[M]. Artech House, 1999:1230.

[240] HE Y, AUBRY P, LECHEVALIER F, et al. Decentralised tracking for human target in multistatic ultra - wideband radar[J]. IET Radar, Sonar and Navigation, 2014(9):1215 - 1223.

[241] HAGER W W, Zhang H. A new active set algorithm for box constrained optimization[J]. SIAM journal on optimization, 2006, 17(2):526 - 557.

[242] FAN J, YUAN Y. On the quadratic convergence of the Levenberg - Marquardt method without non - singularity assumption[J]. Computing, 2005(1):23 - 39.

[243] MARQUARDT D W. An algorithm for least - squares estimation of non - linear parameters[J]. Journal of the Society for Industrial and Applied Mathematics, 1963, 11(2):431 - 441.

[244] LEVENBERG K. A method for the solution of certain non - linear problems in least squares. [J]. Quarterly of Applied Mathematics, 1944(2):164 - 168.

[245] 王涵宁. 步进频连续波雷达穿墙成像技术研究[D]. 长沙:国防科学技术大学, 2011.

[246] MUQAIBEL A, SAFAAI - JAZI A. Characterization of wall dispersive and attenuative effects on UWB radar signals[J]. Journal of the Franklin Institute, 2008, 345(6):640 - 658.

[247] POOR Vincent H. An introduction to signal detection and estimation[J]. Springer - Verlag New York, Inc., 1994, 10.1007/978 - 1 - 4757 - 2341 - 0.

[248] KEOGH E, RATANAMAHATANA C A. Exact indexing of dynamic time warping[J]. Knowledge and information systems, 2005, 7(3):358 - 386.

[249] ELSNER J B, TSONIS A A. Singular spectrum analysis: a new tool in time series analysis[J]. Springer Berlin, 1996, 4(1283):932 - 942.

内 容 简 介

超宽带多输入多输出（multiple - input multiple - output，MIMO）穿墙雷达能够探测到常见非金属障碍物后的隐蔽目标，在城市作战、灾害救援等领域均已得到大量应用。本书编写的目的是帮助相关领域的研究人员快速了解从超宽带 MIMO 穿墙雷达回波数据中提取目标信息所面临的一系列问题与对应的解决方法。全书内容主要包括超宽带 MIMO 穿墙雷达成像探测的背景和概念、环境中第三方射频干扰的抑制方法、穿透成像模型与墙体参数估计补偿方法、墙后运动目标指示、成像以及微动特征提取方法。除了详细的理论分析外，本书还配有大量的仿真与实测试验数据处理结果，便于读者全面、直观地了解超宽带 MIMO 穿墙雷达成像探测技术。

本书适合对穿墙探测技术感兴趣的读者阅读，可作为雷达探测专业研究人员的参考技术资料，也可作为高等院校雷达信号处理专业研究生的教辅材料。

Ultra - wideband multiple input multiple output (MIMO) through - the - wall radar can detect hidden targets behind common non - metallic obstacles and has been widely used in urban warfare, disaster relief, and other fields. The purpose of this book is to help researchers quickly understand the series of problems and corresponding solutions faced in the ultra - wideband MIMO through wall radar signal processing. The content of this book mainly includes the background and concepts of ultra - wideband MIMO through wall radar imaging detection, methods for suppressing third - party radio frequency interference in the environment, penetration imaging models and wall parameters estimation and compensation methods, moving target indication, imaging, and micro motion feature extraction methods for targets behind the wall. In addition to detailed theoretical analysis, this book also contains a large amount of simulation and experimental data processing results, which facilitates readers to comprehensively and intuitively understand the imaging detection technology of ultra - wideband MIMO through - the - wall radar.

This book is suitable for readers interested in through - the - wall detection technology and can also serve as a reference technical material for radar detection professionals.

◀ 金添

国防科技大学教授，博士生导师。主要从事智能感知与处理、超宽带雷达成像与识别等研究工作，学校首批核心课程教学团队首席教授。全国百篇优秀博士论文、国际无线电科学联盟青年科学家奖获得者，入选教育部新世纪优秀人才支持计划，中国电子学会优秀科技工作者。主持国家和省部级科研项目10余项，授权国家发明专利20余项。出版专著4部，发表论文百余篇。获军队科技进步一等奖1项、二等奖2项，电子学会自然科学二等奖1项，湖南省教学成果二等奖1项。中国电子学会雷达分会、信号处理分会委员，《雷达学报》《信号处理》《现代雷达》《雷达科学与技术》等期刊编委。